# 수학 등산학습법

사이토 노보루 지음
김부윤·정영우 옮김



KM 경문사

# 옮긴이 서문

사이토 노보루 교수를 처음 만난 것은 1995년 8월의 일이었다. 그때 나는 1년 동안 일본 나루토 교육대학에 외국인 객원연구원으로 있었다. 마른 체격에 깐깐한 모습으로 최선을 다해 학생들을 가르치는 사이토 교수의 모습을 보면서 나는 범상치 않은 사람이라 생각했다. 사이토 교수는 1971년부터 1988년까지 18년간 고등학교 교사로 재직하면서 많은 현장 연구논문을 발표하였고, 1989년에 야마구치 대학에 조교수로 임용되면서 대학교원의 길로 접어들었다. 대학에 부임하면서 자신이 교사로 재직하면서 실천했던 방법에 '등산학습법'이라는 이름을 붙여 이론화시켰고, 이를 현직교사로서 대학원생들에게 실험수업을 시켜 이론의 내실을 다져왔다.

이후 등산학습법을 기본으로 하여, 새로운 아이디어가 생각날 때마다 조금씩, 그러나 꾸준히 변형시켜 왔다. 예를 들면 이야기 만들기 학습법, 소규모 수업에 있어서 등산학습법, 과제탐구형 등산학습법, 구조적 문제 만들기 학습법, 등산학습법을 이용한 신문 만들기, 창의성 카드를 이용한 구조적 문제 만들기 학습법 등이 그것이다.

사이토 교수는 1992년에 모교인 코가쿠인 대학에서 공학박사학위를 취득했으며, 2011년 3월 국립대학인 나루토 교육대학에서 정년을 맞았지만 다시 4월부터 사립대학인 릿쇼 대학의 교수 공채를 통해 교수생활을 계속하고 있는, 연구만 아는 독특한 교수이다. 1997년 7월부터 4개월간, 그리고 2003년 7월부터 6개월간 사이토 교수는 나를 각각 문부과학성 초청 외국인 객원연구원과 객원교수로 초청해 주었고, 공동역자인 정영우 박사가 나루토 교육대학에 유학했을 때의 석사과정 지도교수도 흔쾌히 수락해주었다. 이처럼 사이토 교수와 나는 서로 한국과 일본을 오가면서 학술적인 교류를 지속해 왔다. 또한 사이토 교수의 한국 강연을 듣고서 작성된 등산학습법 관련 논문이 학위논문을 포함하여 28편에 이르고 있다.

그만큼 이 책은 수학교사와 예비교사가 학생들에게 각 단원이나 각 절의 전체 흐름을 파악하고 수업을 설계하는 데, 그리고 수행평가의 자료로 활용하는 데 유익할 것으로 생각된다. 더욱이 학생들의 수학에 대한 관심과 흥미를 불러일으키는 데에도 도움이 될 것으로 여겨진다.

e-book 등의 출현으로 인한 어려운 출판 여건에서도, 이 책이 빛을 보게 되기까지 많은 도움을 주신 경문사 박문규 사장님과 편집과 교정에 힘쓴 편집부 관계자분들에게 이 자리를 빌려 깊은 감사의 말씀을 드린다.

2012년 5월

옮긴이 대표 김부윤

# 지은이 서문

오늘날 수학교육은 학생 개개인에게 기초적·기본적인 내용을 확실하게 정착시키고, 학생의 개성을 신장시켜 창의성의 기초를 기르는 지도를 교사에게 요구하고 있다. 그렇다면 어떻게 기초적·기본적인 내용을 확실히 습득시켜 창의성의 기초를 기를 수 있을까? 그것에 대한 한 가지 방법이 이 책에서 서술할 '등산학습법'이다.

등산학습법은 단원의 학습항목을 계층적으로 배치한 학습구조차트를 학생들에게 주어 학습교재로 활용하게 함으로써

- 기초적·기본적인 내용을 확실하게 정착시키는 것
- 구조적·체계적 사고를 활성화하고, 지식이나 정보의 기능적인 네트워크를 만드는 것
- 창의적 능력을 기르는 것

을 목표로 하고 있다.

필자는 지금까지 국내의 많은 초등학교, 중학교, 고등학교 교사들의 협력을 얻어 등산학습법을 실천해 왔다. 등산학습법은 학력이 낮은 학생부터 우수한 학생까지 누구에게든 적합하며, 학생의 사고력과 창의력을 한층 더 높일 수 있는 학습법이다. 또 국외에서는 창의성 교육이 뛰어나다고 하는 헝가리, 세계적으로 앞장 서서 2003년부터 영재교육을 실시하고 있는 한국, 기초교육·창의성 교육에 힘을 쏟고 있는 라오스 등의 대학에서 총 27회에 걸쳐 등산학습법에 관한 강의와 연습을 실시해 왔다. 등산학습법은 교사라면 누구라도 쉽게 실시할 수 있으므로 국내외적으로 창의성 육성법으로 관심이 고조되고 있다.

창의성 육성은 현재 세계 수학교육의 중요 과제이며, '수학을 알고 싶다', '수학을 좋아하고 싶다'는 세계 학생들의 공통된 바람이다. 이런 학생들의 바람에 조금이라도 부응하고자 이 책을 집필했다. 또, 지도 교사들이 처음 읽더라도 분

명히 알 수 있도록 구체적이고 자세하게 표현했다.

이 책은 「제Ⅰ부 등산학습법의 이론」과 「제Ⅱ부 등산학습법의 실천 사례」로 구성되어 있다.

「제Ⅰ부 등산학습법의 이론」에서는 일본의 수학교육의 과제, 등산학습법의 목적, 실천방법, 지도상 유의사항, 학습효과 등을 구체적으로 기술하고 있다. 실천방법에서는 학생이 기초적인 학력, 스스로 과제를 발견하는 능력, 의사소통 능력, 창의성을 발휘하는 힘을 기르는 방법에 대해 기술하고 있다. 학습효과에서는 실천 데이터를 바탕으로 검증한 결과를 기술하고 있다. 교사가 수업평가를 할 때 검증방법으로 도움이 된다고 생각한다.

「제Ⅱ부 등산학습법의 실천 사례」에서는 7명의 중학교 교사들에 의한 11가지 사례를 소개하고 있다. 여기에서는 지도방법이나 학생의 반응 등을 구체적으로 기술하고 있으므로 등산학습법을 실시할 때 도움이 된다고 생각한다.

이 책이 학생 개개인에게 기초·기본적인 내용을 확실히 익히게 하여 창의적 사고를 활성화하려 할 때 교사에게 도움이 되기를 진심으로 바란다.

이 책의 기획·출판을 맡아 편집의 수고를 마다하지 않고 유익한 조언을 해주신 메이지도서출판 니이다 야스요시, 아이다 요시코에게 깊은 감사를 드린다.

2004년 2월

사이토 노보루

# 차 례

## 제2부 등산학습법의 실천 예

# 제1부 등산학습법의 이론

## 기사 1. 등산학습법을 생각해낸 동기

필자는 공립 고등학교의 교원으로 20년 가까이 근무하였다. 그동안 여섯 군데의 고등학교에서 교사를 역임했다.

등산학습법을 처음 생각한 것은 네 번째 고등학교에서였다. 그 고등학교는 시 외곽에 신설된 학교로, 입학한 대부분의 학생들은 연필 쥐는 것도 싫어할 정도로 수학을 싫어해서 수학에 대한 강한 저항감을 가지고 있었다. 그래서 나는 학생들에게 어떻게든 수학에 대한 관심을 갖게 해야겠다는 생각으로 꽤나 고민하였다.

그 무렵, 연수회에 사토 타카히로(佐藤隆博, 전 NEC 수석연구원, 현재 교육정보공학연구소 소장) 박사가 강사로 와서 'ISM 교재구조화법'의 강연을 하였다. 그 강연을 듣는 순간, 학습구조차트를 잘 활용하면, 수학을 싫어하는 학생들에게 흥미와 관심을 불러일으킬 수 있지 않을까라는 생각이 뇌리를 스쳤다.

그 생각은 바로 적중하였다. 그리고 이 책에 서술하고 있는 등산학습법을 개발했다. 등산학습법은 처음에는 수학에 대한 흥미·관심이 낮은 학생들의 학력이나 의욕을 향상시키기 위해 개발한 방법이었다. 그 후, 등산학습법은 학력이 낮은 학생, 중간 정도의 학생, 우수한 학생 모두에게 적용할 수 있도록 개선되었다.

학생들의 수학에 대한 학력이나 관심·의욕이 이전과 비교해서 평균 약 10~20%, 높은 학생은 30~40% 향상되었다.

# 1 등산학습법의 의의와 목적

등산학습법이 무엇을 목적으로 하며, 학생의 어떤 자질이나 능력을 향상시키려 하는가를 분명히 한다.

- 목적을 명확히 하면 지도방법도 자연스레 보이게 된다. 애매한 목적은 학생의 사고를 혼돈스럽게 하여, 학습내용을 이해하기 어렵게 한다.

## 1.1 일본 수학교육의 과제

### (1) 제3회 국제수학교육조사

표 1은 국제교육도달도 평가학회(PISA)가 1995년에 초등학교, 중학교를 대상으로 실시한 '제3회 국제수학교육조사'의 결과이다. 중학교 1학년과 2학년의 성적은 41개국 중 1위가 싱가포르, 2위가 한국, 3위가 일본이다. 초등학교 4학년의 결과도 같다. 싱가포르의 학생은 '성적 및 학습에 대한 관심·의욕이 모두 높음'을 알 수 있다. 한국 및 일본의 학생은 '성적은 좋지만, 학습에 대한 관심·의욕은 매우 낮은' 경향이 있다. 특히 일본의 학생은 논리적으로 기술하는 '기술형식이 약하다.'고 한다. 세계적인 관점에서 보면, 일본의 수학교육에는 다음과 같은 과제가 있다.

(a) 초등학교

| 순위 | 3학년 (24개국) | 4학년 (26개국) | | 매우 좋아한다 좋아한다 (26개국) | 매우 싫어한다 싫어한다 |
|---|---|---|---|---|---|
| 1위 | 한국 | 싱가포르 | → | 6위 | 22위 |
| 2위 | 싱가포르 | 한국 | → | 24위 | 3위 |
| 3위 | 일본 | 일본 | → | 25위 | 2위 |

(b) 중학교

| (41개국) | | (39개국) | |
|---|---|---|---|
| 순위 | 1, 2학년 | 매우 좋아한다 좋아한다 | 매우 싫어한다 싫어한다 |
| 1위 | 싱가포르 → | 4위 | 25위 |
| 2위 | 한국 → | 33위 | 6위 |
| 3위 | 일본 → | 38위 | 2위 |

**표 1 국제수학교육조사 결과**

### (2) 문부성 신학력 테스트

문부성(현재의 문부과학성)이 1994년부터 1996년 사이에 초등학교 5·6학년, 중학교 1·2·3학년 학생을 대상으로 실시한 신학력 테스트에서는 다음과 같은 결과가 보고되었다.

비교적 단순한 자연현상, 수식의 계산, 방정식의 풀이, 도형의 작도에 대한 지식·이해는 양호하다. 반대로 도형 영역에 있어서 도형을 주의 깊게 관찰하고, 공통된 성질을 찾아낸다든지 공통성을 가지는 이유를 조리 있게 설명하는 수학적인 사고 능력은 부족하다.

이 조사 결과로부터 (1)의 제3회 국제수학교육조사 결과와 마찬가지로 조리 있게 논리적으로 설명하는 것이 서툴다는 것, 결국 사고력과 표현력이 답보 상태임을 알 수 있다.

### (3) 창의성 테스트

창의성에 관한 연구는 1950년대를 정점으로 하여 공학이나 심리학 분야에서 발전되어 왔다. 창의성과 지능지수와의 관계가 명확해졌으며, 또 300종류나 되는 KJ법이나 브레인스토밍 등의 창의성 능력 개발기법이 개발되어 왔다. 이때의 창의성 연구는 문화적·사회적으로 변혁을 초래하는 창의성에 초점이 맞추어져 있었기 때문에, 그 성과를 직접 학교교육에 적용하기는 어려웠다.

최근 저자는 학교수학에서 창의성과 학업성적, 창의성 태도와의 관계를 밝혔다. 이 책에서는 이후 창의성이란 용어를 창의성 능력을 가리키는 것으로 사용한다.

그림 1은 지금까지 밝혀져 있는 중학교 수학에서 창의성과 지능지수, 학업성적, 창의성 태도의 관계를 나타내고 있다. 데이터는 4개 현(縣)의 중학생 약 1200명을 분석한 결과이다.

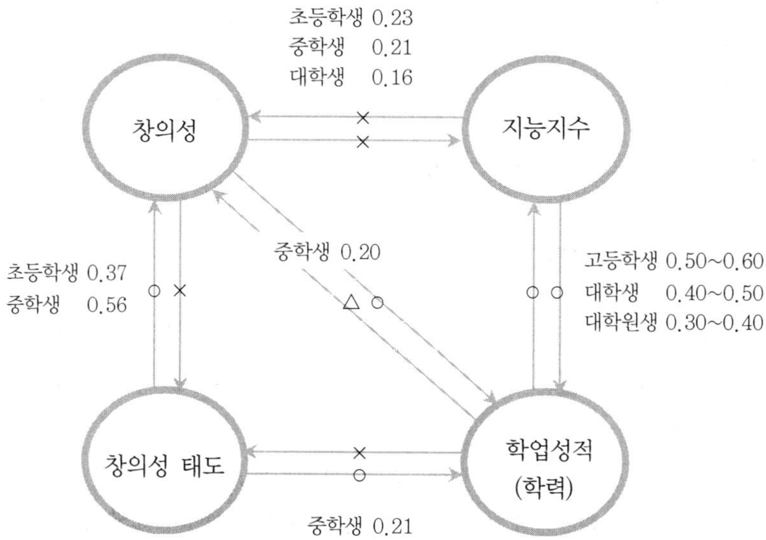


**그림 1 창의성, 지능지수, 학업성적, 창의성 태도의 득점 간의 상관계수 및 인과관계**

이들 사이에는 다음과 같은 관계가 있음을 알 수 있다.

1) 창의성과 지능지수의 상관관계는 거의 없다.
2) 학업성적과 지능지수의 상관관계는 중간 정도이지만, 연령이 올라갈수록 약해진다.
3) 창의성과 학업성적의 상관관계는 약하지만 인과관계가 존재하고, 창의성이 높은 학생이 학업성적도 우수하다. 역은 반드시 성립하지는 않는다.
4) 창의성과 창의성 태도의 상관관계는 중간 정도이지만 인과관계가 존재하고, 창의성 태도가 좋은 학생일수록 창의성이 높다. 역은 반드시 성립하지는 않는다.
5) 창의성 태도와 학업성적의 상관관계는 약하지만 인과관계가 존재하고, 창의성 태도가 좋은 학생일수록 학업성적이 우수하다. 역은 반드시 성립하지는 않는다.

위의 1), 2)는 연령이 올라가면 지능지수와 창의성, 학업성적의 상관관계가 약해지므로 그 능력들이 점차 미분화 단계에서 분화되고 있음을 나타낸다.

3), 4), 5)는 현재의 학교수학에서 창의성과 학업성적은 상관관계가 약하고 분화되어 있다는 것, 그래서 창의성과 학업성적은 인간 능력의 다른 측면을 측정하고 있다는 것, 게다가 창의성 태도가 좋은 학생일수록 창의성 및 학업성적이 모두 높다는 것을 나타내고 있다.

따라서 창의성이나 학업성적을 함께 향상시키기 위해서는 창의성 태도를 기르는 것이 중요하다. 창의성이나 창의성 태도의 육성은 지금 세계 수학교육의 큰 과제가 되고 있다.

### (4) 창의성 육성의 저해요인

창의성 육성의 저해요인으로 사회적 환경, 교육환경 등을 생각할 수 있다. 예를 들어 평등의식, 유복한 가정생활, 획일적 교육도 그 요인이다.

여기에서는 그 중 한 가지로 학교교육이 지닌 '입시 위주 교육'의 폐해를 생각해 보자.

입시를 위한 교육에서는 항상 교사가 학생에게 문제를 주고, 학생은 그 문제를 해결하기 위해 '어떤 공식을 적용해야 할까', '정답은 하나뿐일 텐데', '문제 해결의 어떤 패턴에 맞추면 빨리 정답을 낼 수 있을까'라는 패턴 중심형의 단락적 사고에 빠지기 쉽다.

학생은 문제가 풀리면 학습내용을 충분히 이해했다고 생각하게 되고, '무(無)에서 발상하고 생각하는' 능력이나 의식은 빈약해진다. 결국 주어지는 것에 익숙해지고, 수동적인 인간이 될 위험성이 있다. 여기에 입시 위주 교육의 함정이 있다. 수동적 태도에서는 새로운 것을 창출해내는 창의성이 나올 가능성은 없다. 부디 그런 교육이 되지 않도록 주의할 필요가 있다.

## 1.2 지금부터의 수학교육

급격하게 변하는 국제사회 안에서 일본의 역할을 생각해보자. 지금부터의 학교수학에서는 중앙교육심의회의 답신(제1차·제2차)에서 말하고 있는 것처럼

1) 기초적·기본적인 내용의 확실한 정착

2) 개성을 살리는 교육의 충실

3) 창의적인 인재 육성

이 중요하다. 바꿔 말하면, 기초적·기본적인 내용을 확실히 정착하여, 창의성의 기초를 기르는 것이 중요하다. 이를 위해서, 문화유산의 '지식전달형' 학습에서 새로운 지식을 스스로 창출해가는 '지식창조형' 학습으로 교사의 지도방법·지도형태, 학생의 학습방법 등을 개선할 필요가 있다. 특히 학생의 관심·의욕, 생각을 끌어내는 지도방법의 궁리가 바람직하다.

## 1.3 등산학습법의 의의와 목적

### (1) 경력교사와 학생의 인지구조 – 구조화의 중요성

우선 경력교사와 학생의 인지구조를 생각해 보자. 그림 2는 그 모델이다.

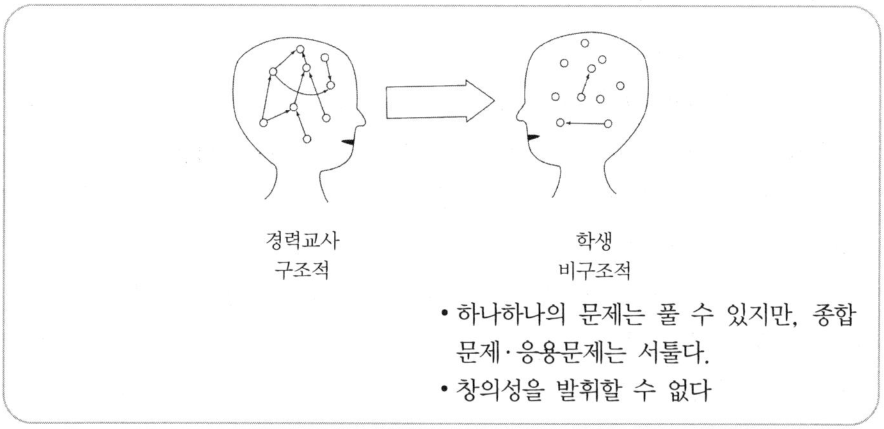


**그림 2 경력교사와 학생의 인지구조**

경력교사는 지금까지의 지도경험이나 교과서, 교사용 지도서, 참고서 등 사전 학습을 통하여 가르치는 수업내용의 학습항목과 내용을 구조적이고 체계적으로 파악, 이해하고 있다고 생각된다. 결국 경력교사는 지식이나 정보를 기능적인 측면으로부터 포착해서 지식이나 정보의 기능적인 네트워크를 머릿속에 형성하고 있다고 생각된다.

한편, 학습자인 학생은 처음 배우는 학습내용이기 때문에 개개의 학습항목의 이해에 머물러 있다든지, 또는 개개의 학습항목의 이해가 충분하지 못하다든지 하여, 학습내용 전체의 구조적이고 체계적인 관계를 충분히 파악, 이해하지 못하고 있다고 생각된다. 결국, 학생의 머릿속에는 지식이나 정보의 기능적인 네트워크가 충분히 형성되어 있지 못한 경우가 있다.

머릿속의 지식구조가 따로따로 되어 있어 체계화되지 못한 경우에는 배운 개개의 학습항목에 대한 문제는 풀 수 있지만, 통합적이고 융합적인 학력을 필요로 하는 종합문제와 응용문제는 좀처럼 풀 수 없다. 게다가 학습내용에 대한 흥미나 관심이 생기지 않는 현상이 일어난다. 교과서에서 배우고 있는 부분의 연습문제는 잘 푸는데, 테스트에서 종합문제나 응용문제를 좀처럼 풀 수 없는 학생들은 대체로 이런 지식구조를 가지고 있는 경향이 있다. 당연히 창의성을 발휘하는 것도 힘들어진다.

다시 말해서, 지식이나 정보의 기능적인 네트워크가 형성되어 있으면 문제해결에 있어서 필요한 지식을 고구마 덩굴을 당기면 많은 고구마가 딸려 나오듯이 머릿속에서부터 연달아 끄집어내어 사용할 수 있다. 거꾸로 지식이나 정보의 기능적인 네트워크가 형성되어 있지 않으면, 과제해결에 있어서 필요한 지식을 이처럼 끄집어내어 사용할 수 없다.

지식이나 정보의 기능적인 네트워크를 머릿속에 형성하기 위해서는 학습내용을 구조적이고 체계적으로 파악해야 한다. 그러기 위해서는 그 바탕이 되는 기초적인 학습항목과 내용을 확실하게 익혀 두는 것이 중요하다.

'기초적·기본적인 내용'이라는 것은 지식의 양이 아니라 수학 개념을 획득하기 위해 기초가 되는 필수불가결한 사항을 가리킨다.

기초적·기본적인 내용의 이해라는 것은 수학 개념을 획득하기 위해 기초가 되는 사항을 충분히 이해하는 것과 동시에, 그 사항들을 기능적인 측면에서 포착하여 이해하고, 나아가 여러 장면에 그것을 활용할 수 있는 것을 의미한다. 넓은 의미에서는 관심이나 의욕 등도 포함된다.

### (2) 구조적·체계적인 사고의 실태

학생이 배우는 단원이나 절 등의 내용 구성요소인 학습항목이나 키워드를 '학습요소'라 부르기로 한다.

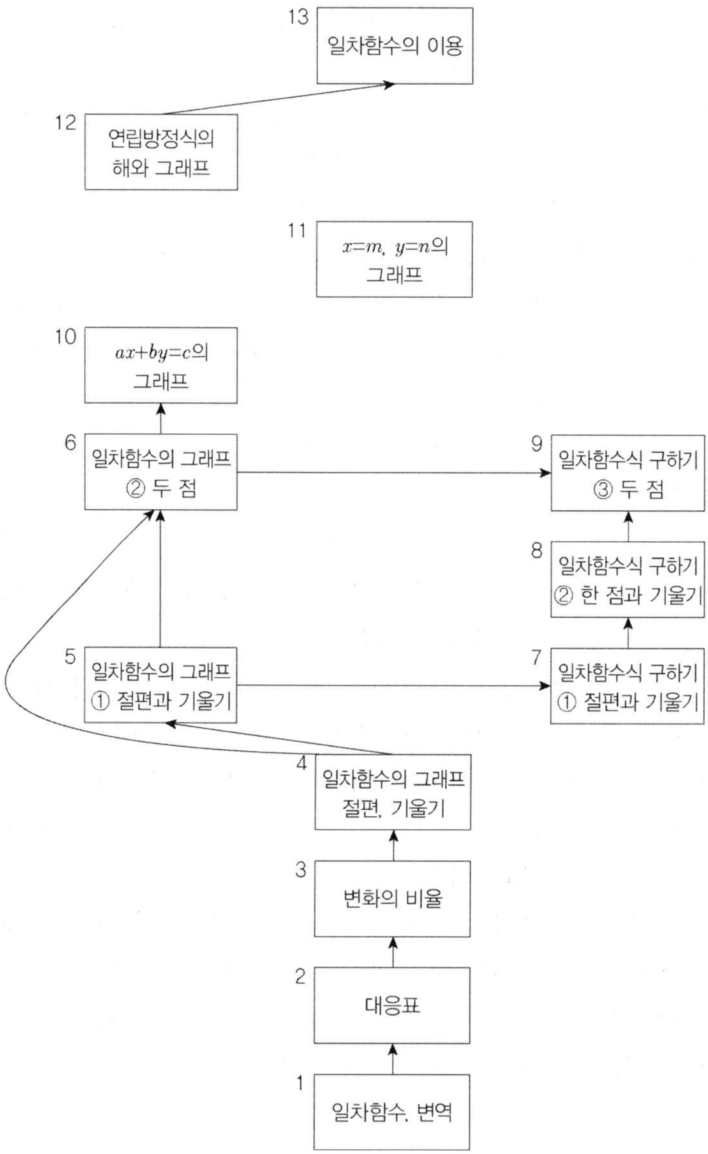
13
일차함수의 이용
12
연립방정식의 해와 그래프
11
$x=m$, $y=n$의 그래프
10
$ax+by=c$의 그래프
6
일차함수의 그래프 ② 두 점
9
일차함수식 구하기 ③ 두 점
8
일차함수식 구하기 ② 한 점과 기울기
5
일차함수의 그래프 ① 절편과 기울기
7
일차함수식 구하기 ① 절편과 기울기
4
일차함수의 그래프 절편, 기울기
3
변화의 비율
2
대응표
1
일차함수, 변역

3(a) 중학생

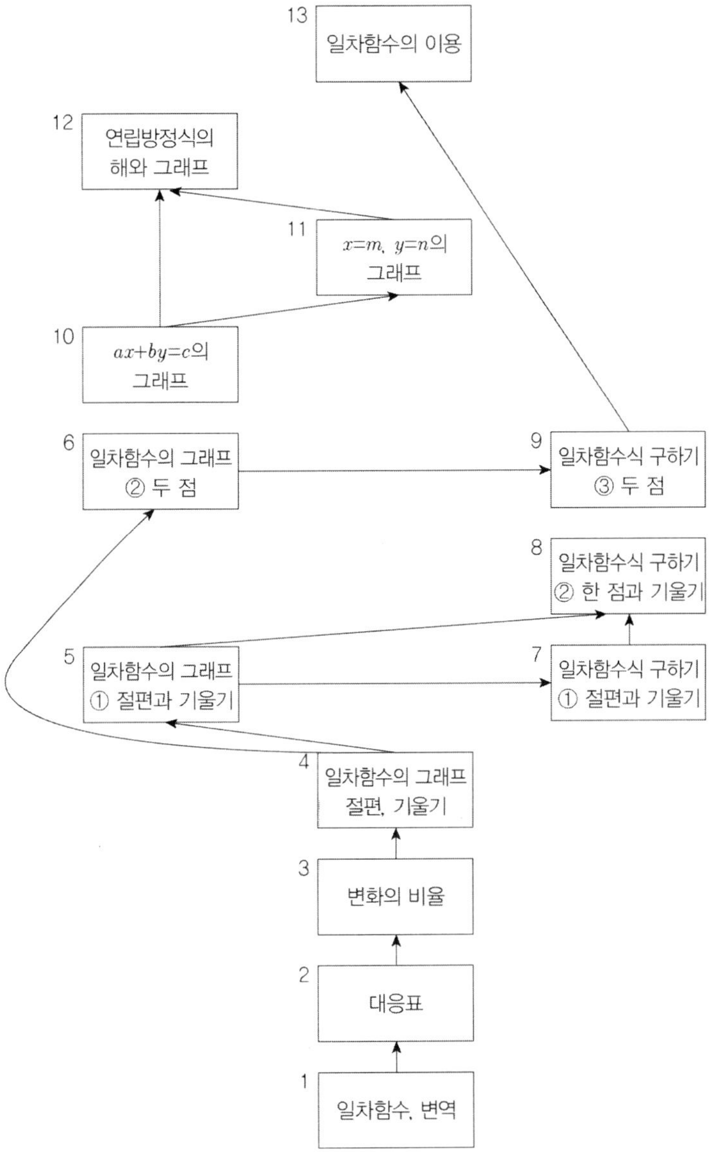
13
일차함수의 이용
12
연립방정식의 해와 그래프
11
$x=m$, $y=n$의 그래프
10
$ax+by=c$의 그래프
6
일차함수의 그래프 ② 두 점
9
일차함수식 구하기 ③ 두 점
8
일차함수식 구하기 ② 한 점과 기울기
5
일차함수의 그래프 ① 절편과 기울기
7
일차함수식 구하기 ① 절편과 기울기
4
일차함수의 그래프 절편, 기울기
3
변화의 비율
2
대응표
1
일차함수, 변역

3(b) 대학생

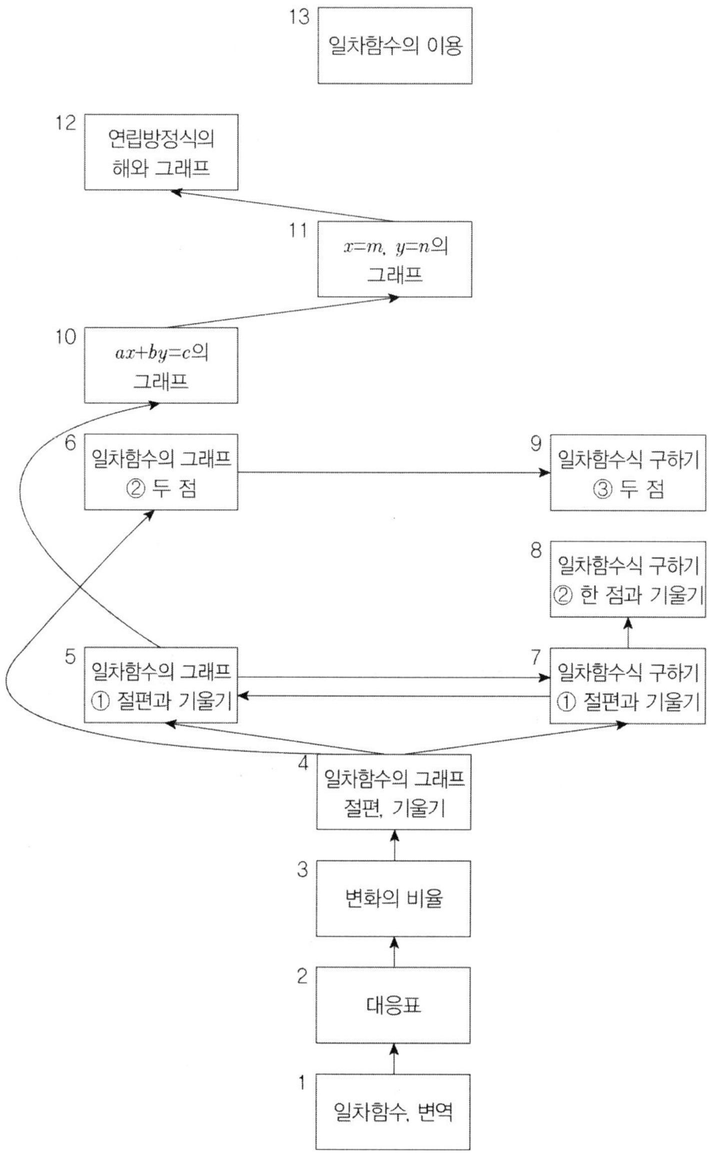
13
일차함수의 이용
12
연립방정식의 해와 그래프
11
x=m, y=n의 그래프
10
ax+by=c의 그래프
6
일차함수의 그래프 ② 두 점
9
일차함수식 구하기 ③ 두 점
8
일차함수식 구하기 ② 한 점과 기울기
5
일차함수의 그래프 ① 절편과 기울기
7
일차함수식 구하기 ① 절편과 기울기
4
일차함수의 그래프 절편, 기울기
3
변화의 비율
2
대응표
1
일차함수, 변역

3(c) 초보교사

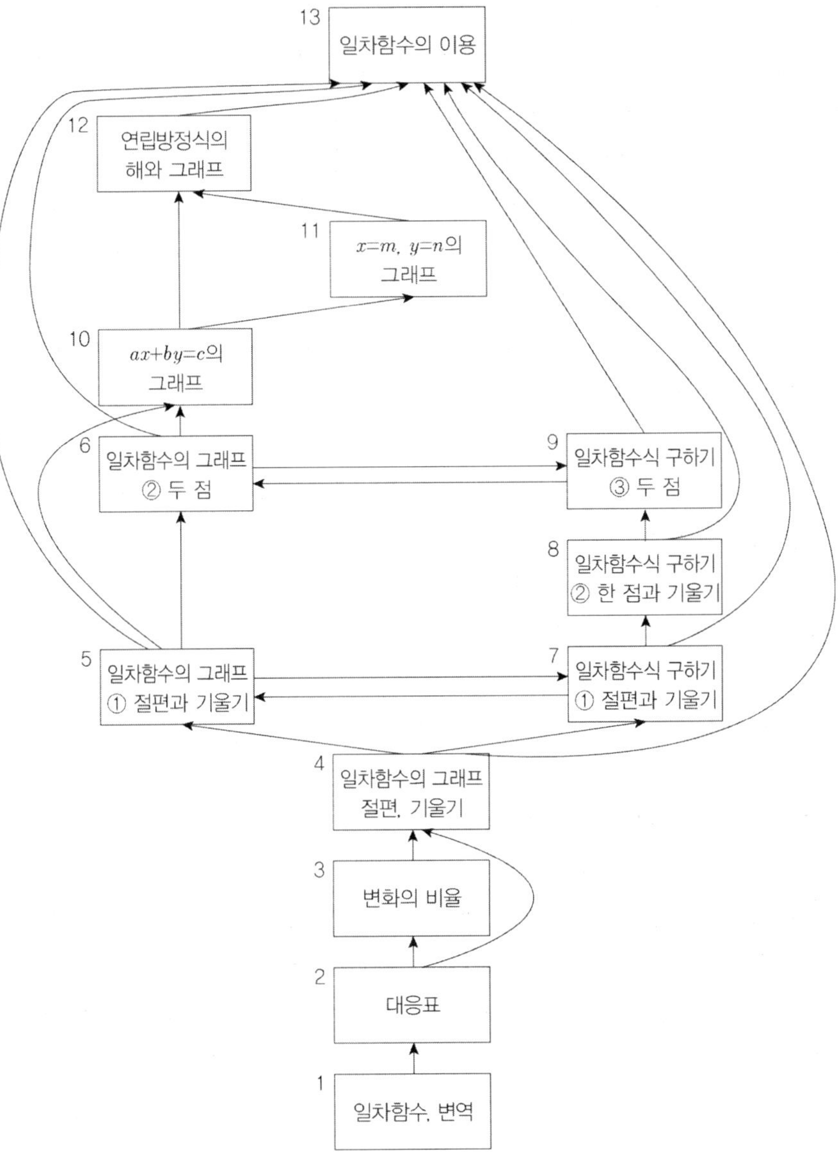


3(d) 경력교사

**그림 3 중학생, 대학생, 초보교사, 경력교사가 그린 개념구조도**

그런데 학생들은 학습내용의 구조적·체계적인 관계를 어느 정도 파악하고 이해하고 있을까? 그 실태를 다음과 같은 방법으로 조사해 보았다.

우선, 교사나 학생에게 해당 단원의 구성요소인 학습요소 몇 개를 주고, 학습요소 사이의 관계를 화살표로 나타낸 개념구조도를 그리게 하였다. 그런 다음 경력교사가 그린 개념구조도와 학습자가 그린 개념구조도를 비교하여 그 유사도를 전달계수를 사용하여 표시했다. 전달계수라는 것은 교수·학습과정에서 교사가 가진 해당 단원의 개념구조의 관련짓기 정보가 어느 정도 학생들에게 전달되었는가를 나타내는 지표를 말한다. 그림 3(a)~3(d)는 일본 중학교 수학 2학년의 '일차함수'를 대상으로 하여 중학생, 대학생, 초보교사, 경력교사가 그린 개념구조도의 전형적인 예이다. 초보교사는 교직경험이 10년 정도이다.

중학생은 학습요소의 관계를 부분적으로는 이해하고 있지만, 학습요소 전체는 제각각 다르게 파악하고 있다. 대학생은 학습요소의 선후관계는 잘 이해하고 있지만, 전체적인 관계는 파악하지 못하고 있는 것 같다. 초보교사도 전후관계는 잘 파악하고 있으나 전체적인 관계의 이해는 다소 부족한 것 같다. 경력교사는 학습요소 전체를 구조적·체계적으로 파악하고 있다.

표 2는 초·중·고·대학생·초보교사의 초등학교 교재, 중학교 교재, 고등학교 교재, 대학 교재에 대한 조사 결과를 나타낸다. 예를 들면 표의 중학교 2학년 '일차함수'의 전달계수 수치는 중학생은 0.11, 대학생은 0.20, 초보교사는 0.22이다. 5단계 평가로 환산하면 순서대로 2, 3, 3이다. 다른 학교 급별·학년의 교재에 대해서도 마찬가지로 5단계 평가로 나타내면 2~3이다.

이와 같은 상태에서는 복잡한 과제를 해결한다든지 스스로 과제를 발견한다든지, 창의성을 발휘한다든지 하는 것은 매우 어렵다.

표 3은 구조적·체계적으로 사고하는 훈련을 실시한 경우와 실시하지 않은 경우의 전달계수 수치를 나타낸 것이다. 그룹으로 토의하고, 그리게 하는 것을 몇 번 훈련한 후에 그리게 하면 5단계 평가는 3~4로 올라간다. 이 결과는 보통의 학습으로는 학습요소를 구조적·체계적으로 사고하는 습관이 충분히 몸에 배지 않았다는 것을 나타낸다. 그러나 훈련에 의해 구조적이고 체계적인 사고가 꽤 활성화된다. 지금까지의 교육에서는 학습내용을 구조적이고 체계적으로 사고하는 교육이 충분히 이루어지지 않았다고 생각할 수 있다. 기초적·기본적인 내용을 확실하게 정착시키고 창의성 발휘의 기반을 다지기 위해서는 구조적이고 체계적인 사고를 활성화시키는 것이 얼마나 중요한가를 알 수 있다.

| 교재 | 학습내용<br>(학습요소수) | 피험자 | 인원<br>수 | 학습형태 | 경험의<br>유무 | 전달계수 | 5단계 평가<br>(환산치) |
|---|---|---|---|---|---|---|---|
| 초등학교 | 초6<br>경우를 질서 있게 정리하기<br>(k=7) | 초등학생 | 38 | 개인 | 무 | 0.12 | 2 |
| | | 대학생 | 40 | 개인 | 무 | 0.15 | 2 |
| | | 초보교사 | 47 | 개인 | 무 | 0.14 | 2 |
| 중학교 | 중1 정수<br>(k=13) | 중학생 | 35 | 그룹 | 유 | 0.23 | 3 |
| | | 대학생 | 30 | 개인 | 유 | 0.26 | 3 |
| | | | 30 | 그룹 | 유 | 0.32 | 4 |
| | 중2 일차함수<br>(k=13) | 중학생 | 304 | 개인 | 무 | 0.11 | 2 |
| | | 대학생 | 70 | 개인 | 유 | 0.20 | 3 |
| | | 초보교사 | 67 | 개인 | 유 | 0.22 | 3 |
| 고등학교 | 고1 이차함수<br>(k=13) | 고등학생 | 11 | 개인 | 무 | 0.16 | 2 |
| | | 대학생 | 46 | 개인 | 유 | 0.30 | 4 |
| | | 초보교사 | 69 | 개인 | 유 | 0.22 | 3 |
| | 고1 도형과 식<br>(k=16) | 고등학생 | 70 | 그룹 | 무 | 0.19 | 2 |
| | | | 65 | 그룹 | 유 | 0.31 | 4 |
| | | 대학생 | 70 | 개인 | 유 | 0.24 | 3 |
| | | | 60 | 그룹 | 유 | 0.37 | 4 |
| | 고2 평면벡터<br>(k=27) | 고등학생 | 40 | 그룹 | 유 | 0.23 | 3 |
| | | 대학생 | 40 | 그룹 | 유 | 0.24 | 3 |
| 대학 | 대2 대수 I<br>(k=13) | 대학생 | 10 | 개인 | 무 | 0.02 | 1 |
| | 대2 기하 I<br>(k=14) | 대학생 | 20 | 개인 | 무 | 0.07 | 1 |
| | 대3 확률<br>(k=12) | 대학생 | 35 | 개인 | 무 | 0.15 | 2 |
| | | | 35 | 개인 | 유 | 0.22 | 3 |

**표 2 전달계수의 수치**

| 훈 련 | 개 인 | 그 룹 |
|---|---|---|
| 무 | 0.15 (2) | 0.23 (3) |
| 유 | 0.22 (3) | 0.30 (4) |

※ ( ) 안은 5단계 평가 결과를 나타낸다.

**표 3 구조적 사고의 훈련 유무에 따른 전달계수의 수치**

### (3) 등산학습법의 목적

기초적·기본적인 내용을 확실하게 정착시켜, 창의성의 기초를 기르기 위해서는 구조적·체계적인 사고를 활성화하여, 학생들의 머릿속에 지식이나 정보의 기능적인 네트워크를 형성하는 것이 중요하다고 앞에서 이야기했다. 그렇다면 구체적으로 어떻게 하면 될까?

그러기 위해서는 교사가 머릿속에 그리고 있는 개념구조를 알기 쉬운 차트로 표현하여, 학생들에게 학습교재로 활용하게 할 필요가 있다. 이 차트는 학생이 학습교재로 활용하기 때문에 '학습구조차트' 또는 '개념도(concept map)'라고 부르기로 한다.

그림 4는 교사가 머릿속에 그리고 있는 개념구조를 학습구조차트로 구상화하여, 그 학습구조차트를 학생들에게 활용하게 함으로써 구조적 사고를 활성화시키는 상황을 나타낸 것이다.

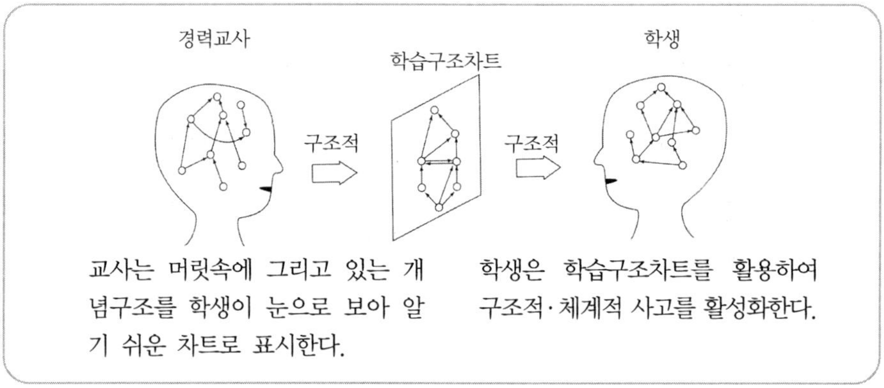


**그림 4 경력교사의 개념구조의 구상화**

구체적인 방법은 다음 절에서 설명하겠지만, 등산학습법은 학습구조차트를 학생들에게 주고, 학생의 구조적·체계적인 사고를 활성화시키는 방법이다. 구조적·체계적인 사고를 활성화시키기 위해서는 다음 사항이 중요하다.

1) 학습요소 개개의 내용을 충분히 이해시킬 것
2) 학습요소 상호관계를 파악·이해시킬 것
3) 학습내용의 부분과 전체의 관계를 파악·이해시키고, 학습내용 전체의 구

조를 통찰하도록 할 것

등산학습법은 이러한 활동을 통해서

1) 기초적·기본적인 내용을 확실히 정착시킨다.
2) 지식이나 정보의 기능적인 네트워크를 형성하게 한다.
3) 창의성의 기초를 기른다.

는 것을 목표로 하고 있다.

# 2 등산학습법의 실천방법

등산학습법은 어떤 순서로 실시할 것인가? 학력차가 나는 학생들에게 적용하기 위해서는 어떻게 하면 좋은가? 지도할 때에 어떤 점에 유의해야 하는가 등을 확실하게 한다.
● 아무리 좋은 지도법이라도 교사에게 관심과 의욕이 없으면 그 지도는 실패한다.

## 2.1 등산학습법의 실천방법

등산학습법은 다음과 같은 순서로 실시한다. 먼저, 교과서의 단원에 대한 실천방법을 기술한다.

### (1) 교사의 사전준비

교사는 단원 수업을 실시하기 전에 우선 그 단원의 교재내용을 분석하고, 학습구조차트를 작성한다. 다음으로, 학습구조차트를 참고하여 화살표의 이유 기입용지와 자기진단표를 작성한다. 모두 세 개의 학습교재를 작성한다.

주가 되는 것은 학습구조차트이다. 화살표의 이유 기입용지와 자기진단표는 학습구조차트가 완성되면 그것을 바탕으로 하여 쉽게 작성할 수 있다. 교사가 학습구조차트를 작성하는 구체적인 순서는 다음과 같다.

#### ① 학습구조차트의 작성

[순서 1] 교과서나 교사용 지도서 또는 지금까지의 지도경험이나 감각 등을 참고로 하여, 단원 전체의 학습내용으로부터 그 단원의 개념을 구성하는 데에 필요하다고 생각되는 학습요소를 10~20개 추출한다. 추출한 학습요소는 종이에 적어둔다. 학습요소라는 것은 단원에 나오는 학습항목이나 중요한 키워드를 가리킨다.

그림 5는 중학교 수학 2학년 일차함수에 대해서 추출한 학습요소를 나타낸다. 여기에는 13개의 학습요소가 추출되어 있다.

중학교 수학 2학년 일차함수

| 요소번호 | 하위요소 | 학습요소 |
|---|---|---|
| 1 | | 일차함수, 변역 |
| 2 | 1 | 대응을 나타내는 표 |
| 3 | 2 | 변화의 비율 |
| 4 | 2, 3 | 일차함수의 그래프, 절편, 기울기 |
| 5 | 4, 7 | 일차함수의 그래프 그리는 법<br>① 절편과 기울기를 알 때 |
| 6 | 5, 9 | 일차함수의 그래프 그리는 법<br>② 두 점의 좌표를 알 때 |
| 7 | 4, 5 | 일차함수의 식 구하기<br>① 절편과 기울기를 알 때 |
| 8 | 7 | 일차함수의 식 구하기<br>② 한 점과 기울기를 알 때 |
| 9 | 6, 8 | 일차함수의 식 구하기<br>③ 두 점의 좌표를 알 때 |
| 10 | 5, 6 | $ax+by=c$의 그래프 |
| 11 | 10 | $x=m$, $y=n$의 그래프 |
| 12 | 10, 11 | 연립방정식의 해와 그래프 |
| 13 | 4, 5, 6, 7, 8, 9, 12 | 일차함수의 활용 |

**그림 5 추출한 학습요소와 학습요소 사이의 관련짓기 (2학년 일차함수)**

[순서 2] 추출한 학습요소 사이의 관련짓기를 한다.

학습요소 사이의 관련짓기는 임의의 두 학습요소를 비교해서 학습요소 사이의 전제관계, 상하관계, 인과관계, 논리관계, 포함관계, 포섭관계, 순서관계 등의 관계가 있는지 없는지를 조사한다. 조사한 결과는 그림 5의 하위요소의 칸에 나타난 것처럼 추출한 각 학습요소의 우측에 그 번호를 써 둔다. 이때 3㎝×5㎝ 정도의 직사각형 모양의 카드(백지)를 만들어 카드 안에 학습요소명을 써 넣고, 카드를 늘어놓아 관련 유무를 조사하는 방법도 있다.

[순서 3] 학습요소 전체의 계층적인 배치를 실시한다.

학습요소 사이의 관련 유무에 따라 학습요소 전체를 계층적으로 배치한다.

계층적 배치에서 하위계층의 학습요소는 상위계층의 학습요소의 하단에, 상위계층의 학습요소는 하위단계의 학습요소의 상단에, 동등한 관계 및 쌍대(dual) 관계가 되는 학습요소는 같은 계층에 나란히 배치한다.

배치 방법은 원칙적으로 상하, 좌우이기 때문에 익숙해지면 쉽게 할 수 있다. 그림 6은 학습요소의 기본적인 배치 방법을 나타내고 있다. 단, 기호 Ⓐ, Ⓑ, Ⓒ, Ⓓ는 학습요소를 나타낸다.

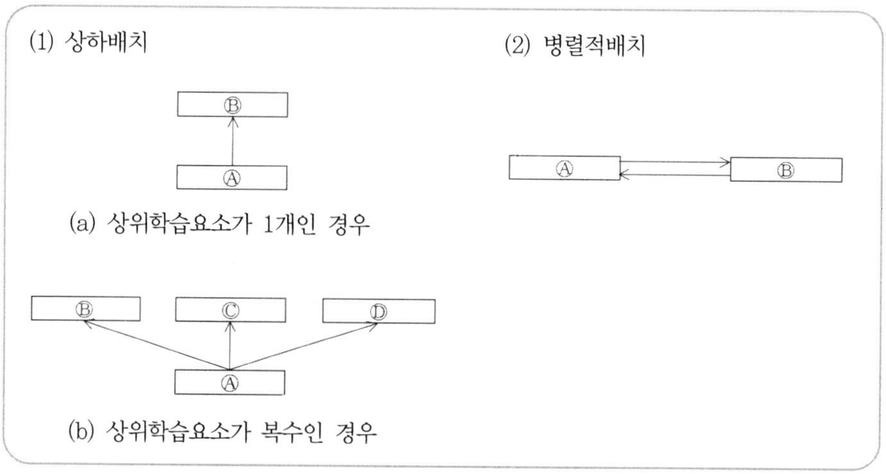


**그림 6 학습요소의 계층적 배치 방법**

그림 6의 (1) 상하배치에 대해서는 순서 2에서 서술한 각종 관계 외에 습관, 경험, 주관, 다른 사람과의 합의 등의 전제·전후 관계 등도 고려하여, Ⓐ를 Ⓑ 앞에 둔다. (2)의 병렬적 배치에 대해서는 상호관계, 동등관계, 쌍대관계 등을 고려하여 그 관계들이 있는 경우에 Ⓐ와 Ⓑ를 같은 계층에 배치한다.

그림 7의 [          ]의 학습요소는 이 순서들에 따라 배치한 2학년 일차함수의 학습요소의 계층적 배치이다.

학습요소를 계층적으로 배치할 때, 다음 두 가지 점에 유의하면 학생들이 보아 알기 쉬운 학습구조차트를 그릴 수 있다.

첫 번째, 원칙적으로 나중에 배울 학습요소를 오른쪽에 위치하도록 시계열적(時系列的)으로 배치하면 알기 쉽다. 그러나 이것은 어디까지나 원칙이며, 다음의 순서 4에 나오듯이 관계를 나타내는 화살표가 복잡하게 교차되는 경우는 좌우의 학습요소의 위치를 바꾸어 놓는 쪽이 보기 쉬운 경우가 있다.

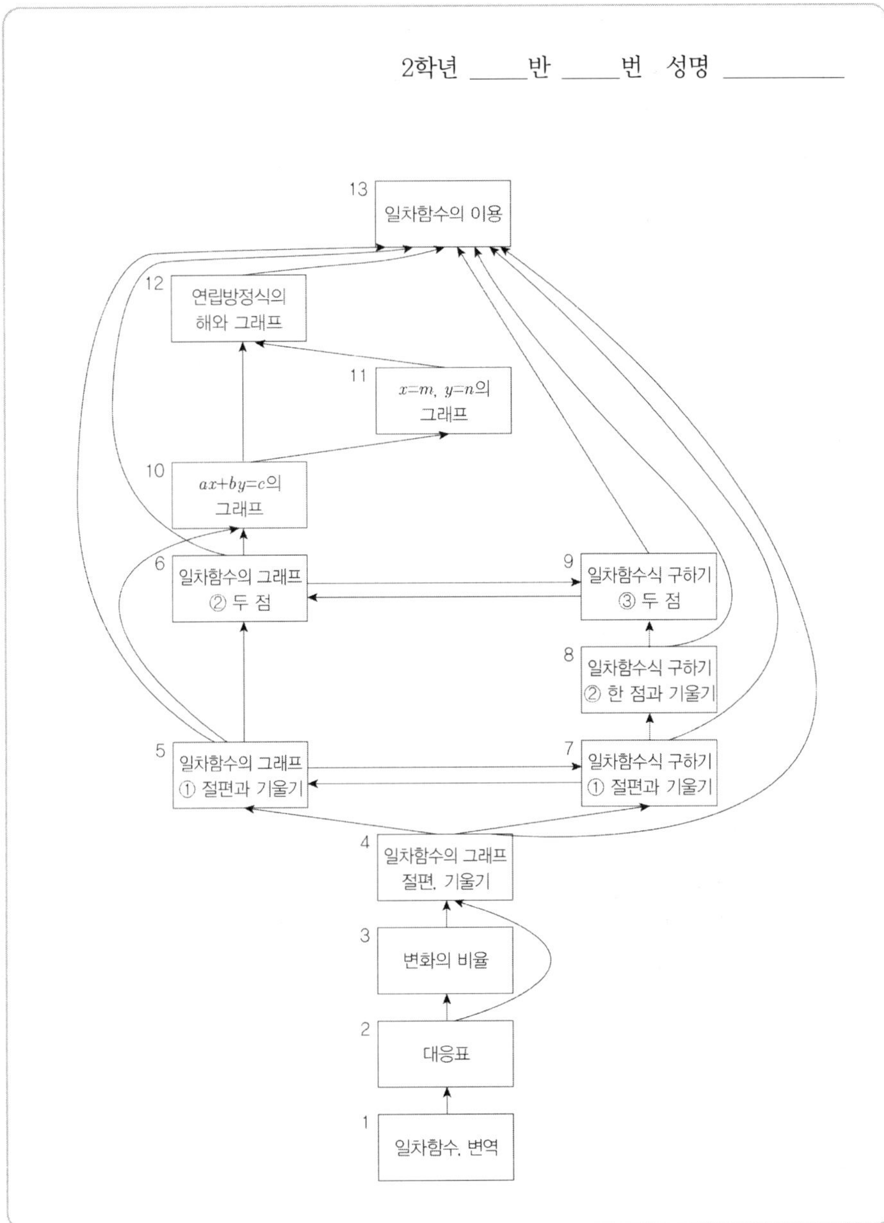


**그림 7 완성한 학습구조차트 (2학년 일차함수)**

두 번째, 같은 레벨의 계층에 있는 학습요소는 같은 높이의 위치에 배치하도록 한다. 학습요소 각각의 높이가 제멋대로 되어 있으면 보기 힘들어서 학생들이 이해하기도 어렵다.

[순서 4] 학습요소 사이에 관계를 나타내는 화살표를 기입한다.

그림 7은 관계를 나타내는 화살표를 기입한 학습차트이다. 순서 3에서 서술한 것처럼 화살표가 복잡하게 교차되면 보기 어렵기 때문에, 이때는 좌우의 학습요소를 바꾸어 배치하여, 가능한 한 화살표가 교차하지 않도록 그린다. 또 화살표는 반드시 아래에서 위로 긋는다. 화살표가 위에서 아래로 향하는 경우는 계층적 배치도가 잘못된 것이다. 화살표가 여러 방향으로 향하고 있으면 학생들이 학습할 때에 보기 힘들고 이해하기도 어렵기 때문에 계층적 배치는 충분히 생각하여 아래에서 위로 보기 쉽게 그리는 것이 요령이다.

[순서 5] 그린 학습구조차트의 화살표를 다시 보고, 잘못된 곳이 있으면 수정한다.

학습요소의 계층적 배치 및 관계를 나타내는 화살표에 잘못된 것이 있는지 없는지 체크하는 간편한 방법은, 예를 들어 어떤 임의의 한 개의 학습요소 $k$에 주목하여 그 학습요소 $k$에 연결되어 있는 하위 또는 병렬의 학습요소가 학습요소 $k$를 배우기 위하여 필요한지 아닌지를 조사하는 것이다. 하위학습요소로부터 상위학습요소의 관계를 조사하는 것보다 꽤 편리하다. 예를 들면 그림 7에 있는 학습구조차트의 학습요소 7을 살펴보자. 학습요소 7은 '절편과 기울기로부터 일차함수의 식을 구하는 방법'이다. 화살표를 아래 방향으로 살펴보면, 하위학습요소 또는 병렬로 위치해 있는 학습요소의 번호는 4, 5이다. 학습요소 4는 일차함수의 그래프, 절편, 기울기로 일차함수의 기본형과 용어의 정의이다. 학습요소 5는 '절편과 기울기를 알 때 그래프를 그리는 방법'이다. 일차함수의 식을 구하기 위해서는 지금까지 배운 일차함수의 기본형과 용어의 정의, 그래프 그리는 법이 기본이다. 즉, 학습요소 4로부터 학습요소 7, 학습요소 5로부터 학습요소 7로의 화살표는 적절하다고 판단된다. 학습요소 전부에 대해 마찬가지로 체크해보면 학습구조차트가 완성된다. 익숙하지 않는 동안에는 이런 것들이 서로 관계가 있다고 생각되어 복잡한 학습구조차트를 그리는 경우가 있다. 학생들이 학습교재로 사용할 때에 개념구조를 쉽게 파악할 수 있도록 처음은 줄기가 되는 화살표를 그리고, 그 다음에 최소한의 필요한 관계를 표시하면 알기 쉬운 학습구조차트를 그릴 수 있다.

교사에 따라 학습구조차트의 관계를 나타내는 세부적인 화살표가 다른 경우가 있지만, 큰 줄기(관계)가 다르지 않다면 사용할 때 걱정할 필요는 없다. 안심

하고 사용해도 좋다고 생각한다.

일반적으로 단원의 학습구조차트를 그린 경우에, 화살표가 복잡하게 표시되는 단원은 개념구조가 복잡하기 때문에 학생들이 이해하기 어려운 단원이다. 역으로, 화살표가 적고 간단하게 표시되는 단원은 학생들이 이해하기 쉬운 단원이다. 단원의 학습구조차트를 그려보면 학생들이 그 단원의 학습내용을 이해하기 쉬운지 어려운지 대충 짐작이 간다.

여기에서는 학습요소 수가 적기 때문에 손으로 학습구조차트를 그리는 방법을 설명했다. 학습요소 수가 많은 경우, 예를 들어 약 30개 이상의 경우에는 컴퓨터를 활용한 ISM교재화법의 소프트웨어(ISM-98XE 교재구조차트작성시스템, NEC)를 사용하면 컴퓨터에서 보기 쉬운 학습구조차트가 자동적으로 프린트되기 때문에 편리하다. 교과서 한 권(전 단원)의 구조, 혹은 중학교 1학년에서 3학년까지의 전 단원의 구조를 분석할 때에는 학습요소 사이의 관계를 나타내는 화살표가 복잡하게 교차되기 때문에, 컴퓨터를 사용하는 것이 훨씬 보기 편하게 그릴 수 있다. 단, 교과서 한 권의 전 단원이라고 하더라도 추출한 학습요소 수가 적으면 손으로 그릴 수 있다.

학습구조차트를 만드는 것이 어렵다고 느낄지 모르겠지만, 익숙해지면 별로 시간을 들이지 않고도 그릴 수 있다. 처음 그리는 사람은 고생스럽겠지만, 학생들의 학력 향상이나 관심·의욕을 높이는 것을 목표로 열심히 하길 바란다. 교사라면 누구라도 가능한 작업이다. 참고로 이 책의 부록에 일본 중학교 수학 1, 2, 3학년 전 단원의 학습구조차트를 자료로 첨부해둔다. 이것들을 참고로 해서 각자 사용하기 쉽도록 학습구조차트를 고쳐 쓰기 바란다.

순서 1에서부터 순서 5까지의 단원의 교재구조분석을 실시하고, 학습구조차트를 작성하는 작업은 '교사 자신의 교재분석력이나 지도력을 향상시킨다'는 효과도 있다. 지금까지 몇 명의 교사로부터 학습구조차트를 작성함으로써 자신의 시야가 넓어졌다고 하는 말을 듣고 있다. 이것은 교사가 학습요소의 내용이나 학습요소 사이의 관계, 학습요소 전체 사이의 관계를 생각하는 작업을 통해서, 지금까지의 지식이나 정보에 새로운 지식이나 정보가 부가되어 지식이 정치화(精緻化)되거나, 청크(chunk ; 지식 덩어리)화되어 기억용량이 증가하고, 사고범위가 넓어졌다는 것을 말해주고 있다.

② '화살표의 이유 기입용지'의 작성

교사는 학습구조차트의 각 화살표에 대해, 그 화살표는 어떤 관계를 나타내는가를 학생들에게 기입시키기 위한 화살표의 이유 기입용지를 작성한다. 화살표의 이유 기입용지의 각 화살표는 학습구조차트의 학습요소 번호를 사용하는데, 예를 들어 1→2, 2→4, … 등으로 표시한다.

표 4는 중학교 2학년 일차함수에 대한 화살표의 이유 기입용지이다. 학생들에게 화살표의 이유 기입용지를 쓰게 하는 활동은

1) 학습요소 개개의 내용을 정치화하고, 지식을 명확하게 한다.
2) 학습요소 사이의 관계를 더욱 깊이 이해할 뿐 아니라 학습요소 사이의 관계를 기능적 측면에서 파악하고 체계화한다.
3) 관계있는 학습요소를 청크화하여, 기억용량을 증가시킨다.

등의 효과가 있다.

③ 자기진단표의 작성

교사는 다음과 같이 자기진단표를 작성한다.

표 5는 중학교 2학년 일차함수의 자기진단표이다. 표에서 「학습요소」 칸은 학습구조차트의 각 학습요소에 대응시켜 표현한다. 「자기진단」 칸은 나중에 다시 봤을 때 잘 이해했던 학습요소, 대체로 이해했던 학습요소, 잘 이해할 수 없었던 학습요소를 판단하기 위한 기호 — 예를 들어 ◎, ○, △ 등 — 을 기입하게 한다. 「의문으로 생각한 것, 좀 더 조사해보고 싶다고 생각한 것」 칸은 수업 중 또는 학습 중에 의문이 생긴 사항, 더 깊이 추구해보고 싶은 사항을 기입하게 한다. 나중에 다시 봤을 때에 해결된 사항은 연필로 이중선을 긋도록 한다. 이중선으로 지우게 하면 그때 무엇을 생각하고, 어떤 의문을 가졌는지 등을 나중에 다시 생각해 낼 수 있다. 따라서 지우개로 지우지 않도록 미리 지도해 둘 필요가 있다.

자기진단(또는 자기평가)을 하게 하는 것은 학생들에게 있어

• 자신을 더 좋게 개선시켜 가기 위한 자원(원동력)이 된다는 것
• 자신의 생각을 심화시켜 가기 위한 자원(원동력)이 된다는 것

임을 늘 염두에 두어야 한다. 예를 들면 "오늘 수업내용을 이해했습니까?", "지

2학년 ____반 ____번 성명 __________

일차함수

| 화살표 | 화살표의 이유 |
|---|---|
| 1→2 | |
| 2→3 | |
| 2→4 | |
| 3→4 | |
| 4→5 | |
| 4→7 | |
| 4→13 | |
| 5→6 | |
| 5→7 | |
| 5→10 | |
| 5→13 | |
| 6→9 | |
| 6→10 | |
| 6→13 | |
| 7→5 | |
| 7→8 | |
| 7→13 | |
| 8→9 | |
| 8→13 | |
| 9→6 | |
| 9→13 | |
| 10→11 | |
| 10→12 | |
| 11→12 | |
| 12→13 | |

**표 4** 화살표의 이유 기입용지(2학년 일차함수)

## 자기진단표

2학년 ______반 ______번 이름 ________________

| ◎… 건 강<br>○… 다소 건강<br>△… 소화 불량 | 을 자기진단 칸에 기입한다. |
|---|---|

### 일차함수

| 절 | 학습요소 | 자기진단 | 의문으로 생각한 것, 좀 더 깊이 조사해보고 싶다고 생각한 것 |
|---|---|---|---|
| 일차함수와 그래프 | ① 일차함수, 변역 | | |
| | ② 대응을 나타내는 표 | | |
| | ③ 변화의 비율 | | |
| | ④ 일차함수의 절편과 기울기 | | |
| | ⑤ 일차함수의 그래프 그리는 법<br>㉮ 절편과 기울기를 알 때 | | |
| | ⑥ 일차함수의 그래프 그리는 법<br>㉯ 두 점의 좌표를 알 때 | | |
| | ⑦ 일차함수의 식 구하기<br>㉮ 절편과 기울기를 알 때 | | |
| | ⑧ 일차함수의 식 구하기<br>㉯ 한 점과 기울기를 알 때 | | |
| | ⑨ 일차함수의 식 구하기<br>㉰ 두 점의 좌표를 알 때 | | |
| 방정식과 그래프 | ⑩ $ax+by=c$의 그래프 | | |
| | ⑪ $x=m$, $y=n$의 그래프 | | |
| | ⑫ 연립방정식의 해와 그래프 | | |
| | ⑬ 일차함수의 활용 | | |

**표 5 자기진단표 (2학년 일차함수)**

도법은 좋았습니까?", "즐거웠습니까?"와 같은 질문에 대해 학생들에게 5단계 평정을 하게 하는 방법은 학생들의 자기진단이라기보다는 교사의 수업개선을 위한 평가라고 할 수 있다. 학생들의 자기진단에서는 학생들이 다음 학습에서 무엇을 목표로 하는가, 더 깊게 탐구해 보고 싶은 사항은 무엇인가와 같은 학생 자신의 성장을 촉진시키는 것을 목적으로 한다. 결국 학생들의 자기진단은 '오늘보다도 내일'이라고 하는 학생 자신의 성장을 촉진하기 위해서 필요하다.

학생들에게 이 자기진단표를 기입하게 하는 활동은

1) 학생 스스로 새로운 과제를 발견하는 힘을 기른다.
2) 학습내용을 주의 깊게 간파하는 힘을 기른다.
3) 학습내용에 대한 탐구심을 높인다.

등의 효과가 있다.

학생들은 보통의 수업에서는 학습내용을 이해하는 데에 목표를 두지만, 성장하기 위해서는 학습내용을 이해함과 동시에 학습내용에 대해 더욱 깊게 탐구하려고 하는 의욕이 있어야 한다. 매일의 학습에서 학생들이 스스로 과제를 발견하고 스스로 해결하는 태도를 습득하는 것이 중요하다. 학생들이 스스로 발견한 과제를 스스로 해결하는 방법에 대해서는 다음 (2)의 지도순서에서 서술한다.

여기에 서술한 자기진단표는 학생들이 스스로 과제를 발견하고, 탐구하려고 하는 사항을 기술하고 있기 때문에 '탐구카드'로 부르기로 한다. 일반적으로 학생이 머릿속에서 과제를 발견하더라도 교사는 그것을 알 수가 없다. 그러나 외부적으로 표현하면 교사는 학생이 생각하고 있는 과제 및 시계열적인 마음의 변화·변용을 쉽게 간파할 수 있다.

이 탐구카드는 학생들에게 스스로 과제를 발견하게 하며, 또 교사가 학생의 마음의 변화를 알게 하는데 매우 효과가 있다.

이것으로 교사의 사전 준비는 끝난다.

### (2) 지도순서

다음으로, 교사가 사전에 작성한 세 개의 학습교재인 학습구조차트, 화살표의 이유 기입용지, 탐구카드를 사용하는 지도순서를 기술한다.

[순서 1] 교사는 새로운 단원의 수업 처음에 학습구조차트와 화살표의 이유 기입용지, 탐구카드를 학생들에게 배포한다.

학생들의 학력이 낮다고 생각되는 모둠은 학습구조차트만 나누어준다. 학력이 중간이거나 중간 이상이라고 생각되는 모둠은 학습구조차트, 화살표의 이유 기입용지, 탐구카드를 모두 나누어준다. 탐구카드는 학습내용이 어느 정도 이해되지 않으면, 수업내용을 '알겠다', '모르겠다'와 같이 수업에 대한 감상문이 되어, 가치 있는 의문이나 과제의 발견이 좀처럼 이루어지지 않는다. 그런 경우에는 수학에 대한 관심을 떨어뜨릴 위험성이 있기 때문에, 학생의 실태를 고려하여 사용 여부를 생각할 필요가 있다. 그러나 가능하다면 탐구카드는 학생들의 과제발견능력이나 창의성을 향상시키는 데에 효과적이므로, 교사가 주의 깊게 잘 지도한다는 전제 아래 활용하게 하고 싶다.

[순서 2] 교사는 학습구조차트를 배포함과 동시에, 학생들에게 왜 이와 같은 학습교재, 특히 학습구조차트를 사용하는가 하는 목적을 간단하게 설명한다. 예를 들면 다음과 같이 설명할 수 있다.

"앞으로의 변화가 극심한 사회에서는 고등학교나 대학교를 졸업해서 사회에 진출할 때에 스스로 가치 있는 것을 생각해내고, 그것을 다른 사람에게 설명해서 이해를 구해가는 능력이 필요하다. 다시 말해서, 과제발견 능력이나 정보전달 능력이 필요하다. 이 학습구조차트를 활용함으로써 기초적·기본적인 학습내용을 확실히 이해할 수 있고, 그런 능력들을 향상시킬 수 있다. 구조적 사고가 활성화되고 창의성이 향상된다."

이런 설명을 하면 학생들의 학습구조차트에 대한 관심이 높아지고 적극적으로 활용하게 된다.

[순서 3] 교사는 학생들에게 학습구조차트의 여백에 각 학습요소에 대해 배운 내용을 정리해서 기입하도록 지시한다. 학생들은 학습구조차트의 여백에

1) 수업에서 배운 용어의 설명
2) 공식

3) 대표적인 예제 또는 스스로가 생각해낸 문제와 해답(문제 만들기)

등을 기입한다. 수학 학습에서는 공식뿐만 아니라, 구체적인 예를 들 수 있도록 해두는 것이 중요하다. 여기에서 용어의 설명, 공식, 대표적인 예제(또는 문제 만들기), 이 세 가지를 학습내용 '정리의 3요소'라 부르기로 하자. 학습내용을 정리할 때에는 이 정리의 3요소를 원칙으로 하는 습관을 붙이면, 각 학습요소를 좀 더 깊이 이해할 수 있다.

문제 만들기는 교과서의 예제 문장이나 수치를 바꾼 문제 또는 스스로가 생각해낸 문제 등을 적게 한다.

학력이 다소 낮다고 생각되는 학생에게는 교과서의 대표적인 예제를 적게 하고, 학력이 중간 또는 중간 이상의 학생에게는 문제 만들기를 시키는 것이 효과적이다. 스스로 생각한 문제는 문제의 구조에 대한 이해를 심화시켜 줌과 동시에 오래 기억할 수 있게 된다.

학습구조차트의 기입은 그해 첫 수업에서 15~30분 정도 연습시킨 후 다음부터는 과제로 하는 편이 효과적이다. 학습내용을 정리할 때 가정에서는 교과서, 노트, 문제집 등을 보면서 이해할 수 있을 때까지 차분하게 생각할 수 있기 때문이다. 교사는 학습구조차트를 활용하더라도 수업시수를 확보할 수 있기 때문에 교과서 진도를 신경 쓰지 않고 수업을 할 수 있다.

학습구조차트는 학습요소 개개의 내용이나 의미, 구조적 관계를 생각하게 하는 활동을 통해 기초적·기본적인 학습내용의 이해를 심화시키고, 구조적 사고를 활성화하는 것을 목표로 한다.

학습구조차트 여백에 용어 설명, 공식, 예제 등을 적게 하는 활동은 인지심리학의 관점에서는 학습내용에 대한 연습을 의미하며, 지식이나 정보를 장기기억으로 전송하는 것을 촉진하는 효과가 있다.

그림 8은 2학년 학생이 학습내용 정리의 3요소를 기입한 학습구조차트이다. 배운 내용을 여러 가지 각도에서 생각하여 정리한 흔적이 엿보인다.

[순서 4] 학생들은 학습구조차트를 참고로 하면서 화살표의 이유 기입용지에 화살표의 이유를, 탐구카드에 의문으로 생각한 것, 더 깊게 조사해 보고 싶은 것을 기입한다.

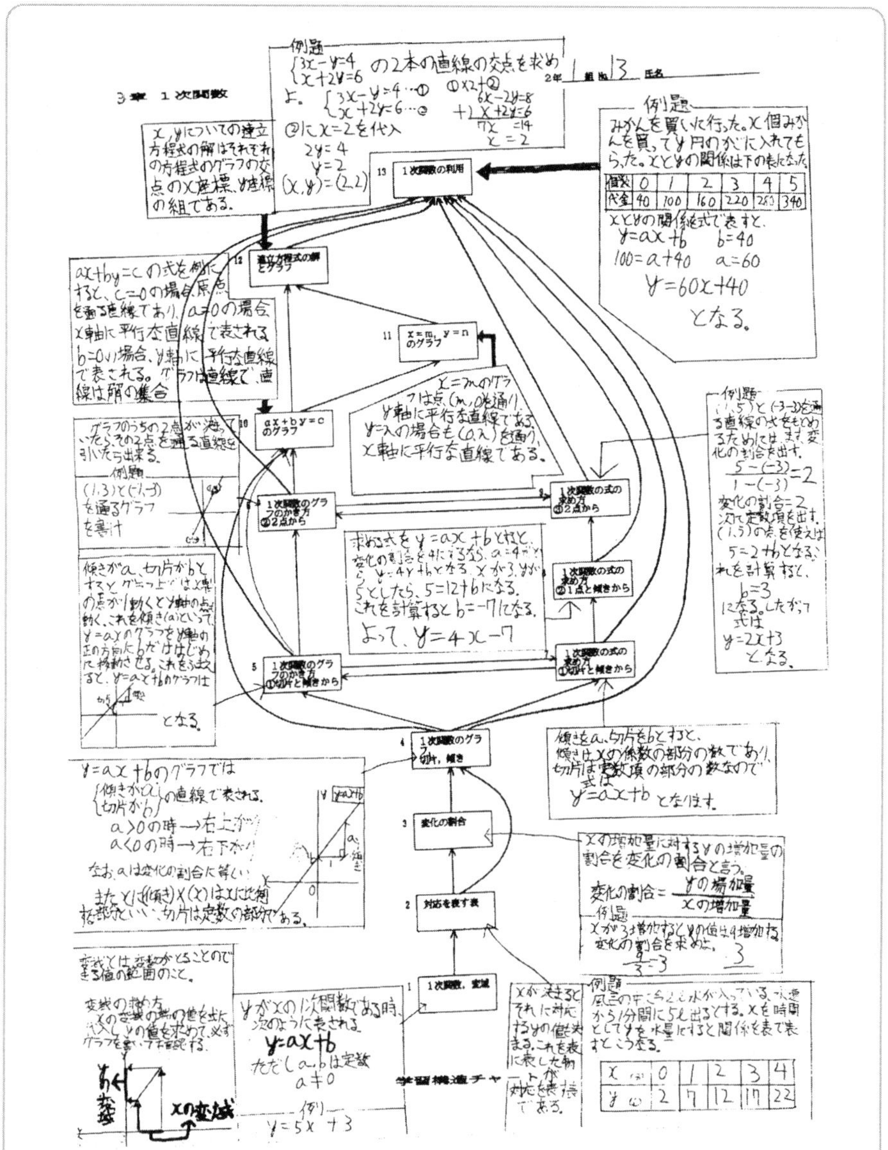

그림 8 학생이 작성한 학습구조차트(2학년 일차함수)

화살표의 이유 기입용지는 화살표의 이유를 사고하는 활동을 통해서, 학습요소 개개의 내용이나 의미, 학습요소 사이의 관계, 부분과 전체의 관계를 명확하게 이해시키고, 지식이나 정보를 구조적·체계적으로 조직화시키는 것을 목적으로 하고 있다.

탐구카드는 학습내용을 주의 깊게 읽고, 그 내용을 정치화하는 활동을 통해서, 내용에 대한 과제의식을 높이고, 새롭게 가치가 있는 과제를 스스로 발견하는 능력 및 탐구심 등을 향상시키는 것을 목적으로 하고 있다.

극단적으로 말하면, 학습구조차트의 활용으로 학습내용을 정리하게 함과 동시에 학습내용 전체 개념의 개요를 이해하게 하고, 화살표의 이유 기입용지의 활용으로 관계의 이해를 심화시키며, 탐구카드를 통해 새로운 과제를 발견하게 하는 것을 목적으로 하고 있다. 이런 일련의 활동들은 창의성을 발휘하기 위한 기초로써 중요하다.

표 6은 학생이 기입한 화살표의 이유 기입용지의 예이다. 표 7은 학생이 기입한 탐구카드의 예이다.

표 6, 표 7로부터 교사는 학생들이 학습내용이나 학습요소 사이의 관계에 대해 어떻게 사고하고 파악하고 있는가 하는 내적인 면을 간파할 수 있다.

[순서 5] 교사는 단원의 학습이 종료된 정리 단계에서 학생들에게 다시 한 번 학습구조차트의 내용을 살펴보게 하고, 나아가 학습요소 개개의 내용이나 의미, 학습내용 전체의 구조적 관계, 줄거리 등을 발표·토의하게 한다.

학습구조차트를 다시 살펴보는 활동은 학습구조차트를 기입할 때에 생각하지 못했던 내용이나 사항을 생각하게 하고(지식의 정치화), 관계 있는 학습내용을 관련지어 한 덩어리로 정리하게 하는 것(청크화)을 목표로 하고 있다.

학습내용을 발표·토의하게 하는 것은 학생들이 머릿속에 그리고 있는 단원의 개념구조를 언어를 사용하여 밖으로 표현하게 하는 활동을 통해, 학습내용 전체를 한층 더 정치화, 맥락화, 체계화하여, 지식이나 정보의 기능적인 네트워크를 형성하게 하는 것과 정보전달 능력을 향상시키는 것을 목적으로 하고 있다.

머릿속에서 생각하고 있는 것을 언어를 사용하여 밖으로 표현한다든지 문자를 사용하여 기술한다든지 하는 활동은 지식이나 정보가 쓸데없이 길어지는 것을 줄이며, 지식을 명확하게 하여 논리적인 사고력과 표현력을 향상시킨다. 따라서 학습할 때에 머릿속에서 생각한 것을 언어로 표현한다든지 문자를 사용하여 논리적으로 기술하게 하는 활동은 매우 중요하다.

학생들에게 학습내용 전체의 구조적 관계, 줄거리를 발표하게 하는 경우, 처음에는 발표를 잘 못하기 때문에 제1단계에서 모를 때에는 학습구조차트를 봐도 된다고 하고(제1차시), 제2단계에서는 학습구조차트를 보지 않고 발표하도록

2年 7 組 37 番 氏名

※学習構造チャートの矢線の理由を書きなさい。

| 矢線 | 矢線の理由 |
|---|---|
| ①→② | 1次関数は対応を表す表でも表せるから |
| ②→③ | xの増加量に対するyの増加量を変化の割合というから。 |
| ②→④ | 表からaxが傾きでbが切片ということがわかるから。 |
| ③→④ | 変化の割合が1次関数の傾きだから。 |
| ④→⑤ | 1次関数のグラフの1つの書き方でa(傾き)とb(切片)がいるから。 |
| ④→⑦ | 切片と傾きが分かれば1次関数の式を求めることが出来るから |
| ④→⑬ | 1次関数の切片や、傾きが分かれば、1次関数の利用は答が出せるから |
| ⑤→⑥ | 1次関数のグラフのもう一つの書き方だから。 |
| ⑤→⑦ | 1次関数のグラフが書ければ、切片と傾きから式を求めることができるから |
| ⑤→⑩ | 切片と傾きからのグラフをかくには2元1次方程式をyについて解けばいいから |
| ⑤→⑬ | 文章の中でa(傾き)、b(切片)を探してグラフをかけば答えを出すことができるから。 |
| ⑥→⑨ | 2点からのグラフを見てyについての式が2つでき連立方程式を使って解を出せるから。 |
| ⑥→⑩ | 2点からのグラフがかければ1次関数の利用では答えが出せるから。 |
| ⑥→⑬ | 文章中から2点を見つけて書けば答が出せるから。 |
| ⑦→⑤ | 切片と傾きから式が求められれば、切片と傾きからそのグラフが書けるから |
| ⑦→⑧ | 1次関数の式の求め方はもう一つの方法だから |
| ⑦→⑬ | 文章中からa(傾き)、b(切片)にあたる部分を探せば式がわかるから |
| ⑧→⑨ | 1点と傾きから求めることができるなら2点からでもできるから |
| ⑧→⑬ | 傾きと1点にあたる部分を文章中から見つけ、切片と傾きを求めれば答えが出せるから。 |
| ⑨→⑥ | 2点からの1次関数の式が分かれば2点からグラフがかけるから。 |
| ⑨→⑬ | 2点にあたる部分を見つけて文章中から傾きと切片を求めれば答が出せるから。 |
| ⑩→⑪ | 2元1次方程式のグラフでx=0, y=0のときx=m, y=nのグラフになるから。 |
| ⑩→⑫ | どちらとも式をyについて解けば答が出せるから。 |
| ⑪→⑫ | 式をyについて解けば答えが出せるから。 |
| ⑫→⑬ | 2元1次方程式を文章の中から2つ探し連立方程式にして解けば答えが出せるから。 |

표 6 학생이 기록한 화살표의 이유 기입용지 (2학년 일차함수)

## 自己診断票

2年7組32番氏名

◎…健康
○…やや健康
△…消化不良

を記入↓する

| 節 | 学習項目 | 自己診断 | ・疑問に思ったこと<br>・もっと深く調べてみたいと思ったこと |
|---|---|---|---|
| 一次関数とグラフ | ① 一次関数，変域 | ○ | 変域を表すのについて調べたい |
| | ② 対応を表す表 | ◎ | xとyは一緒に変化していくところについて深くしらべたい |
| | ③ 変化の割合 | ○ | xの増加量とyの増加量が等しくかわっていくのか |
| | ④ 一次関数の切片と傾き | ○ | 練習問題をたくさんといて理解していきたい |
| | ⑤ 一次関数のグラフのかき方<br>（ア）切片と傾きから | ◎ | 2点がきまれば直線1本がきまるということがわからない |
| | ⑥ 一次関数のグラフのかき方<br>（イ）2点から | ○ | 分数からの点をとるのがむずかしい |
| | ⑦ 一次関数の式の求め方<br>（ア）切片と傾きから | ◎ | 読みとるのは簡単だけど、分数のはとてもむずかしい |
| | ⑧ 一次関数の式の求め方<br>（イ）1点と傾きから | △ | ほとんど理解できなかった |
| | ⑨ 一次関数の式の求め方<br>（ウ）2点から | △ | 2点の座標からaを見つけるのが、とてもわかりづらかった |
| 方程式とグラフ | ⑩ ax＋by＝cのグラフ | ○ | y=□の形になおしてする方法でグラフをつくれるようにy=□の形でやっていきたい |
| | ⑪ x＝m，y＝nのグラフ | ◎ | ax+by=cのとくしゅなやりかただけどx=m, y=nの方がやりやすい |
| | ⑫ 連立方程式の解とグラフ | ○ | 連立方程式から、2点の座標というところがあまりわからなかった |
| | ⑬ 一次関数の利用 | △ | グラフから答えをだすのがむずかしい。だから、答えをだすのをたくさんしらべたい! |

표 7 학생이 작성한 탐구카드 (2학년 일차함수)

한다(제2차시). 또한 이 학습활동은 발표·토의하는 시간이 필요하므로 팀티칭(Team Teaching) 지원에 의해 10~15명 정도만 학습하는 것을 권장한다.

지금까지 실시한 몇몇 학교에서는 2시간 수업으로 모든 학생이 학습구조차트를 보지 않고 학습내용 전체의 줄거리·관련을 발표할 수 있게 되었다. 이 활동을 모든 단원에 대해 실시하면 수업시간이 부족해지기 쉽기 때문에, 1년에 1~2회 실시하는 것이 좋다고 생각한다.

[순서 6] 교사는 학생이 탐구카드에 기입한 과제 가운데 몇 개를 공통과제로 설정한다. 학생들은 자신이 궁금해했던 과제 단위로 그룹을 만들어 그룹으로 실험을 한다든지 도서관에서 조사한다든지 하여 과제를 해결(조사학습)한다.

공통과제는 7~10개, 한 그룹당 학생 수는 4~5명이 적절하다. 또 그룹 수가 많은 경우는 지도하기 어렵기 때문에 팀티칭 지원이 효과적이다. 이 활동에는 2~3시간이 필요하므로 1년에 1~2회 실시하는 것이 좋을 것 같다.

이 과제해결활동은 서로 같은 목표를 가진 학생들이 협력하면서, 그 과제를 조사하고 해결하는 활동을 통하여, 과제탐구력, 과제해결능력, 창의력을 향상시키는 것을 목표로 하고 있다.

[순서 7] 학생들은 그룹마다 해결한 과제에 대해 그 해결과정·결과 등을 발표·토의한다.

과제해결의 발표에서는 조사한 과제와 결론뿐만 아니라 과제에 대해서 어떤 방법으로 조사했는가, 어떤 점 때문에 고민했는가, 어떻게 하여 해결의 힌트를 얻을 수 있었는가 하는 사항을 중심으로 발표하도록 한다. 그렇게 하면 같은 생각을 하고 있는 학생들은 '아 저렇게 생각하면 되는구나'하는 사고방식을 획득할 수 있다. 발표·토의에서는 다른 학생들에 대해서도 사고방식을 획득하게 하는 것이 중요하다. 이 과제해결의 발표·토의는 새롭게 창조한 지식에 대해서 그 내용을 맥락화·체계화하여 창조한 지식에 대한 정보전달 능력을 향상시키는 것을 목적으로 하고 있다.

순서 1에서 순서 7까지의 학습구조차트를 활용한 학습법은 지도를 조사하면서 산에 오르는 모습과 흡사하기 때문에 등산학습법이라고 부르게 되었다.

그림 9는 과제탐구형 등산학습법의 순서를 나타내고 있다.

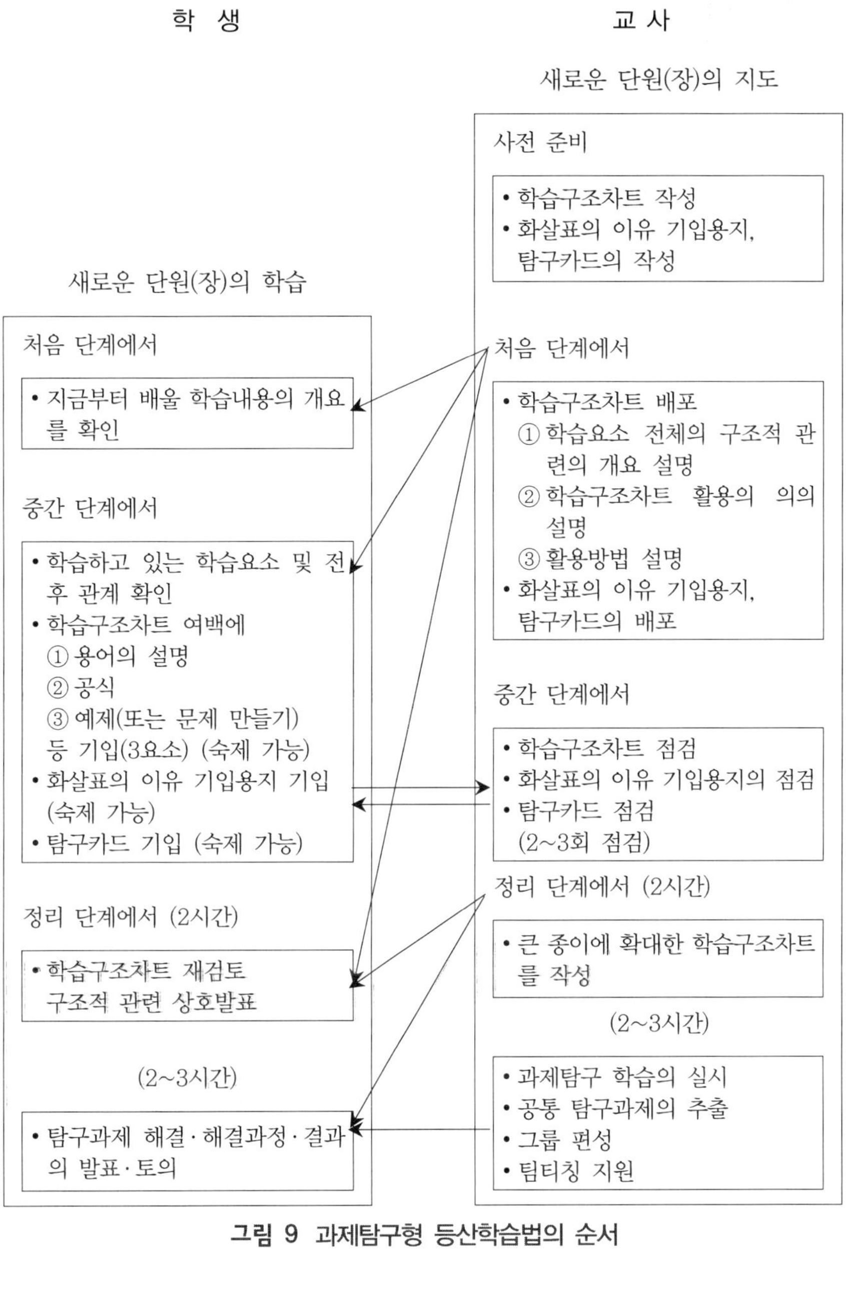


**그림 9 과제탐구형 등산학습법의 순서**

## 2.2 등산학습법의 종류

등산학습법은 학력이 낮은 학생, 중간 정도의 학생, 높은 학생 등 다양한 학생들에게 적용할 수 있도록 학생들에게 사용하게 하는 교재를 고려하여 지금까지 네 가지 종류의 타입을 생각했다.

① 원조 등산학습법

이 학습법은 학생들에게 학습구조차트만 주고, 그 여백에 각 학습요소에 대해서 ㉮ 용어의 설명, ㉯ 공식, ㉰ 교과서의 예제 등을 기입하게 하는 방법이다.

이 학습법은 필자가 초기에 개발한 방법으로 학력이 낮은 학생들에 대해서 학습내용의 이해를 높이고, 학습에의 관심·의욕을 향상시키는 데 적당하다. 이 방법이 가장 간단하고, 실시하기 쉽게 처음에 생각한 방법이기 때문에 '원조 등산학습법'이라고 부르기로 한다.

② 구조적 문제 만들기 학습법

이 학습법은 학생들에게 학습구조차트만 주고, 그 여백에 교과서의 예제를 기입하는 대신에 스스로 문제를 만들어서 그 문제와 해답을 기입하는 방법, 결국 ㉮ 용어의 설명, ㉯ 공식, ㉰ 문제 만들기를 기입하는 방법이다.

이 학습법은 학력이 중간 정도에서 높은 정도의 학습 집단의 학습에 적당하다.

③ 이야기 만들기 학습법

이 학습법은 학생들에게 학습구조차트, 화살표의 이유 기입용지를 쓰게 하고, 또 단원의 정리 단계에서 학습내용 전체의 구조적 관계를 발표·토의하게 하는 방법이다.

지금까지의 수업에서는 학습내용의 구조적 관계를 파악하고 외부로 표현하는 학습에 학생들이 익숙해져 있지 않기 때문에, 그림 10에 나타난 것처럼 '이야기 학습의 길잡이'를 사전에 작성하게 하면 잘 할 수 있다. 이야기 학습의 길잡이는 세 개의 항목

㉮ 학습내용 전체의 줄거리
㉯ 학습요소 각 항목의 내용
㉰ 예제와 그 답을 구할 때 주의할 사항

으로 구성한다.

학생들은 학습구조차트의 여백에 자신이 쓴 내용을 보면서 이야기 학습의 길

잡이를 작성하는 활동을 통해서, 다시 한 번 단원 전체의 구조와 각 학습요소를 정리하고 수정한다. 정리하고 수정하는 것에 의해 학습내용 전체의 구조, 각 학습요소에 대한 지식이 한층 명확해져 지식의 청크화가 진행되고, 지식이 장기 기억으로 전송되는 효과가 있다. 이 학습법은 학력이 중간 정도에서 높은 정도의 학습 집단의 학습에 적당하다.

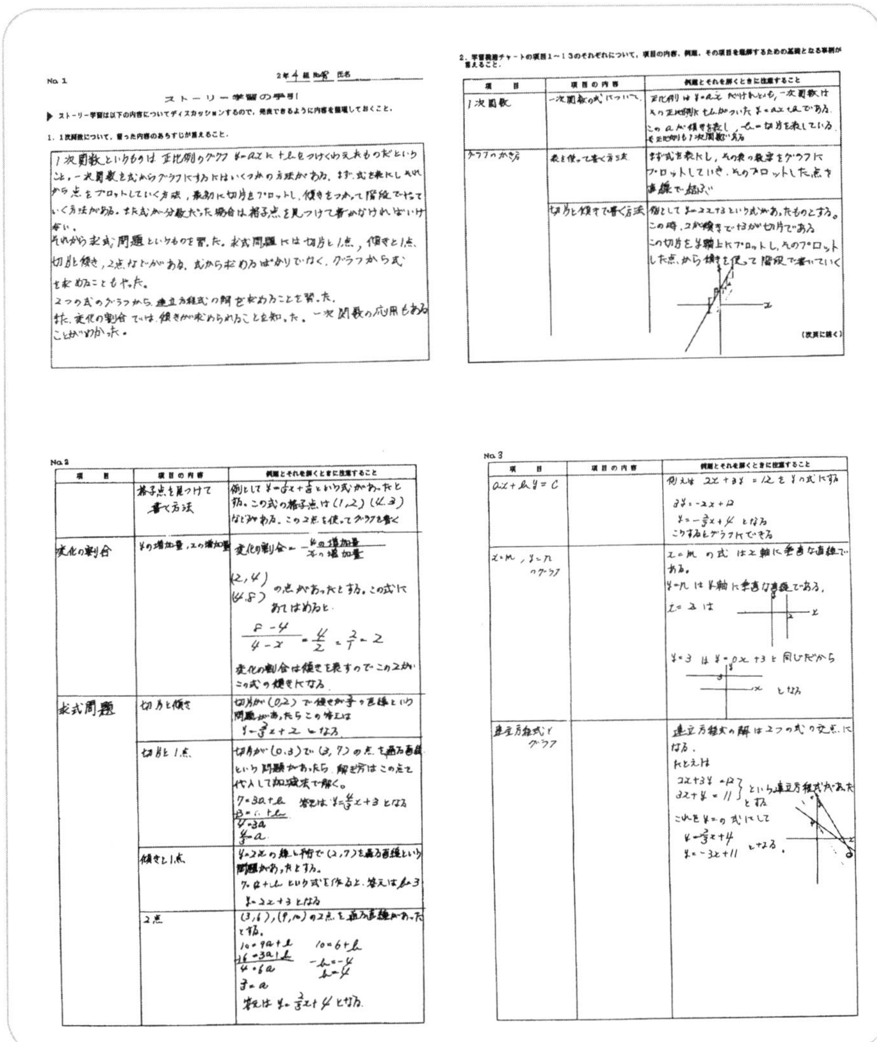

그림 10 이야기 학습의 길잡이 (2학년 일차함수)

④ **과제탐구형 등산학습법**

이 학습법은 제2.1절 (2)의 순서 1에서 순서 7까지를 포함한 방법이다. 즉, 학생들에게 학습구조차트, 화살표의 이유 기입용지, 탐구카드를 주어 쓰게 하고, 또 학습의 정리 단계에서 학습내용 전체의 구조적 관계·줄거리 및 과제탐구학습의 결과를 발표·토의하게 하는 방법이다. 이 학습법은 학력이 중간 정도부터 높은 정도의 학습 집단에 적당하다.

등산학습법의 기본형은 네 종류이지만, 이들을 기본으로 해서 여러 가지 변형을 생각할 수 있다. 예를 들면

1) 학습의 정리 단계에서 학습내용 전체의 구조적 관계 발표와 동시에 각 학습요소에 대해서 각자가 만든 문제와 해답을 발표·토의하는 방법
2) 학습의 정리 단계에서 전체의 줄거리, 학습요소 사이의 관계, 각 학습요소에 대응시킨 평가 예상문제와 그 출제 의도를 포함한 「수학신문」을 만들어 그 내용을 발표·토의하는 방법

등이 있다.

위의 2)의 평가 예상문제를 만드는 방법은 교사가 중간고사나 기말고사를 작성하는 과정과 같다. 평가 문제를 작성하게 하는 경우에는 예를 들어 평가 문제는 10문제로 정하고 학습내용 전체로부터 균형 있게 출제할 것, 몇 개의 학습요소를 정리한 융합문제를 출제할 것 등의 제약을 부가하면, 학생들은 필사적으로 몇 번씩 학습내용을 음미하고 생각한다. 학생들은 그러한 활동을 통해 학습내용의 이해를 심화시키고 지식을 정교화한다. 다시 말해서, 평가 문제를 작성할 때에는 개개의 학습요소 및 학습내용 전체를 구조적으로 파악하여 확실하게 이해해 둘 필요가 있으며, 그러한 활동들을 통해 학생들은 교사가 머릿속에 그리고 있는 지식 구조와 유사한 지식 구조를 형성해 간다. 이 활동은 학생들에게 지식이나 정보의 기능적인 네트워크를 만들게 하는 것에 주안점을 두고 있다.

그림 11은 지금까지의 등산학습법의 종류를 나타낸 것이다. 흥미·관심이 있는 분은 이것들을 기본으로 하여 자신이 사용하기 쉽도록 여러 가지 이용방법을 생각해 보기 바란다. 잘 되리라 생각한다.

다음과 같은 방법도 생각할 수 있다.

3) 교사가 학생들에게 학습구조차트를 줄 때, 관계의 일부만을 기입한 미완성 학습구조차트를 주고, 세부적인 관계를 학생들에게 기입하게 하는 방법

4) 교사가 학생들에게 학습구조차트를 줄 때, 몇 가지 학습요소명을 공백으로 남겨 두고, 학습요소명을 써넣게 하는 방법 등.

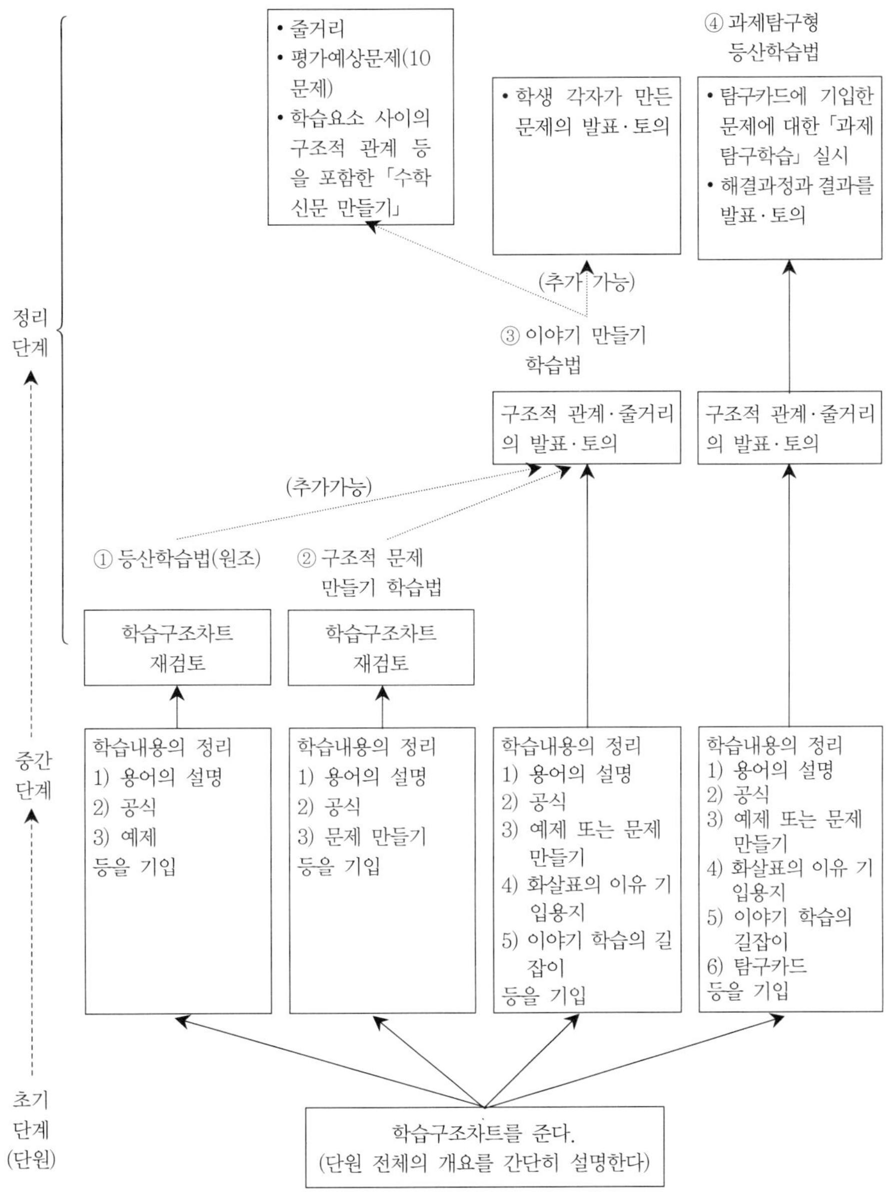


**그림 11 등산학습법의 종류**

그림 12는 미완성 학습구조차트의 예이다. 그림 13은 공백의 학습요소를 포함한 학습구조차트의 예이다.

위의 3)의 미완성 학습구조차트를 주는 방법은 학습내용을 확실히 음미하고 이해할 필요가 있으며, 학생들이 학습요소 사이의 관계에 대하여 스스로 생각하는 힘을 익히게 한다.

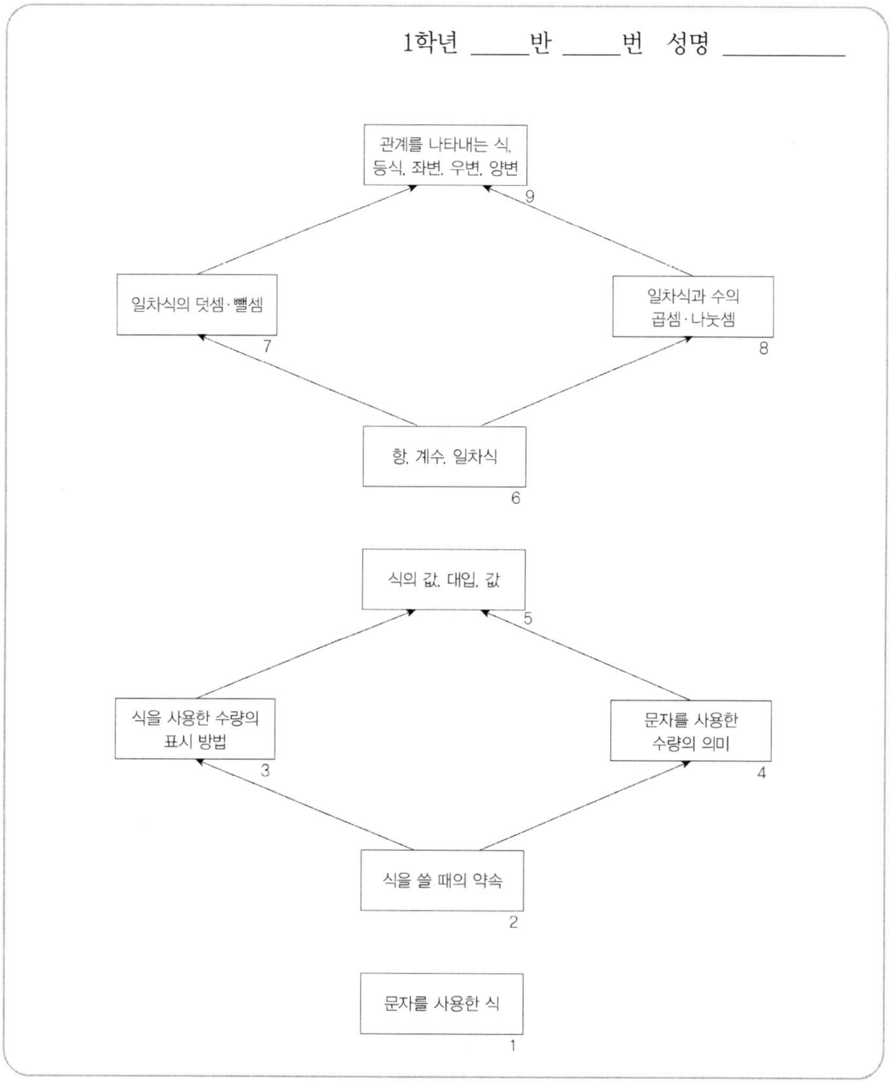


**그림 12 미완성 학습구조차트 (1학년 문자와 식)**

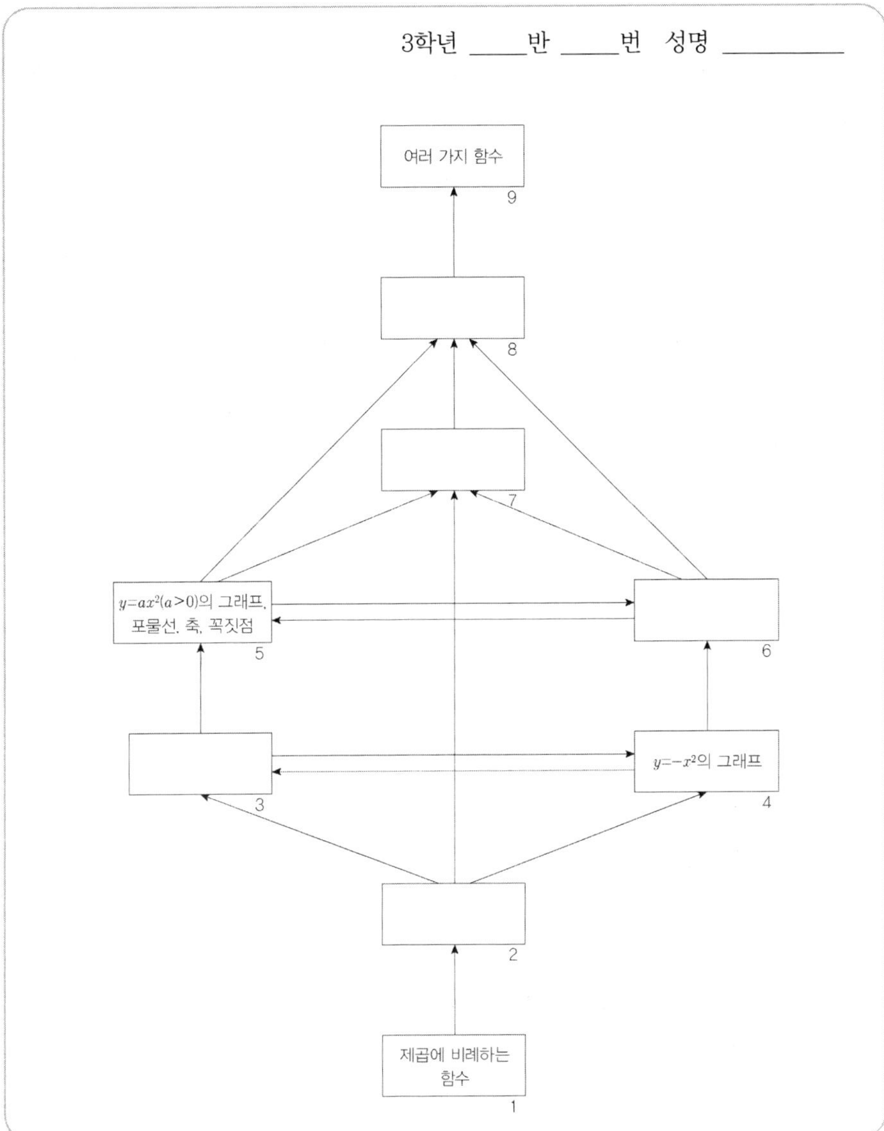


**그림 13 공백의 학습요소를 포함한 학습구조차트 (3학년 함수)**

## 2.3 지도상의 유의점

### (1) 교사가 학습구조차트를 작성하는 단계

학습요소 사이의 관계를 이것도 저것도 관계가 있다는 식으로 쓰면 학습구조차트가 복잡해져서 보기 힘들어지며, 학생들에게 혼란을 줄 위험성이 있다. 따라서 화살표가 너무 복잡하게 되지 않도록 우선 큰 가지만 쓰고, 다음에 세세한 화살표를 삽입하도록 한다.

또한, 자신이 작성한 학습구조차트의 옳고 그름이 걱정되는 경우에는 몇몇 다른 교사의 의견을 물어보는 것도 좋다. 큰 가지만 틀리지 않는다면 걱정할 필요는 없다. 일단 수업에 사용하면서 그른 부분을 수정해 나간다면 다음 해에 사용할 때에는 보기도 쉽고 확실한 학습구조차트가 될 것이다.

내가 고등학교에서 사용하기 시작할 무렵의 학습구조차트를 지금 재검토해 보면, 식은땀이 날 것 같은 학습구조차트가 몇 장 있다. 그 당시에는 열심히 생각했던 학습구조차트이다. 몇 년이 지난 현재, 지금의 나 자신이 경험 등에 의해 구조적으로 보는 시야가 넓어지고 성장했다고 자신에게 타이르고 납득시키고 있다. 각 개인의 생각은 다소 다르기 때문에, 아무쪼록 세세한 점은 신경 쓰지 말고 우선 사용해 보기를 권한다.

### (2) 수업의 초기 및 중간 단계

#### 1) 교사가 처음에 학습구조차트를 학생들에게 사용하게 할 때에는 왜 이런 학습을 하는지 목적을 분명히 설명할 것

학생들은 목적을 알면 의욕을 가진다. 목적을 모르면 의욕이 감퇴되기 때문에 시간(5분 정도)을 아끼지 말고 사용목적을 설명하자.

#### 2) 구조적 관계의 순서와 학습순서가 다르다는 것을 설명할 것

교과서의 지도 항목의 순서는 직선적이다. 학생들은 앞에 배운 학습요소와 나중에 배운 학습요소가 반드시 관계되어 있다고 잘못 이해하는 경우가 많다. 구조적 관계의 순서는 학습요소의 내용 관계이고, 학습순서와는 다르다는 것을 사전에 설명해두는 것이 중요하다. 학생들은 화살표의 이유 기입용지를 작성하는 동안에 그 이유를 저절로 깨닫게 될 것이라고 생각한다.

#### 3) 공식이나 예제 등의 정리는 숙제로 할 것

공식이나 예제 등은 매 수업에서 5~10분을 주고 쓰게 할 수도 있지만, 되도록 숙제로 하여 차분히 생각하게 할 것을 권한다. 시간에 쫓기면서 급하게 적기

보다는 교과서를 조사해 본다든지, 노트를 참고로 하면서 차분히 생각하면서 정리하는 편이 효과적이다.

또, 정리 내용은 하나의 표 안에 모두 적도록 지시한다. 뒷면에 적는 학생이 가끔 있지만, 하나의 표에 정리하도록 지시하면, 정리하기 위하여 몇 번이나 다시 검토할 필요가 있으며, 그렇게 함으로써 지식을 더욱 명확히 해 간다.

#### 4) 공식이나 예제 등을 기입할 때에는 다른 학습요소와의 차이점을 생각하게 할 것

학생들이 학습내용을 '잘 모르겠다', '애매하다'라고 할 때에는 학습요소의 내용이나 의미가 혼란스러워 각 학습요소의 차이를 구별하지 못하는 경우가 많다. 따라서 각 학습요소에 대해 공식이나 예제 등을 기입할 때에는 다른 학습요소와의 차이점을 생각하도록 지도한다. 다른 학습요소와의 차이점을 알면 해당 학습요소의 개념이 명확해진다. 학생들이 차이점을 머릿속으로만 생각하는 것이 아니라, 교사가 학생들에게 질문을 하여, 학생들에게 그 차이점을 말로 표현하게 하면 애매함이 없어져 효과적이다.

#### 5) 수업시간마다 반드시 가져오도록 할 것

교사는 수업의 처음에 학습구조차트를 책상 위에 펼쳐놓게 하고, "오늘은 몇 번째 학습요소에 대해 수업을 합니다."라고 코멘트한다. 학생들에게 학습요소를 확인시키면, 학습요소 전체 중에 이번 수업에서 배울 학습요소의 위치가 명확하게 되고, 학습요소 사이의 관계에 대한 인식이 향상된다.

#### 6) 도중에 1~2회 제출하게 할 것

단원이 끝날 무렵 한 번만 제출하게 하면 도중에 포기하는 학생이 있다. 지금까지의 경험으로 보면, 단원의 학습에서는 중간에 1~2회, 마지막 1회, 총 2~3회 제출하게 하는 것이 좋다. 제출받은 경우에 교사는 약간의 코멘트, 또는 적어도 검인을 찍어 내용을 체크했다는 것을 알 수 있도록 한다.

학생들은 교사가 열심히 읽어 보았는지에 매우 신경을 쓴다. 많은 학생들이 학습구조차트의 중요부분을 형광펜으로 칠해 화려하게 만든다. 이것도 경험이지만, 학력이 낮은 학생일수록 형광펜 등을 사용하여 예쁘게 그리는 경향이 있다. 칭찬해 주면 의욕을 가지고 더욱 몰두하기 때문에 꼭 코멘트를 붙여 북돋아준다.

화살표의 이유 기입용지, 탐구카드도 같이 제출하게 하여 체크한다. 시간이 있다면 화살표의 이유 기입용지, 탐구카드의 내용을 읽어 볼 것을 권장한다. 읽어봄으로써 학생이 학습내용을 어떻게 파악하고 있고, 의문을 갖고 있는가 등, 학습 중 학생의 생각이나 마음의 변화를 알 수가 있으며, 수업개선으로도 연결될 수 있다. 결국, 중간고사나 기말고사 등의 평가에서는 잘 발견할 수 없는 학생 개개인의 사고방법을 읽어낼 수 있다. 학생 개개인의 사고방법을 안다는 것은 적절한 지도를 행하는 데 있어 매우 중요하다.

#### 7) 학습구조차트를 파일 등에 보존하게 하여 복습교재로 활용하게 할 것

한 단원의 내용이 한 장의 학습구조차트에 응축되어 있다. 교과서 한 권의 내용은 6~7장의 학습구조차트에 응축되어 있으며, 중학교 3년 동안의 내용은 18~21장의 학습구조차트에 응축되어 있다. 학생들이 직접 적은 것이므로 보기 쉽게 되어 있다. 그러므로 보통의 학습이나 중간고사·기말고사 등의 복습교재로 활용하도록 지도한다. 자신이 고생해서 만든 학습교재는 친근감도 있고 학습효과도 높다.

내가 등산학습법의 강연을 갔을 때에 학생들이 학습한 상황을 소개하기 위하여 몇 장의 학습구조차트를 학생들에게 빌린 것이 있는데, 학생들로부터 언제 돌려받을 수 있을지 추궁 당했던 경험이 있다. 학생들에게 복사본을 건네는 것으로 넘어갔는데, 나에게는 아직도 학습구조차트의 원본이 많지 않다. 학생들은 자신이 고생해서 적은 학습구조차트이기 때문에 애착이 있어서 다른 사람에게 넘겨주고 싶지 않았던 것이라고 생각한다. 이런 예에서 학생 스스로 학습내용을 생각하여 정리한다는 것이 매우 중요함을 알 수 있다.

### (3) 수업의 정리 단계

#### 1) 학습내용의 구조적 관계·줄거리의 발표·토의는 생략하지 말고 가능한 한 실시할 것

학생들은 학습구조차트의 여백에 공식이나 예제 등을 기입하고 화살표의 이유를 기입하는 것을 통해서, 개개의 학습요소의 내용이나 의미, 학습내용 전체의 구조적 관계를 파악하지만, 학생들에게는 그 내용들이 아직 애매모호하다. 따라서 다시 한 번 학습내용 전체를 파악하고 구조적으로 확실하게 정리하도록 한다. 학생들은 학습내용 전체의 구조, 결국 '산'이 보이면, 학습내용에 대한 관심이나 의욕, 자신감이 높아진다. 수업은 두 시간 정도가 필요하지만, 시간에 비해 큰 효과가 있다. 칠판 앞에 나와 학생 전원에게 발표하게 하도록 하자. 앞에서도 서술했지만, 팀티칭 지원에 의한 소규모 수업이 효과적이다.

### 2) 과제탐구형 학습 및 그 해결과정의 발표·토의는 듣고 있는 다른 학생이 알기 쉽도록 프레젠테이션 기법을 생각하게 할 것

과제 및 그 해결과정·결과 등은 큰 용지, OHP 등을 이용하여 요령 있게 정리하고, 듣고 있는 다른 학생들이 알기 쉽도록 큰 문자로 적는 등의 궁리가 필요하다는 것을 알게 한다. 앞에서도 기술했지만 고민한 내용이나 해결의 실마리를 잡았을 때의 상황을 발표하게 하면, 같은 고민을 하던 학생들의 흥미와 관심을 향상시킴과 동시에 그 학생들에게 사고방법을 획득하게 할 수 있다.

#### 기사 2. 학습의 주체는 정말로 학생인가?

어떤 고등학교에서 학생들에게 용어의 설명, 공식, 예제 등을 적어 넣은 학습구조차트를 제출하게 했다. 그랬더니 너무 빽빽하게 적어 넣어 내용을 알아보기 힘들어서, 그 학생을 불러 좀 더 알아보기 쉽게 내용을 정리하도록 지시를 했다. 그러자 그 학생은 "선생님은 알아보기 힘드시겠지만 저는 제가 직접 적은 것이기 때문에 어디에 무엇이 쓰여 있는지 바로 알 수 있습니다. 거짓말이라고 생각되면 내용을 말해 보세요. 그 내용을 바로 가리켜 보겠습니다."라고 분개하여 이야기했다. 그때 나는 '아차!'하고 생각했다. 학습의 주체가 학생임을 생각하면, 학습내용을 정리해서 기록하는 사람은 학생이다. 교사가 알기 쉽도록 학습내용을 정리하여 학생들에게 주는 방법은 결코 바람직하지 않다. 그 학생에게서 교육의 본질을 배운 느낌이 들었다. 그 이후, 학생들에게 자신이 보아 알기 쉽도록 정리하도록 지도하고 있다. 20년 전, 젊은 시절의 괴로운 추억이지만, 반면 무언가 기뻤던 인상이 지금도 남아 있다.

## 3 등산학습법의 효과

등산학습법은 학생의 수학에 대한 인지적 영역(학력), 관심·의욕 등의 정의적 영역 및 창의성을 향상시키는 데에 어떤 효과가 있는가 등을 실천 데이터에 의해 명확하게 한다.

- 교사는 지도에 대한 평가가 왜 정당한가라는 이유를 논리적·과학적으로 설명하지 않으면 안 된다. 느낌에 의한 평가는 얼핏 타당해 보여도 잘못된 경우가 있다.

### 3.1 각종 학습법의 비교에 의한 검증 – 인지와 정의의 변용

등산학습법의 효과를 알아보기 위하여 다음과 같은 네 가지 학습법을 실시하고 비교하였다.

#### (1) 실천방법

대상학년과 지도내용, 각 학습군 등은 다음과 같다.

① 대상학년과 지도내용

| 대상학년과 인원수 | 지도내용 | 지도시간 |
|---|---|---|
| 중학 1학년 152명 | 변화와 대응 | 18시간 |
| 중학 2학년 152명 | 일차함수 | 21시간 |
| 중학 3학년 152명 | 함수 | 15시간 |

② 각 학습군

각 학년의 학생들을 다음의 네 가지 학습군으로 나누어 수업을 실시했다.

(ㄱ) A군 : 보통의 수업에 등산학습법(이야기 만들기 학습법)을 도입한 수업을 실시한 학급. 각 학년 모두 38명씩이다.

(ㄴ) B군 : 보통의 수업에 과제학습을 도입한 수업을 실시한 학급. 각 학년 모두 38명씩이다.

과제학습에서는 1학년은 '함께 변하는 양', 2학년은 '픽(Pick)의 정리', 3

학년은 ‘여러 가지 사상(事象)의 함수 관계’를 교재로 다루었다.

(ㄷ) C군 : 보통의 학습에 ‘협조적 학습’을 도입한 수업을 실시한 학급. 각 학년 모두 38명씩이다.

협조적 학습에서는 1학년은 ‘좌표평면 위의 삼각형의 넓이’, 2학년은 ‘중간 부분이 빠져 있는 직선의 식을 구하는 문제’, 3학년은 ‘대응을 나타낸 그림으로부터 규칙성을 발견하거나 그래프를 그리는 문제’를 교재로 다루었다. 협조적 학습에서는 처음에 전체 토의를 실시하고, 같은 생각을 하는 학생을 하나의 그룹으로 하여 몇 개의 그룹을 편성했다. 다음으로, 그룹에서 완성한 내용을 그룹의 대표자가 발표하고 다시 전체 토의를 해서 정리했다.

(ㄹ) D군 : 보통의 수업에 시판되는 문제집 ‘실력 다지기’ 등의 연습문제를 도입한 수업을 실시한 학급. 각 학년 모두 38명씩이다.

B, C, D군은 학습구조차트를 사용하지 않았다.

수업내용의 공평성을 유지하기 위하여 각 학년, 각 군 모두 한 명의 동일한 교사가 수업을 실시하였다.

### (2) 실천결과

#### ① 성취도 평가에 대하여

그림 14(a)~14(c)는 중학교 1, 2, 3학년 학생들의 성취도 평가 득점을 나타낸다. 성취도 평가는

(ㄱ) 기초적·기본적인 계산 등에 관한 학력

(ㄴ) 해법의 순서·수단에 관한 학력

(ㄷ) 구조적 관계에 관한 학력

을 조사하는 내용으로 구성했다. 그림 중의 기호 $T_1$은 사전 평가를, $T_2$는 학습법을 실시한 후의 성취도 평가를, $T_3$은 2개월 후에 예고 없이 실시한 성취도 평가를 나타낸다. 해당 학교에서는 1학년에서 2학년으로 올라갈 때 주요 3과목의 평가를 실시하고, 각 학급이 동질집단이 되도록 학급편성을 하고 있다. 게다가 각 학습군의 사전평가 $T_1$의 평균점수는 거의 동일했다. 각 학습법을 실시한 후의 득점은 그림에서 보듯이 각 학년 모두 다음과 같았다.

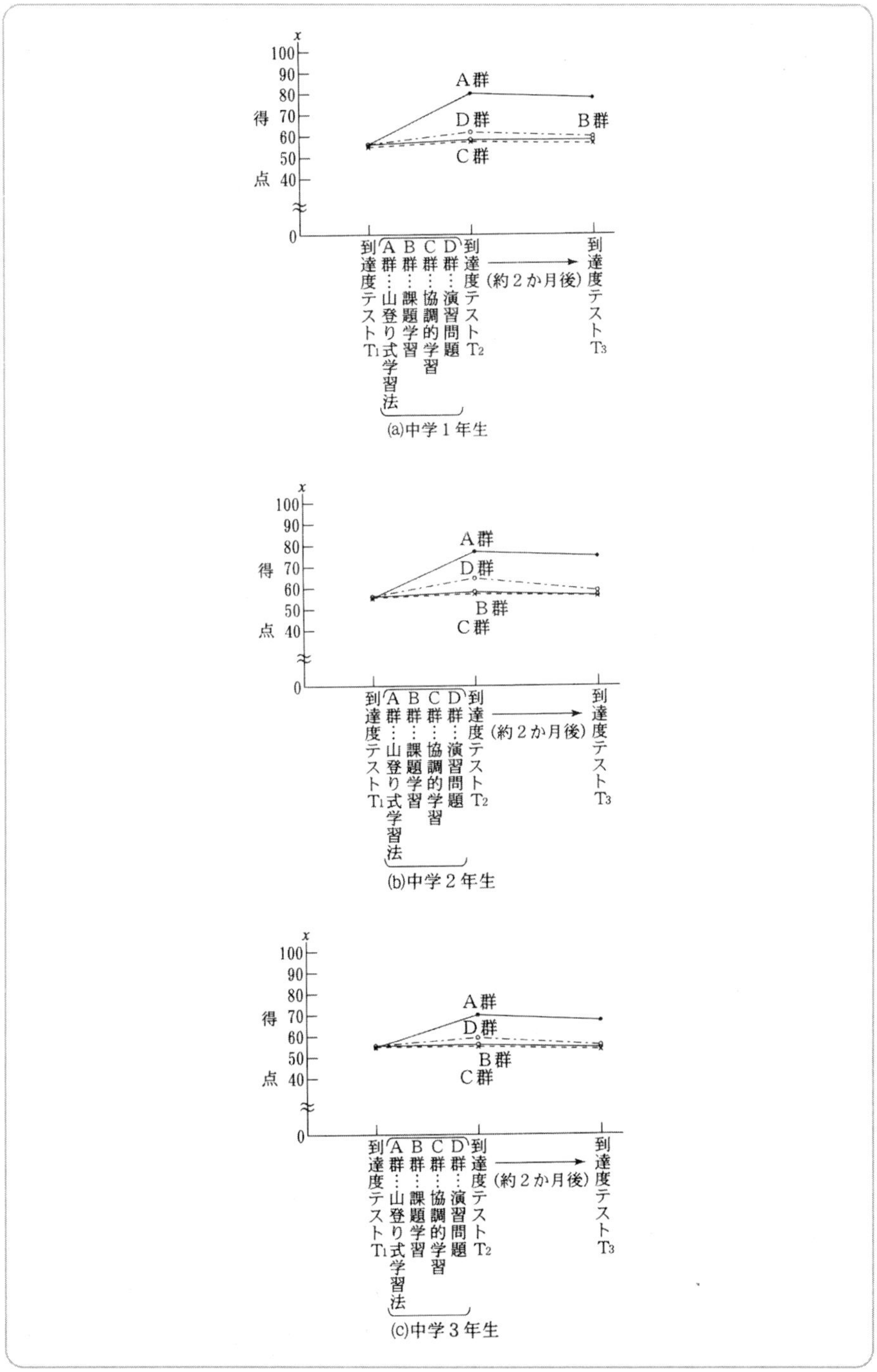


**그림 14 중학교 1, 2, 3학년 학생들의 성취도 평가 득점의 추이**

1) 등산학습법을 도입한 A군은 과제학습을 도입한 B군, 협조적 학습을 도입한 C군, 연습문제를 도입한 D군과 비교하여 평균점수가 약 15~20점 높다. 결과를 알기까지는 연습문제를 열심히 푼 학급이 당연히 높은 득점을 받을 것이라고 생각하고 있었다. 그러나 예상 외였다. 다른 학습군이 연습문제나 과제학습을 하고 있는 시간에 A군은 학습내용의 구조적 관계의 발표나 토의에 시간을 소비하고 연습문제는 풀지 않았다. 이것은 나에게 있어서도 매우 놀랄 만한 결과였다.
2) 연습문제를 도입한 D군은 과제학습을 도입한 B군, 협조적 학습을 도입한 C군과 비교하여 평균점수가 4~5점 높다.

이 결과는 어느 정도 예상할 수 있었다.

게다가 2개월 후에 내용을 조금 바꿔서 실시한 성취도 평가 $T_3$의 득점은 그림에서도 알 수 있으리라 생각되지만, 각 학년 모두 다음과 같았다.

1) A군은 조금 내려갔지만 B, C, D군과 비교하면 평균점수가 약 14~15점 높다.
2) D군의 평균점수는 하락하여 B, C군의 평균점수와 거의 비슷하다.
3) B군, C군의 평균점수는 사전평가의 득점과 거의 같다.

또, 지도법의 효율성을 조사하기 위하여 적성-처치 상호작용을 조사했다. 그림 15는 각 학년의 성취도 평가 $T_1$과 성취도 평가 $T_2$의 적성-처치 상호작용을 나타낸다. 그림으로부터, 각 학년 모두 학력이 낮은 학생, 중간 정도의 학생, 높은 학생 모두에 대하여 A군의 지도법이 B, C, D군의 지도법보다 적합하다는 것을 알 수 있다.

또한, 이것과 동일한 실험을 다른 중학교 1학년~3학년 학생(1학년 190명, 2학년 204명, 3학년 224명, 합계 612명)을 대상으로 하여 실시하였다. 지도내용은 중학교 1학년 '공간도형', 중학교 2학년 '도형의 닮음', 중학교 3학년 '원'이다. A군은 다른 군과 비교하여 평균점수가 약 5~10점 높게 나왔다.

이 결과들로부터 '학습내용을 구조적·체계적으로 파악·이해하고 있는 학생일수록 학습내용의 이해가 깊고 그 지속력이 강하다'고 말할 수 있다.

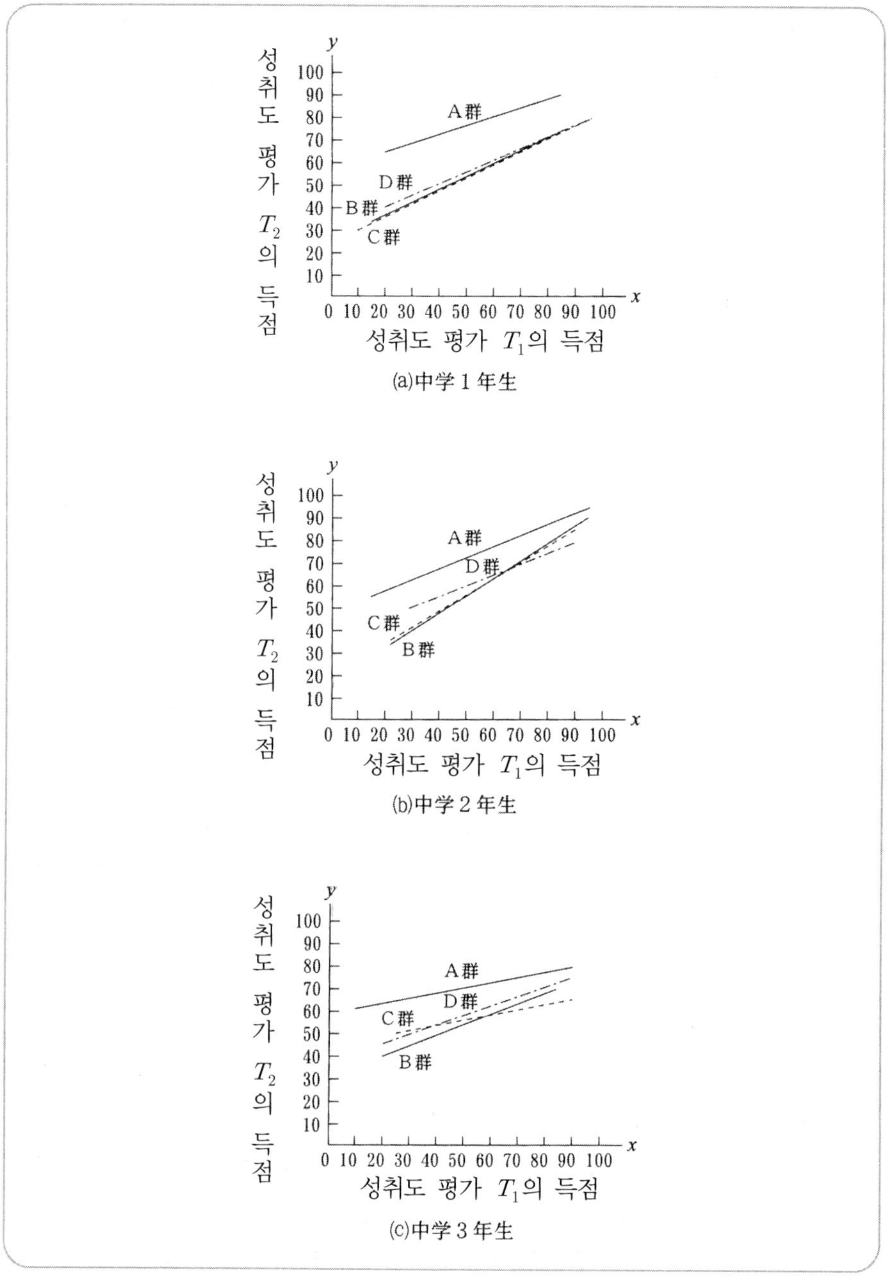


**그림 15 각 학년의 성취도 평가 $T_1$과 성취도 평가 $T_2$의 적성-처치 상호작용**

② 관심·의욕·자신감 등의 정의적 영역 평가에 대하여

학생들의 학습내용에 대한 관심·의욕 등은 복잡하고 좀처럼 파악하기 어렵기 때문에 두 종류의 검사(이하 정의 평가 Ⅰ, Ⅱ라고 부른다)를 실시하였다.

정의 평가 I 은 각 학년의 해당 단원의 각 학습항목에 대해서 1) 호의도, 2) 용이도, 3) 중요도, 4) 의욕도, 5) 자신감을 5단계로 묻는 평가이다. 그림 16은 예로서, 2학년의 일차함수에 대한 A군의 정의 평가 I 을 나타낸다. 그림 17은 모든 학년에 대해 이들 항목의 평균값을 나타낸 것이다. 점선은 각 학습법을 실시하기 전의 사전평가 $I_1$을, 실선은 각 학습법을 실시한 후의 사후평가 $I_2$를 나타낸다.

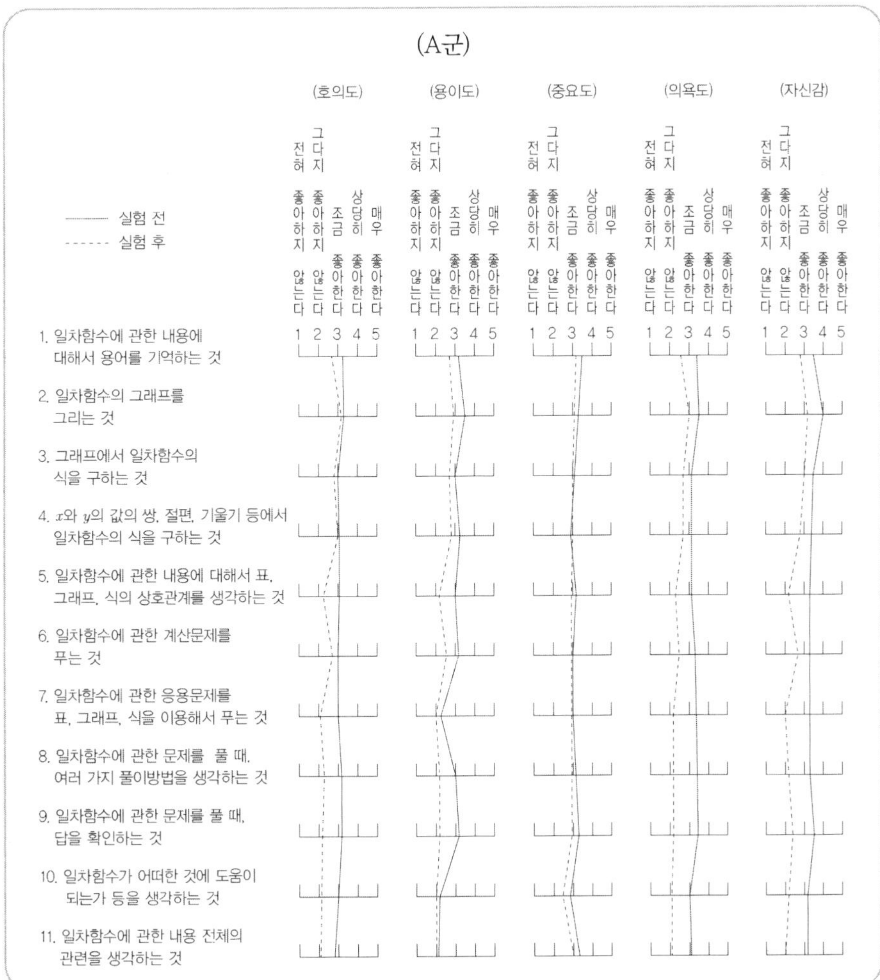


**그림 16 2학년 A군의 정의 평가 $I_1$과 $I_2$의 반응값 추이**

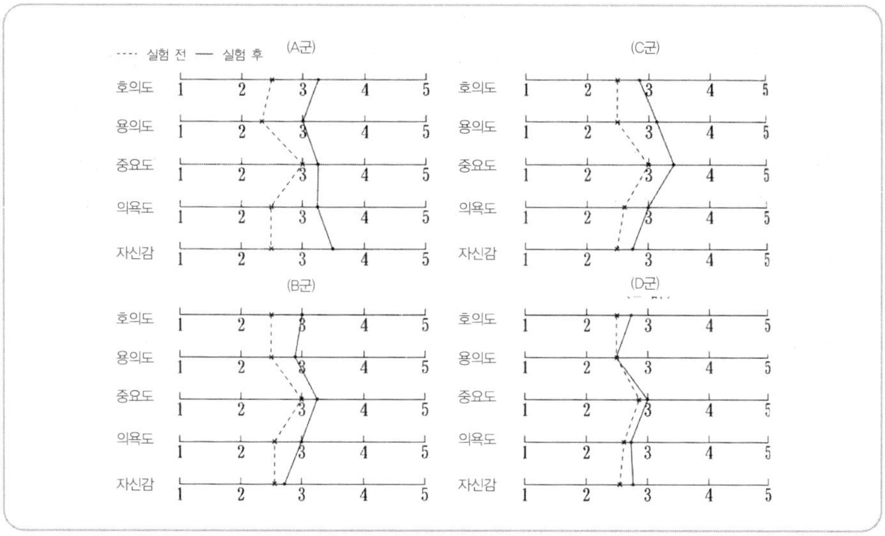


**그림 17 모든 학년의 각 항목에 대한 반응값 추이**

그림 17로부터 각 조사항목의 변화의 정도는 표 8과 같았다. 단, ◎표는 변화가 아주 큰 것, ○표는 변화가 조금 큰 것, △표는 변화가 조금 보이는 것, ×표는 변화가 보이나 극히 적은 것을 나타낸다. 통계적으로는 유의수준 5%로 평균값의 차의 검정을 실시한 결과의 유의성을 확인하고 있다. ◎표, ○표, △표는 어느 것도 검정 결과가 유의수준 5%로 유의하다는 것을 나타낸다.

| 관점 | A군 | | | B군 | | | C군 | | | D군 | | |
|---|---|---|---|---|---|---|---|---|---|---|---|---|
| | 1학년 | 2학년 | 3학년 | 1학년 | 2학년 | 3학년 | 1학년 | 2학년 | 3학년 | 1학년 | 2학년 | 3학년 |
| 호의도 | ◎ | ○ | ○ | ○ | ○ | ○ | △ | △ | △ | × | × | × |
| 용이도 | ○ | ○ | ○ | △ | ○ | ○ | △ | △ | △ | × | × | × |
| 중요도 | × | × | × | × | × | × | × | × | × | × | × | × |
| 의욕도 | ◎ | ◎ | ◎ | ○ | △ | △ | × | × | × | × | × | × |
| 자신감 | ◎ | ◎ | ◎ | × | × | × | × | × | × | × | × | × |

**표 8 정의 평가 I (중학교 1, 2, 3학년)**

표 8로부터 다음과 같은 것을 알 수 있다.

1) A군은 호의도, 용이도, 의욕도, 자신감의 변화가 매우 크고, 게다가 과제 학습을 도입한 B군, 협조적 학습을 도입한 C군, 연습문제를 푼 D군과 비교하여 각 항목의 평균값이 가장 높다.
2) 4개의 학습군에서, 자신감의 변화가 큰 것은 A군뿐이며, 그 평균값은 B, C, D군의 평균값에 비해 약 20% 높다.
3) 과제학습을 도입한 B군은 호의도, 용이도의 변화는 매우 크지만, 중요도, 자신감의 변화는 그다지 크지 않다.
4) 협조적 학습을 도입한 C군은 호의도, 용이도의 변화는 약간 보이지만, 중요도, 의욕도, 자신감의 변화는 그다지 크지 않다.
5) 연습문제를 도입한 D군은 호의도, 용이도, 중요도, 의욕도, 자신감의 변화가 거의 보이지 않는다.
6) 중요도는 각 군 모두 수치상으로는 약간 높아졌지만, 통계적으로 유의수준 5%에서 그 차가 유의하다고 할 수 없다.

이 결과들로부터 판단하면, 각 학년 모두 등산학습법은 다른 3개의 학습법에 비해 학생의 학습내용에 대한 관심이나 의욕, 자신감을 향상시키는 데에 적당한 지도법이라고 말할 수 있다.

교사들은 '학생들은 문제를 풀 수 있게 되면 수학에 대한 관심·의욕·자신감 등이 향상된다.'고 생각하지만, 사실은 그렇지 않고 '학생들이 수학 학습내용에 대해 관심·의욕·자신감 등을 향상시키는 때는 학습내용의 구조, 다시 말해서, 수학의 구조를 이해했을 때'이다. '수학은 단순한 개개의 지식의 집합체가 아니라, 수학의 본질은 수학의 구조에 있다.'라는 것을 학생 자신이 자연스럽게 깨달아가는 것이다. 지도자인 우리 교사들은 이것을 명심할 필요가 있다.

정의 평가 Ⅱ는 각 학년의 해당 단원의 학습내용에 대해서 25항목으로 된 형용사 쌍으로 관심·의욕 등을 묻는 평가이다. 그림 18은 예로서 2학년의 일차함수에 대한 A군의 정의 평가 Ⅱ를 나타내고 있다. 그림 속의 점선은 각 학습법을 실시하기 전의 사전 평가 $\text{Ⅱ}_1$, 실선은 각 학습법을 실시한 후의 사후 평가 $\text{Ⅱ}_2$의 평균값을 나타낸다. 중학교 2학년의 각 학습법에 대한 변화가 0.5 이상인 항목은 표 9와 같다. 1, 3학년 학생들은 지면 사정상 생략하지만, 거의 같은 경향을 보이고 있다.

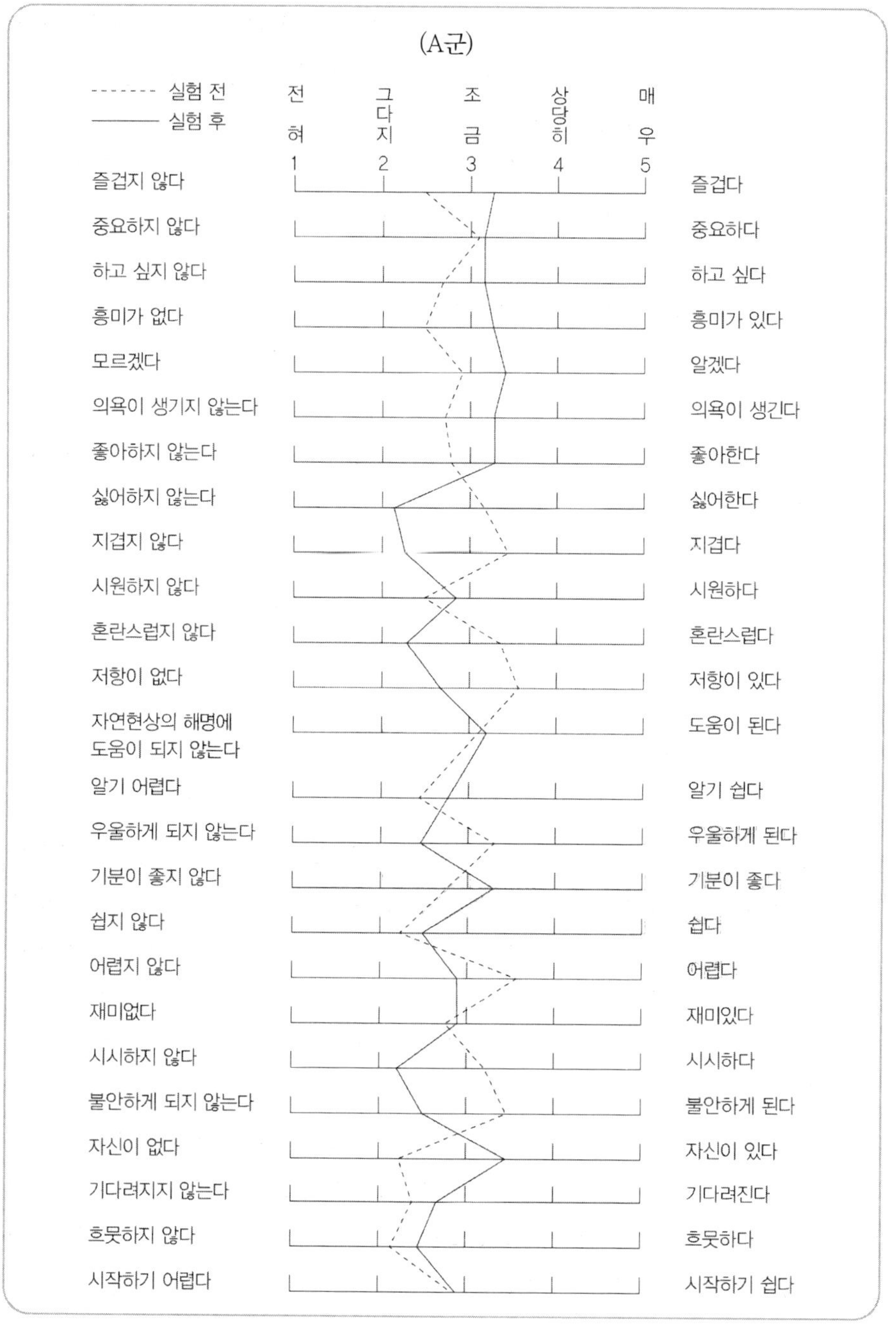


**그림 18** 2학년 A군의 정의 평가 $\text{II}_1$과 $\text{II}_2$의 각 항목별 반응값 추이

| A군 | B군 | C군 | D군 |
|---|---|---|---|
| 즐겁다<br>흥미가 있다<br>알겠다<br>의욕이 생긴다<br>좋다<br>저항이 없다<br>어렵지 않다<br>자신감이 있다<br>그 외 5항목<br>(총 13항목) | 즐겁다<br>의욕이 생긴다<br>좋다<br>우울해지지 않는다<br>(총 4항목) | 즐겁다<br>좋다<br>알기 쉽다<br>어렵다<br>(총 4항목) | 없다<br>반대로,<br>즐겁지 않다<br>흥미가 없다<br>싫다<br>고 하는 부정적인<br>변화가 많다 |

**표 9 정의 평가Ⅱ (중학교 2학년)**

이 표로부터 A군의 학생들은 다른 군에 비해서 학습내용에 대한 관심·의욕 등이 매우 높아졌다는 것을 알 수 있다.

그림 19는 각 학년에 대하여 정의 평가 Ⅱ의 평균값을 나타낸 것이다. 그림 중의 기호 $Ⅱ_1$은 각 학습법을 실시하기 전의 사전평가 $Ⅱ_2$는 각 학습법을 실시한 후의 사후 평가 $Ⅱ_3$는 2개월 후에 예고 없이 실시한 평가를 나타낸다. 이 조사 대상 학교에서는 앞에서도 기술했지만 1학년에서 2학년으로 올라갈 때 주요 세 과목의 평가를 실시하여 각 학급 모두 동질집단이 되도록 학급편성을 하고 있으며, 각 학습군의 정의 평가 $Ⅱ_1$의 평균점수는 거의 같았다.

그림으로부터 학습내용에 대한 관심·의욕 등의 변화에 대하여 각 학년 모두 다음과 같은 것을 알 수 있다.

1) 네 개의 학습군 중에서 관심·의욕 등의 변화가 가장 큰 것은 등산학습법을 도입한 A군이며, 다음으로 과제학습을 도입한 B군, 협조적 학습을 도입한 C군이다. 연습문제를 도입한 D군은 변화가 거의 인정되지 않는다.
2) A군의 평균값은 B군, C군의 평균값에 비하여 약 8%, D군의 평균값에 비하여 약 15% 높다.
3) 2개월 후의 정의 평가 $Ⅱ_3$에서 A군, B군, C군 모두 학습내용에 대한 관심·의욕 등은 떨어졌지만, A군의 평균값은 B군, C군의 평균값에 비해 약 13% 높다.

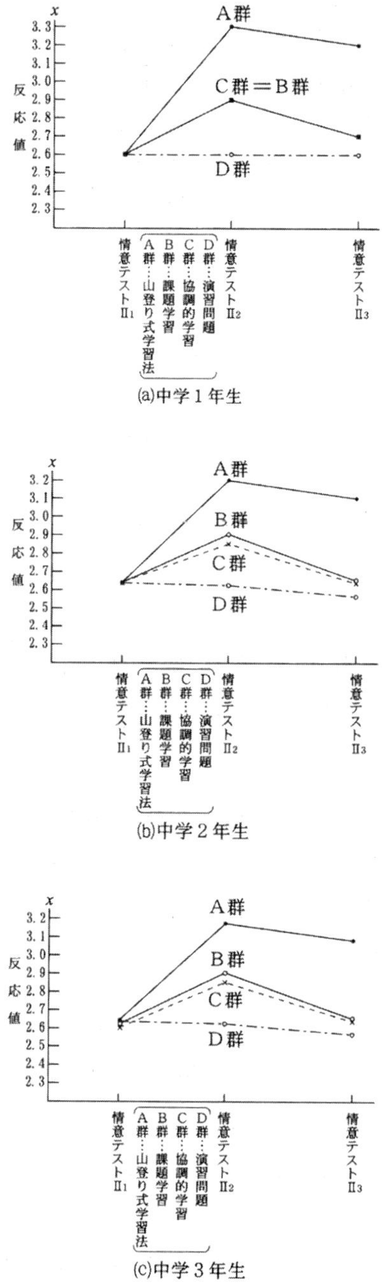


(a)中学 1 年生



(b)中学 2 年生



(c)中学 3 年生

**그림 19 각 학년 정의 평가 Ⅱ의 반응값 추이**

4) 2개월 후의 B군, C군의 학습내용에 대한 관심·의욕 등은 급격하게 감소해 있으며, D군의 평균값에 가깝다.

이 결과들로부터 판단하면, 각 학년 모두 A군의 학생들은 학습내용에 대한 관심·의욕 등의 정의성이 높고, 다른 학습군에 비해 지속력이 강함을 알 수 있다.

또, 지도법의 효율성을 조사하기 위하여 정의 평가 Ⅱ에 대해서 각 학년의 적성-처치 상호작용을 알아보았다. 결과는 ①의 성취도 평가와 마찬가지로, A군의 지도법이 학력이 낮은 학생, 중간 정도인 학생, 높은 학생 모두에 대해 B, C, D군의 지도법보다 적절했다.

정의 평가 Ⅰ과 정의 평가 Ⅱ에서는 거의 동등한 결과가 나왔고, 학습내용에 대한 관심·의욕 등의 정의성을 향상시키는 데는 개개의 학습요소의 이해와 함께, 학습내용 전체를 구조적으로 파악하게 하고, 수학의 구조를 이해하게 하는 것이 중요하다.

위와는 다른 현(縣)의 중학교에서 실시한 도형 영역의 정의 평가Ⅰ, Ⅱ에 대해서도 거의 같은 결과를 얻을 수 있었다.

③ 인지와 정의의 관계에 대하여

그림 20은 실시한 중학교 1, 2, 3학년 학생 전원을 대상으로 산출한 성취도 평가 T와 정의 평가 Ⅱ 및 각 학습법과의 관계를 나타낸다. 여기서 숫자는 상관계수의 값을 나타낸다. 그림으로부터 다음과 같은 것을 알 수 있다.

1) 등산학습법은 학생들의 학력과 정의성을 함께 향상시키는 데에 적합하다.
2) 과제학습, 협조적 학습은 학생들의 정의성을 향상시키는 데에 적합하지만, 학력을 향상시키는 데는 별로 적합하지 않다.
3) 연습문제 중심의 학습은 학력을 어느 정도 향상시키는 데에는 적합하지만, 정의성을 향상시키는 데에는 별로 적합하지 않다.
4) 성취도 평가와 정의 평가의 상관은 약하다.

성취도 평가와 정의 평가의 상관이 약한 것은 각각이 인간 능력의 다른 측면을 측정하고 있다는 것을 의미하며, 그것들은 자동차의 두 바퀴로 보아야 한다. 따라서 수학 수업에서는 인지와 정의를 함께 향상시키는 지도법이 필요하다. 등산학습법은 인지와 정의를 함께 향상시켜주는 지도법의 하나라고 할 수 있다.

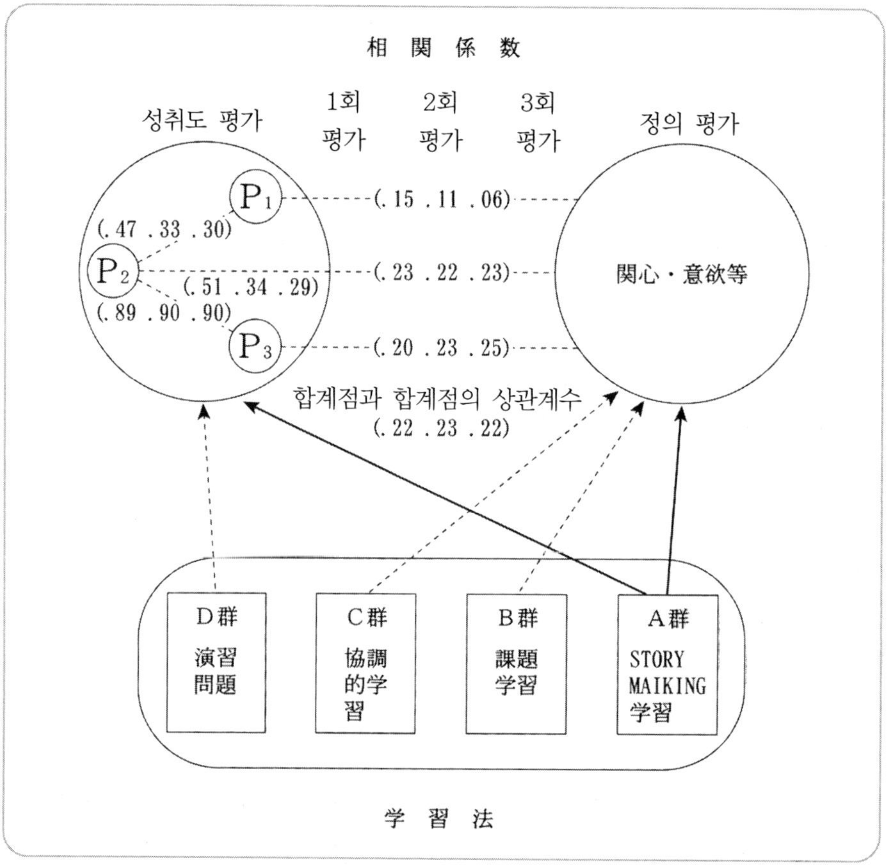


**그림 20 중학교 1, 2, 3학년 학생 전원을 대상으로 산출한 성취도 평가 T와 정의 평가 Ⅱ 및 각 학습군과의 관계**

## 3.2 과제발견력 및 정보전달력

등산학습법은 지금까지 꽤 많은 학교에서 실천해 왔다. 이 절에서 기술하는 학교는 앞 절에서 기술한 학교와 다른 현의 중학교이다. 실천방법 등은 다음과 같다. 여기에서는 세 개의 학습군 A군, B군, C군에 대해 기술하지만, 제3.1절에서 기술한 A군, B군, C군과는 다르므로 주의하기 바란다.

### (1) 실천방법

#### ① 대상학년 · 지도내용

| 대상학년 · 인원수 | 지도내용 | 지도시간 |
|---|---|---|
| 중학교 1학년 190명<br>(A군 76명, B군 77명, C군 37명) | 공간도형 | 14시간 |
| 중학교 2학년 204명<br>(A군 68명, B군 68명, C군 68명) | 도형의 닮음 | 14시간 |
| 중학교 3학년 224명<br>(A군 73명, B군 75명, C군 76명) | 원 | 16시간 |

#### ② 각 학습군

(ㄱ) A군 : 등산학습법을 도입한 수업을 실시한 학급

(ㄴ) B군 : 과제학습을 도입한 수업을 실시한 학급

(ㄷ) C군 : 보통의 수업에 시판되는 '실력 다지기' 등의 연습문제를 도입한 수업을 실시한 학급.

A군의 학생들에게는 학습구조차트를 주었지만, B군, C군의 학생들에게는 학습구조차트를 주지 않았다.

### (2) 조사방법

#### ① 탐구카드의 작성

A군, B군, C군 모두 단원의 학습 초기에 2.1절에서 기술한 것처럼 탐구카드를 주고, 각 학습요소의 학습이 종료된 시점에서 '의문으로 생각한 것', '더 깊게 조사해보고 싶은 것'을 기입하게 하였다. 앞으로는 편의상, 이 내용을 '의문이나 과제'라고 부르기로 한다.

표 10은 학생이 탐구카드에 기입한 주요 내용을 나타낸다.

#### ② 의문이나 과제의 분류

학생들이 탐구카드에 기입한 의문이나 과제의 내용에 대해 수학 담당교사 4명이 협의를 해서 탐구과제로 적합한지 다음과 같은 기준으로 분류했다.

| 학년 | 내용 |
| --- | --- |
| 1학년 | • 정육면체의 절단면에 대해 상세히 조사해보고 싶다.<br>• 여러 가지 회전체를 찾아보고 싶다.<br>• 세 점으로 평면이 결정되는 것은 왜일까?<br>• 꼬인 위치에 대해 더 알고 싶다.<br>• 정육면체의 전개도는 몇 개나 있을까?<br>• 교차하는 두 직선의 각도는 어떻게 측정하면 좋을까?<br>• 오일러 정리를 상세히 알고 싶다.<br>• 정다면체가 5가지밖에 없는 것은 왜일까? |
| 2학년 | • 사각형의 닮음조건은 무엇일까?<br>• 실제로 닮음을 이용하여 사물의 크기를 조사해보고 싶다.<br>• 닮음 기호의 유래를 알고 싶다.<br>• 여러 가지 다각형의 중점연결정리는 어떻게 될까?<br>• 여러 가지 도형의 중심을 찾아보고 싶다.<br>• 삼각형을 직선으로 이등분하는 방법.<br>• 또 다른 닮음의 성질이 있을까?<br>• 칠현인(고대 그리스의 일곱 명의 사상가)에 대해 조사해보고 싶다. |
| 3학년 | • 원, 직선, 삼각형의 관계는 무엇인가?<br>• 내접원은 어떤 삼각형에도 존재하는 것일까?<br>• 두 원의 공유점의 개수를 더욱 자세히 조사해보고 싶다.<br>• 다각형에 원이 내접하는지 어떤지를 조사해보고 싶다.<br>• 삼각형의 내접원의 반지름은 어떻게 계산할까?<br>• 지구를 원으로 생각하면 어떤 것을 말할 수 있을까?<br>• 누가 어떤 정리를 발견했는지 조사해보고 싶다.<br>• 원에 내접하는 사각형의 인접하는 각과의 관계를 조사해보고 싶다. |

**표 10 학생들이 탐구카드에 기재한 주요 내용**

단계 1 : 각 학습요소에 대해서 '알겠다', '모르겠다' 등의 단순한 감상으로 과제성이 전혀 보이지 않는다.

단계 2 : '학습요소 ○○을 더 상세히 알고 싶다', '학습요소 ○○을 잘 모르겠다' 등 학습요소에 대한 이해도의 감상으로 과제성이 별로 보이지 않는다.

단계 3 : '왜 세 점으로 평면이 결정되는 것일까', '면을 이동하여 만든 입체와 선을 이동하여 만든 입체는 어디가 다른가' 등 학습요소의 상세한 내용을 다루고 있어, 다소 과제성을 엿볼 수 있다.

이 단계의 내용은 해당 학습집단에게 새로운 가치가 포함되는 부분이 있어서 약간의 평가를 할 수 있다고 생각된다.

단계 4 : '사각형의 닮음조건은 무엇인가', '원에 내접하는 다각형의 성질을 조사해보고 싶다' 등 학습요소의 내용을 발전시킨 새로운 생각이 있어 과제성이 보인다.

이 단계의 내용은 해당 학습 집단에게 새로운 가치가 있어 꽤 평가할 만하다고 생각된다.

**③ 탐구과제의 발표·토의**

A군, B군에 대해서는 교사가 단계 3 또는 4 중에서 8~10개를 공통과제로 설정하여 학생들에게 희망하는 공통과제를 선택하게 하였다. C군의 학생은 다음 (3)의 ①에서 의문이나 과제의 수를 기술했지만, 너무 적어서 과제해결학습을 실시할 수 없었다.

다음으로 같은 과제를 선택한 학생들을 한 그룹(4~5명)으로 하여, 과제해결학습을 실시하였다. 학생들은 도서관에서 자료를 찾아본다든지, 실험을 한다든지 하면서 과제해결에 몰두하였다. 과제해결학습은 2~3시간이 필요했다. 해결 후, 각 그룹별로 OHP나 큰 종이에 요점을 적게 하여 해결과정이나 결과 등의 발표·토의를 실시하였다. 발표·토의에서는 정보전달력을 다음 관점에서 평가하였다.

우선, 정보전달력을 '정보 정리(서술 표현)'와 '정보 전달(구술 표현)'로 크게 나누고, 각각을 중요하다고 생각되는 다음과 같은 관점에서 구성하였다. 1)~5)의 각각의 만점은 20점씩이다.

- 정보 정리 (서술 표현)
  - 1) 표현 연구
  - 2) 내용 정리방법
- 정보 전달 (구술 표현)
  - 3) 논리성
  - 4) 주장하는 점의 명확성
  - 5) 합의 형성

### (3) 실천결과

#### ① 발견한 과제의 수에 대하여

| 각 군 | | 단계 1 | 단계 2 | 단계 3 | 단계 4 | 합계 |
|---|---|---|---|---|---|---|
| 1 | A | 217 (47.5) | 101 (22.1) | 92 (20.1) | 47 (10.3) | 457 |
| 학 | B | 194 (39.5) | 136 (27.7) | 126 (25.7) | 35 ( 7.1) | 491 |
| 년 | C | 22 (53.7) | 7 (17.1) | 11 (26.8) | 1 ( 2.4) | 41 |
| 2 | A | 138 (53.1) | 35 (13.5) | 42 (16.1) | 45 (17.3) | 260 |
| 학 | B | 178 (57.4) | 51 (16.5) | 51 (16.5) | 30 ( 9.6) | 310 |
| 년 | C | 57 (50.9) | 21 (18.8) | 24 (21.4) | 10 ( 8.9) | 112 |
| 3 | A | 77 (27.5) | 74 (26.4) | 69 (24.7) | 60 (21.4) | 280 |
| 학 | B | 186 (53.6) | 73 (21.0) | 67 (19.3) | 21 ( 6.1) | 347 |
| 년 | C | 71 (53.8) | 28 (21.2) | 25 (18.9) | 8 ( 6.1) | 132 |

( ) 안의 수치는 %를 나타낸다.

**표 11 의문이나 과제의 단계별 개수**

표 11은 1~3학년 A군, B군, C군의 학생들이 탐구카드에 기입한 의문이나 과제의 단계별 개수를 나타낸다. 표로부터 다음 사항을 알 수 있다.

ㄱ) 의문이나 과제의 총 개수는 A군과 B군을 비교해보면 1~3학년 학생 모두 B군이 A군보다 많지만, 단계 4의 의문이나 과제의 개수는 A군이 B군보다 약 1.5~3배 많다.

ㄴ) 의문이나 과제의 총 개수는 A군과 C군을 비교해보면 1~3학년 학생 모두 A군이 C군보다 약 2~10배 많다.

ㄷ) C군의 단계 4의 의문이나 과제의 개수는 매우 적고, A군의 약 2~22%, B군의 약 3~38%이다.

이 결과로부터 판단하면, 등산학습법을 실시한 A군의 학생들은 구조적·체계적 사고를 활성화하는 활동을 통해 '새롭고 가치 있는 과제를 발견하는 능력'이 향상되었음을 알 수 있다.

② 정보전달력에 대하여

| 각 군 \ 카테고리 | | 정보 정리(서술 표현) | | 정보 전달(구술 표현) | | | 합계 |
|---|---|---|---|---|---|---|---|
| | | 표현 연구 | 내용 정리방법 | 논리성 | 주장에 대한 명확성 | 합의 형성 | |
| 1학년 | A군 | 14.3 | 14.1 | 13.5 | 13.1 | 13.4 | 68.4 |
| | B군 | 10.7 | 11.7 | 10.8 | 10.1 | 10.3 | 53.5 |
| 2학년 | A군 | 15.9 | 15.7 | 14.7 | 14.3 | 14.5 | 75.1 |
| | B군 | 11.5 | 12.9 | 12.1 | 12.5 | 12.3 | 61.3 |
| 3학년 | A군 | 16.1 | 16.0 | 15.3 | 15.0 | 15.4 | 77.8 |
| | B군 | 11.6 | 13.8 | 13.5 | 13.3 | 13.0 | 65.2 |

**표 12 정보전달력의 평가치**

표 12는 1~3학년의 A군, B군에 대한 정보전달력의 평가값을 나타낸다. 1~3학년 모두 A군이 B군보다 정보전달력이 12~15% 높다는 것을 알 수 있다. (2)의 ③에서도 기술하였듯이, 연습문제를 도입한 C군은 단계 4의 의문이나 과제의 개수가 적었기 때문에, 과제탐구학습을 실시할 수 없었고, 그로 인해 정보전달력을 비교 조사할 수 없었다.

이 결과는 "학습내용을 구조적·체계적으로 사고하는 태도를 익힌 학생이 정보전달력이 높다."는 것을 나타내고 있다.

## 3.3 창의성 능력

등산학습법과 창의성의 관계를 분석한 데이터는 초등학생에 대해서는 잡지에서 이미 보고하였으나, 아쉽게도 중학생에 대해서는 아직 보고한 바 없다. 참고로 초등학생에 대한 결과를 소개한다.

#### (1) 실천방법

① 대상학년·지도내용·지도시간 등

초등학교 6학년 54명 (A군 27명, B군 27명).

'비와 그 활용', 12시간

② 각 학습군

ㄱ) A군 : 등산학습법을 도입한 수업을 실시한 학급.

ㄴ) B군 : 매 수업시간의 끝에 연습문제를 1개 주어 풀게 하는 활동을 실시한 학급. 이 학급은 학습구조차트를 사용하지 않았다.

#### (2) 실천결과

단원의 학습이 종료된 시점에서 창의성 평가를 실시하였다.

표 13은 그 평가 득점을 나타낸다.

| 학습군 | 확산성 | 논리성 | 유창성 | 유연성 | 독창성 |
|---|---|---|---|---|---|
| A군 | 2.93 | 0.81 | 0.81 | 0.59 | 0 |
| B군 | 1.26 | 0.26 | 0.26 | 0.26 | 0 |

**표 13 창의성 평가 득점(초등학교 6학년)**

등산학습법을 도입한 A군의 평균점수는 매 시간 연습문제를 풀었던 B군의 평균점수의 약 2~3배였다. 이 결과들로부터 '학습내용을 구조적·체계적으로 사고하고, 지식이나 정보를 조직화하는 학생일수록 창의성 능력이 뛰어나다.'는 것을 알 수 있다.

### 3.4 학생들의 반응

표 14는 중학교 1, 2, 3학년을 대상으로 단원 학습의 종료 후에 실시한 등산학습법에 대한 조사 결과이다. 표 15는 서술형의 감상문이고, 표 16은 실시한 학교의 교사 반응을 나타낸다.

표 14로부터 학생들의 70~80%가 "학습구조차트가 도움이 되었다.", "학습요소 사이의 관계나 전체의 구조적 관계를 잘 알게 되었다."라고 응답하고 있음을 알 수 있다. 표 15로부터 학생들이 학습구조차트를 교재로 활용함으로써 학습내용을 깊게 이해할 수 있었음을 알 수 있다.

(숫자는 %)

| 항목 | | 1학년 | 2학년 | 3학년 |
|---|---|---|---|---|
| 1. 학습구조차트가 도움이 되었다고 생각합니까? | ㄱ. 그렇다. | 72 | 82 | 71 |
| | ㄴ. 조금 그렇다. | 25 | 18 | 29 |
| | ㄷ. 그렇지 않다. | 3 | 0 | 0 |
| 2. 위의 ㄱ과 ㄴ에 답한 학생에게 묻습니다. 어떠한 점에서 도움이 되었다고 생각합니까? | ㄱ. 사전에 학습할 내용이나 항목 및 목표를 알 수 있다. | 13 | 34 | 26 |
| | ㄴ. 지금 어느 부분을 하고 있는지 잘 알 수 있다. | 21 | 18 | 18 |
| | ㄷ. 학습요소 사이의 관련이나 전체의 구조적 관계를 잘 알 수 있다. | 92 | 68 | 74 |
| | ㄹ. 여백에 스스로 공식이나 예제 등을 적어 넣음으로써 공식이나 어구 등을 잘 외울 수 있다. | 37 | 26 | 23 |
| | ㅁ. 스스로 적어 넣음으로써 공식이나 어구를 잘 이해할 수 있다. | 24 | 32 | 45 |
| | ㅂ. 학습내용 전체가 한눈에 들어오고, 복습하기도 편하다. | 50 | 47 | 45 |
| | ㅅ. 중요한 항목이나 공식을 잘 알 수 있다. | 26 | 37 | 32 |
| 3. 스스로 생각하여 공식이나 예제 등을 적어 넣는 방법은 학습에 도움이 되었습니까? | ㄱ. 도움이 되었다. | 70 | 69 | 72 |
| | ㄴ. 조금 도움이 되었다. | 28 | 28 | 28 |
| | ㄷ. 도움이 되지 않았다. | 2 | 3 | 0 |
| 4. 공식집이나 기억하기 위한 메모로서 이용하는 것에 찬성합니까? | ㄱ. 찬성이다. | 60 | 56 | 52 |
| | ㄴ. 거의 찬성이다. | 40 | 44 | 46 |
| | ㄷ. 반대이다. | 0 | 0 | 2 |
| 5. 학습구조차트를 이용함으로써 이전보다 학습이 더 효율적입니까? | ㄱ. 효율적이다. | 78 | 75 | 75 |
| | ㄴ. 다소 효율적이다. | 19 | 20 | 21 |
| | ㄷ. 효율적이지 않다. | 3 | 5 | 4 |

**표 14 등산학습법에 대한 설문 조사 결과(중학교 1~3학년)**

- 지금 어느 부분을 하고 있는지 잘 알 수 있었다.
- 스스로 적기 때문에 인상 깊었다.
- 학습이 효율적이고 기억하기 쉬웠다.
- 제각각이었던 내용의 관계를 잘 알게 되었다.
- 사전에, 학습할 내용이나 항목 및 목표를 알 수 있었다.
- 여백에 스스로 공식이나 예제 등을 적어 넣음으로써 공식이나 어구를 잘 이해할 수 있었다.
- 전체 내용을 잘 알 수 있었다.
- 지금 무엇을 하고 있는지 잘 알 수 있었다.
- 모르는 곳을 확실히 알 수 있었다.
- 학습요소 사이의 관계나 전체 구조를 잘 알 수 있었다.
- 집에서 공부할 때 즐거웠다.
- 구조적으로 보거나 생각하는 능력을 기를 수 있었다.
- 시험공부를 할 때 어디가 중요한지를 쉽게 알 수 있었다.

**표 15 등산학습법에 대한 학생들의 감상문(중학교 1~3학년)**

- 학생들이 학습내용에 대해서 대화를 나누고 생기 있게 활동하게 되었다.
- 학력이 낮은 학생의 눈이 빛나게 되었다.
- 이전보다도 학생들이 단원의 중요한 곳을 확실히 파악할 수 있게 되었다.
- 대부분의 학생들이 학습항목이나 전체 흐름을 말로 설명할 수 있게 되었다.
- 지금부터 배울 단원에 대해서 관심을 가지는 학생의 수가 증가하였다.
- 학습구조차트를 만드는 동안에 수학에 대한 시야가 넓어졌다.

**표 16 등산학습법에 대한 감상문(중학교 교사)**

표 16의 교사의 반응에서는 "학력이 낮은 학생의 눈이 빛나게 되었다.", "지금부터 배울 단원에 대해서 관심을 가지는 학생 수가 증가하였다."라는 감상이 보이며, 학생들의 학습 전이가 촉진되고 있는 모습도 볼 수 있다. 교사가 "학습구조차트를 만드는 동안에 자신의 수학에 대한 시야가 넓어지는 것을 느낄 수 있었다."고 하는 반응은 교사의 교재분석력이나 지도력이 향상되는 효과가 있었음을 나타내고 있다. 등산학습법은 교사의 이러한 분석력·지도력을 향상시키는 효과도 있다.

# 4 창의성 육성법

지식 창조는 어떤 과정을 거쳐서 이루어지는가, 학업성적과 창의성은 어떤 관계가 있는가, 창의성을 발휘하게 하기 위해 어떻게 지도하면 좋을까 등을 밝힌다.
앞으로의 교육에 있어서는 창의적 인재의 육성이 중요하다.

## 4.1 창의성 창출 과정

학교교육에서 학생들의 지식 창조과정을 생각해 보자. 새로운 지식을 창조하기 위해서는 그 기초가 되는 지식이 필요하기 때문에 지식의 습득 과정과 새롭고 가치 있는 지식을 창조하는 창조 과정 두 가지를 생각해 볼 필요가 있다. 학생들은 다음과 같은 과정을 거쳐 지식을 창조한다고 생각된다.

### (1) 지식의 습득 과정

단계 1 : 학생들은 교사의 수업, 교과서, 노트 등으로부터 지식이나 정보를 수집한다.

단계 2 : 각각의 지식이나 정보를 정리하여, 구조적 · 체계적으로 조직화한다. 게다가 다양한 장면에 기존의 지식이나 정보를 적용하여, 정치화하거나 재구성한다.

### (2) 창조 과정

단계 3 : 과제를 발견하고 설정한다.

단계 4 : 해결목표를 의식하면서, 기존의 지식이나 정보를 분석하여 단위정보를 만든다.

단계 5 : 단위정보의 부분적 조합을 실시한다.

단계 6 : 부분적 조합을 몇 개의 큰 부분집단으로 나누고, 해결목표를 의식하고 검토하면서 그것들을 계층화한다.

단계 7 : 전체가 연결되도록 맥락화하고, 그 내용이 해결목표와 일치하는지 평가한다.

가장 적절한 하나의 가치 체계가 확립될 때까지 단계 4부터 단계 7을 반복한다. 즉, 해결목표에 비추어 지식이나 정보의 조합이 실패하면, 재조합을 실시한다. 계층화 또는 맥락화가 실패하면 재계층화, 재맥락화를 실시한다. 이때 새로운 지식이나 정보를 더 많이 수집한다든지, 과제의 재검토·수정이 이루어지기도 한다.

단계 1부터 단계 7까지의 순서에 의한 과정을 '창의성 창출 과정'이라 부르기로 한다. 그림 21은 창의성 창출 과정을 나타내고 있다.

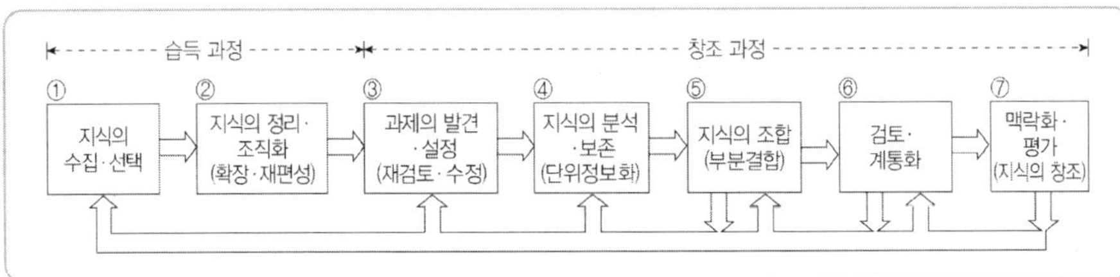


**그림 21 창의성 창출 과정**

단계 2는 창의성을 발휘하게 하기 위한 기반으로 매우 중요하다. 왜냐하면 지식이나 정보를 창조할 때에는 기존의 지식이나 정보 속에서 필요한 지식이나 정보를 잘 검색하지 않으면 안 된다. 그렇게 하기 위해서는 수집한 지식이나 정보를 관련지어 기능적인 네트워크를 형성할 필요가 있다. 이런 기반이 확실히 형성되어 있는지 아닌지는 창의성 발휘에 큰 영향을 준다. 습득한 지식이나 정보를 구조적·체계적으로 조직화하여 기능적인 네트워크를 만들게 하는 위해서는 그것을 목적으로 하고 있는 등산학습법의 하나인 이야기 만들기 학습법이 적합하다. 또 새롭고 가치 있는 지식을 창조하는 데에는 과제탐구형 등산학습법을 실시하면 효과가 있다.

창의성을 발휘하기 위해서는 기초적·기본적인 내용을 확실히 정착시키고, 또한 그것들을 구조적·체계적으로 조직화하는 것이 무엇보다도 중요하다는 것을 이 창의성 창출 과정으로부터도 알 수 있다.

등산학습법은 여러 가지 형태로 고안되어 왔지만, 과제탐구형 등산학습법은 실제로 이 창의성 창출과정을 의식하여 고안한 방법이다.

## 4.2 창의성 능력·학업성적·창의성 태도의 관계로부터 본 창의성 육성법

등산학습법과 창의성의 관계는 앞에서 기술했기 때문에, 여기에서는 창의성 능력(이하, 창의성이라고 한다)과 학업성적, 창의성 태도가 어떤 관계에 있는가를 실천 예에 의해 제시한다. 다음은 그 실천 예에 대한 개요이다.

### (1) 대상학년과 지도내용 등

| 대상학년과 인원수 | 지도내용 |
|---|---|
| 중학교 1학년 2학급 80명 | 평면도형 |
| 중학교 2학년 4학급 140명 | 일차함수 |

중학교 1학년과 2학년은 다른 현(縣)의 중학교 학생들이다.

### (2) 각종 테스트

#### ① 창의성 테스트

여기에서 소개되는 창의성 테스트는 각 단원의 학습이 종료된 시점에서 실시한 것이다. 따라서 각 단원의 끝에 있는 창의성 테스트는 적어도 다음의 다섯 가지 조건을 구비해야 한다.

1) 단원의 학습내용과 깊이 관련되어 있는 문제일 것(문제 내용의 근접성).
2) 단원의 학습내용을 더욱 발전시킨 내용을 포함한 문제일 것(문제 내용의 발전성).
3) 해법이나 해가 개방적이고 확산적 사고를 요하는 문제일 것(해답의 다양성).
4) 해답이나 해답과정의 서술로부터 논리성, 유연성, 독창성 등을 평가할 수 있는 문제일 것(해답의 평가 가능성).
5) 해당 학년뿐만 아니라, 상급 학년에서도 사용가능한 문제일 것(문제의 범용성).

여기에서는 이 조건들에 따라서 다음과 같은 창의성 테스트를 작성하였다.

(중학교 1학년 평면도형)

문제 : 다음 선분 AB의 길이를 1로 할 때 넓이가 2가 되는 도형을 자와 컴퍼스를 사용하여 가능한 한 많이 작도하시오.

(중학교 2학년 일차함수)

문제 : 좌표가 표시된 모눈종이 위에 3개의 바둑돌을 던졌더니 오른쪽 그림과 같이 흩어졌다. 이 3개의 바둑돌과 가능한 한 가깝게(바둑돌 위를 지나도 좋다.) 지나가는 직선을 긋고 싶다. 어떻게 그으면 될까를 생각해 보시오. 그 직선의 방정식도 구하시오.

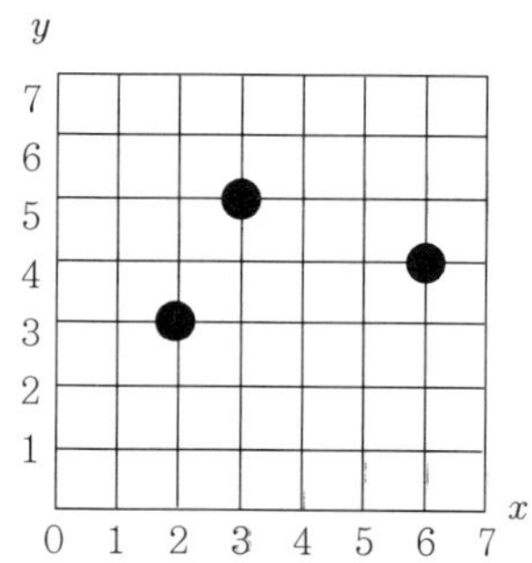


창의성 테스트는 다음과 같이 채점하였다.

ㄱ) 확산성의 득점 : 해답의 총수. 정답과 오답을 불문하고 해답 하나에 1점을 준다. 그 합계점을 $x_1$으로 표시한다.

ㄴ) 유창성의 득점 : 정답의 총수. 정답 하나에 1점을 준다. 그 합계점을 $x_2$로 표시한다.

ㄷ) 유연성의 득점 : 정답 가운데 다른 아이디어의 총수. 아이디어 하나에 1점을 준다. 그 합계점을 $x_3$로 표시한다.

ㄹ) 독창성의 득점 : 누구나 생각할 수 있는 방법이 아니라, 독자적인 생각이 보이는 아이디어의 총수. 독자적인 다른 아이디어 하나에 1점을 준다. 그 합계점을 $x_4$로 표시한다.

또, 각 득점의 합계점을 $x$로 표시한다.

② 학업성적

학업성적으로써 해당 단원의 중간 테스트 또는 기말 테스트의 득점을 채용하였다. 학업성적 득점을 기호 L로 표시한다.

그림 22는 예로 중학교 2학년 학생에게 실시한 일차함수의 중간 테스트 문제를 나타낸다.

③ 창의성 태도 테스트

창의성 태도 테스트로서는 사이토가 개발한 CAS(Creative Attitude Scale)를 사용하였다. 표 17은 CAS를 나타낸다. CAS는 다음 7인자 27개 항목으로 구성되어 있다.

1) 확산성(1~5의 5항목)
2) 논리성(6~10의 5항목)
3) 적극성(11~14의 4항목)
4) 독자성(15~19의 5항목)
5) 집중성 · 지속성(20~23의 4항목)
6) 수렴성(24~25의 2항목)
7) 정밀성(26~27의 2항목)

CAS에 따른 득점은 다음과 같이 해석한다.

| 득 점 | 해 석 |
|---|---|
| 27~ 50 | 전혀 창의적이지 않다. |
| 51~ 70 | 그다지 창의적이지 않다. |
| 71~ 90 | 다소 창의적이다. |
| 91~110 | 꽤 창의적이다. |
| 111~135 | 매우 창의적이다. |

창의성 태도 테스트 득점을 기호 T로 나타낸다.

### (3) 실천결과

그림 23은 중학교 1학년 평면도형, 중학교 2학년 일차함수를 대상으로 하여 실시한 창의성 테스트 득점, 학업성적 득점, 창의성 태도 테스트 득점의 인과관

2年　　組　　番　氏名

1　次の問いに答えなさい。

(1)　$y$ は，$x$ の一次関数であるとき一般に表される式を答えなさい。(a，b を使って表す)

答え　$y=$ ＿＿＿＿＿＿

(2)　$y=3x+1$ について次の問いに答えなさい。

①　$x=2$ のときの $y$ の値を求めなさい。

答え　$y=$ ＿＿＿＿＿＿

②　$y=4$ のときの $x$ の値を求めなさい。

答え　$y=$ ＿＿＿＿＿＿

③　$x$ の値が 2 から 4 まで増加するときの $y$ の増加量を求めなさい。

答え ＿＿＿＿＿＿

④　$x$ の値が 2 から 4 まで増加するときの変化の割合を求めなさい。

答え ＿＿＿＿＿＿

2　次の一次関数の式を求めなさい

(1)　変化の割合が 5 で，切片が 4。

答え　$y=$ ＿＿＿＿＿＿

(2)　傾きが $-2$ で，グラフが（1，$-1$）を通る。

答え　$y=$ ＿＿＿＿＿＿

(3)　$x=-4$ のとき，$y=4$，$x=2$ のとき，$y=1$ である。

答え　$y=$ ＿＿＿＿＿＿

(4)　グラフが（2，6），（4，9）を通る。

答え　$y=$ ＿＿＿＿＿＿

(5)　点（$-1$，7）を通，$y=-2x-2$ のグラフと平行。

答え　$y=$ ＿＿＿＿＿＿

3　次のグラフを書きなさい。

(1) $y=2x+3$　　　(2) $y=\frac{2}{3}x-2$

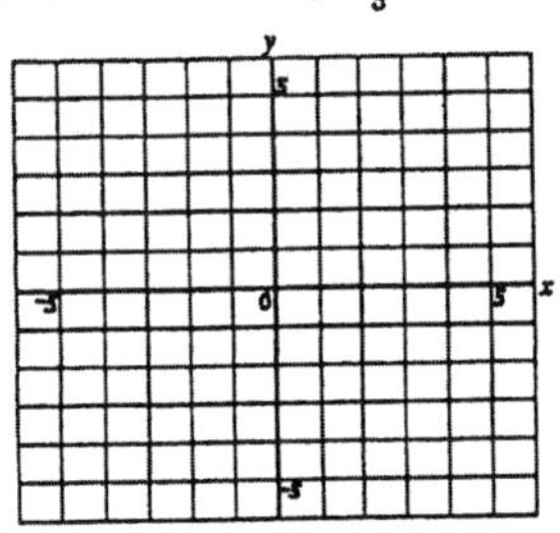


4　①，②のグラフの式を求めなさい。

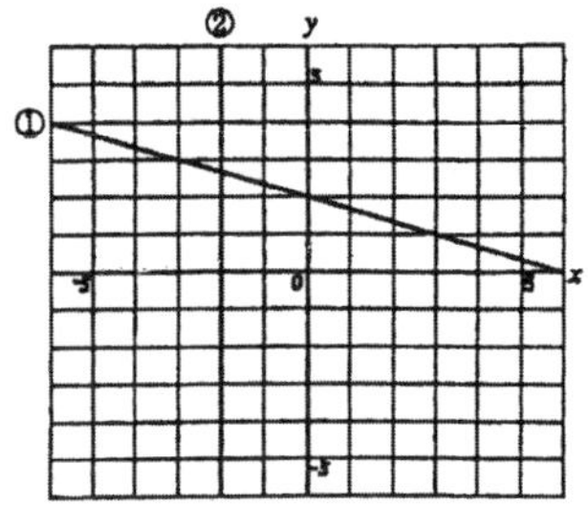


5　次の 2 直線の交点の座標を求めなさい。

(1)　$\begin{cases} 2x+y=-6 \\ 2x-y=2 \end{cases}$　　　(2)　$\begin{cases} 3x-y=2 \\ x+2y=10 \end{cases}$

6　右の図で直線 ℓ の式は，$y=x+4$ である。
次の問いに答えなさい。

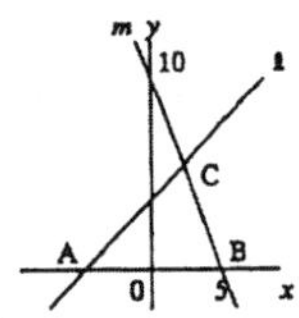


(1)　直線 $m$ の式を求めなさい。

(2)　直線 ℓ で $x$ の変域が $-1 \leqq x \leqq 2$ のとき，$y$ の変域を答えなさい。

(3)　直線 ℓ と直線 $m$ の交点 C の座標を答えなさい。

(4)　△ABC の面積を求めなさい。

그림 22 2학기 중간 테스트 (2학년 일차함수)

# 학습에 대한 설문

(번호에 ○표 하시오.)

| | 전혀 그렇게 생각하지 않는다 | 별로 그렇게 생각하지 않는다 | 조금 그렇게 생각한다 | 꽤 그렇다고 생각한다 | 아주 그렇다고 생각한다 |
|---|---|---|---|---|---|
| 1 가능성이 있는 모든 방법을 생각한다. | 1 | 2 | 3 | 4 | 5 |
| 2 얼핏 보아 관계가 있을 것 같은 것에서 관계를 발견한다. | 1 | 2 | 3 | 4 | 5 |
| 3 '혹시 그렇지 않으면 어떻게 되지?'라고 생각한다. | 1 | 2 | 3 | 4 | 5 |
| 4 많은 경험이나 체험을 시도한다. | 1 | 2 | 3 | 4 | 5 |
| 5 다른 사물과 비교하여 생각한다. | 1 | 2 | 3 | 4 | 5 |
| 6 전체의 연결을 생각한다. | 1 | 2 | 3 | 4 | 5 |
| 7 결과에 이르는 과정을 생각한다. | 1 | 2 | 3 | 4 | 5 |
| 8 어째서 그렇게 되는지 이유를 생각한다. | 1 | 2 | 3 | 4 | 5 |
| 9 결과나 과정을 예상한다. | 1 | 2 | 3 | 4 | 5 |
| 10 사물을 관련지어 생각한다. | 1 | 2 | 3 | 4 | 5 |
| 11 해결하기까지 몇 번이나 생각한다. | 1 | 2 | 3 | 4 | 5 |
| 12 학습한 것을 다른 장면에 적용한다. | 1 | 2 | 3 | 4 | 5 |
| 13 여러 가지 것에 의문이나 호기심을 가진다. | 1 | 2 | 3 | 4 | 5 |
| 14 의문이나 과제를 추구한다. | 1 | 2 | 3 | 4 | 5 |
| 15 결정된 방법에 반론한다. | 1 | 2 | 3 | 4 | 5 |
| 16 새로운 방법을 생각한다. | 1 | 2 | 3 | 4 | 5 |
| 17 번뜩이는 생각을 중시한다. | 1 | 2 | 3 | 4 | 5 |
| 18 생각한 것에 자신감을 가진다. | 1 | 2 | 3 | 4 | 5 |
| 19 발견에 감동한다. | 1 | 2 | 3 | 4 | 5 |
| 20 시간을 잊고 생각한다. | 1 | 2 | 3 | 4 | 5 |
| 21 다른 것에 정신을 빼앗기지 않는다. | 1 | 2 | 3 | 4 | 5 |
| 22 실패해도 포기하지 않는다. | 1 | 2 | 3 | 4 | 5 |
| 23 의문이나 과제를 계속 생각한다. | 1 | 2 | 3 | 4 | 5 |
| 24 어떤 방법이 가장 적합한가를 생각한다. | 1 | 2 | 3 | 4 | 5 |
| 25 공통성이나 차이를 생각한다. | 1 | 2 | 3 | 4 | 5 |
| 26 세심하게 관찰한다. | 1 | 2 | 3 | 4 | 5 |
| 27 정확성을 확인한다. | 1 | 2 | 3 | 4 | 5 |

**표 17 창의성 태도 테스트 CAS**

계를 나타내고 있다. 단, 평면도형과 일차함수에 공통되는 인과관계를 나타내고 있다. 그림으로부터 다음을 알 수 있다.

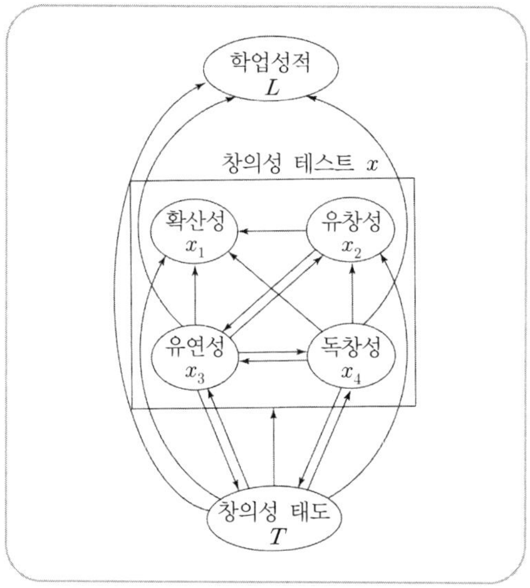


**그림 23 창의성 테스트, 학업성적, 창의성 태도 테스트 득점의 인과관계**

1) 창의성 태도 테스트 득점이 높은 학생일수록 창의성 테스트 득점, 학업성적 득점이 높다. 역은 반드시 성립하지는 않는다.
2) 유연성, 독창성의 득점이 높은 학생일수록 학업성적 득점, 창의성 태도 테스트 득점이 높다. 역은 반드시 성립하지는 않는다.

이 결과들로부터 '창의성이나 학업성적을 향상시키기 위해서는 창의성 태도가 좋아야 한다.'는 것을 알 수 있다. 반대로, 학업성적이 높은 학생일수록, 창의성이나 창의성 태도가 좋은가 하면, 그것은 반드시 그렇지는 않다.

교사들은 학교 성적이 좋으면 창의성이 높다고 생각하기 쉽지만, 조사 데이터로 보아서는 그렇지 않다.

이것은 창의성과 학업성적은 인간 능력의 다른 측면이라는 것을 나타내고 있다. 따라서 창의성을 향상시키기 위해 무엇보다도 창의성 태도를 육성하는 것이 중요하다. 게다가 창의성 태도를 육성하는 데에는 학생들이 머릿속에서 필요한 지식을 언제라도 끄집어내어 사용할 수 있도록 지식이나 정보를 조직화

(네트워크화)하는 것과 동시에, 확산적으로 사고한다든지 무엇이라도 해내려고 하는 강한 의지, 적극성, 집중력 등의 인격특성을 익히게 할 필요가 있다.

### 4.3 소규모 습숙도별 학습에서 등산학습법

이 절에서는 소규모 습숙도별 학습에서 각 과정의 목표와 등산학습법에 대해서 기술한다.

지금부터 약 25년 전인 1978년에 보고된 고등학교 학습지도요령에 따르면, 고등학교에서 처음으로 습숙도별 학습이 도입되었다. 당시 내가 근무하고 있던 학교는 1982년도부터 신학습 지도요령을 실시함에 따라 문부성(현재의 문부과학성)이나 현(縣)교육위원회의 연구학교로 지정을 받아, 습숙도별 학습의 연구개발과 실천을 5년 정도 실시하였다.

거기에는 다음과 같은 방법을 채용하였다.

1) 두 학급을 세 그룹, 또는 세 학급을 다섯 그룹으로 편성한다.
2) 그룹은 학생들의 숙달의 정도에 따라 '기초 과정', '표준 과정', '응용 과정'으로 편성한다.
3) 학생들의 희망에 따라 과정을 선택하게 한다.
4) 교과서의 진도는 공통으로 한다.
5) 평가는 각 과정에서 얻은 득점으로 한다. 단, 정기고사 문제는 일부분을 공통으로 한다.

이러한 습숙도별 학습에 대해 다음과 같은 결과가 얻어졌다.

1) 학생들의 학력은 모든 과정에서 꽤 향상되었다.
2) 학생들 간에 차별감이나 열등감은 거의 나타나지 않았다.
3) 학생들 자신에 따른 과정 선택의 신뢰성은 약 95%이다.
4) 보호자의 반응은 매우 호의적이다.

습숙도별 학습의 과정은 위에서 서술한 것처럼, 일반적으로 '기초', '표준', '응용'의 세 과정을 편성하였다. 그 편성방법은 당시의 고등학교 학생들의 실태나 사회적·교육적 환경의 요청에 따른 것이었다고 생각한다.

약 25년 전과 다른 최근 교육 환경·사회 환경 속에서 중학교에서는 소규모 습숙도별 학습이 계속 실시되고 있다. 지금까지의 내 경험에서 보면, 앞으로 변화가 많아질 것으로 보이는데 소규모 습숙도별 학습의 각 과정은 기초 과정, 표준 과정, 응용 과정 등으로 편성할 것이 아니라, 과정 이름에 목적을 포함시켜 '기초·기본철저 과정', '문제해결 과정', '창의성 육성 과정'으로 편성하여 창의적 인재의 육성을 지향하는 것이 좋다고 생각한다.

예를 들면 각 과정의 목표는 다음과 같이 정해진다.

1) 기초·기본철저 과정

   기초적·기본적인 항목·내용을 확실히 정착시키고, 그것들을 문제해결에 적용할 수 있도록 한다.

2) 문제해결 과정

   기초적·기본적인 항목 · 내용 및 단원의 개념구조를 기능면으로부터 파악·이해하여, 그것들을 문제해결에 활용할 수 있도록 한다.

3) 창의성 육성 과정

   학습항목·내용 및 단원의 개념구조를 기능면으로부터 파악·이해하고, 나아가 과제해결에 활용함과 동시에 수학을 창조할 수 있도록 한다.

기초·기본철저 과정의 학습에서는 등산학습법 가운데 원조 등산학습법 또는 구조적 문제 만들기 학습법이 적당하다.

문제해결 과정의 학습에서는 이야기 만들기 학습법 또는 과제탐구형 등산학습법이 적당하다.

창의성 육성 과정에서는 과제탐구형 등산학습법이 적당하다.

구체적인 지도방법 등은 제2부의 실천 예에서 설명할 것이므로 생략하지만, 학습구조차트의 기입 등은 다음과 같은 방법을 생각할 수 있다.

기초·기본철저 과정에서는 수업시간의 일부분을 학습구조차트 등의 기입에 할당한다.

문제해결 과정의 학습에서는 필요에 따라 수업 중에 학습구조차트 등의 기입, 예를 들면 문제 만들기 등을 할 수도 있다.

창의성 육성 과정에서는 학습구조차트 등의 기입은 모두 숙제로 한다. 이 과정에서는 연습문제를 푸는 것에만 초점을 두는 것이 아니라, 공식의 유도나 문제해결에 대해 교사와 학생들이 대화를 하면서 학생들의 생각을 이끌어내는 학습이 진행되므로 시간이 부족할 수도 있기 때문이다. 이 과정의 학생들은 경험으로 보건대, 학습구조차트 등의 기입을 숙제로 하여도 문제가 없다. 오히려 가정에서 찬찬히 생각하며 요령을 터득해 학습내용을 더욱 잘 이해해 온다.

소규모 습숙도별 학습은 학생수가 적어 등산학습법을 도입하는데 아주 적당한 학습형태이므로 꼭 실시해 볼 것을 권한다. 기초적 내용을 확실히 정착시켜, 창의성을 향상시키는 데에 큰 효과가 있다.

참고로, 표 18에 소규모 습숙도별 학습의 각 과정별 목표와 구체적 방법, 흔히 나타나는 지도상의 과제와 대책을 제시해 두었다.

1. 각 과정의 목표와 구체적 방법

<table>
<tr><th rowspan="2">과정 이름</th><th rowspan="2">1. 목표</th><th colspan="3">구체적방법</th></tr>
<tr><th>2. 도달목표</th><th>3. 지도상의 유의점</th><th>4. 학습내용의 정리·발전</th></tr>
<tr><td>A 과정<br>(기초·기본 철저 과정)</td><td>기초적·기본적인 항목·내용을 확실히 정착시켜 그것들을 문제해결에 적용할 수 있게 한다.</td><td>전원이 교과서의 기초적인 문제를 해결할 수 있게 한다.</td><td>• 지도내용을 정선하고, 교사의 설명은 간결하게 한다.<br>• 생각하는 시간을 충분히 준다.<br>• 학습내용을 정리하게 하여 학습항목의 구조적 관계를 이해할 수 있도록 한다.<br>• 조작적인 활동, 구체물을 이용한 활동, 체험적인 활동 등을 도입한다.<br>• 손으로 만든 교구, 컴퓨터 소프트웨어 등을 활용한다.</td><td>수업 중에<br>• 학습구조차트<br>• 화살표의 이유 기입 용지<br>등을 활용하게 한다.<br><br>단원 말에<br>• 단원의 줄거리 발표<br>등을 실시한다.</td></tr>
<tr><td>B 과정<br>(문제해결 과정)</td><td>기초적·기본적인 항목·내용 및 단원의 개념구조를 기능면에서 파악·이해하여, 그것들을 문제해결에 활용할 수 있게 한다.</td><td>전원이 교과서의 표준적인 문제를 해결할 수 있게 한다.</td><td>• 교사의 설명은 요령 있고 간결하게 한다.<br>• 학습내용의 구조적 관련을 정리할 수 있도록 한다.</td><td>수업 중 또는 과제로서<br>• 학습구조차트<br>• 화살표의 이유 기입 용지<br>• 탐구카드 등을 활용하게 한다.<br><br>단원 말에<br>• 단원의 줄거리 발표<br>• 단원의 테스트 문제 만들기·발표<br>등을 실시한다.</td></tr>
</table>

| 과정 이름 | 1. 목표 | 구 체 적 방 법 | | |
|---|---|---|---|---|
| | | 2. 도달목표 | 3. 지도상의 유의점 | 4. 학습내용의 정리·발전 |
| C 과정<br>(창의성 육성 과정) | 학습항목·내용 및 단원의 개념구조를 기능면에서 파악·이해하고, 나아가 문제해결에 활용함과 동시에 수학을 창조할 수 있게 한다. | 교과서의 응용·발전문제를 해결할 수 있게 한다. | • 교사는 학생들의 생각을 이끌어내도록 유도한다.<br>• 학습내용의 구조적 관련을 이해시키고, 말로 표현할 수 있도록 한다.<br>• 학생들이 발견한 과제에 대해서 과제탐구학습을 실시한다.<br>• 유연한 사고력(발상력), 창의성을 육성한다.<br>• 직접 만든 교구, 컴퓨터 소프트웨어 등을 활용한다. | 과제로서,<br>• 학습구조차트<br>• 화살표의 이유 기입 용지<br>• 탐구카드<br>등을 활용하게 한다.<br><br>단원 말에<br>• 단원의 줄거리 발표<br>• 탐구카드로부터 추출한 과제탐구학습·발표<br>등을 실시한다. |

2. 흔히 나타나는 지도상의 과제(학생들의 태도)와 대책

| 지도상의 과제 | 대 책 |
|---|---|
| • 계산 실수를 잘 한다. | • 쉬운 문제를 반복해서 연습시킨다. |
| • 구구법도 모른다.<br>• 학습의욕이 낮다. | • 학습내용을 정리하게 한다.<br>• 교과서의 예제를 옮겨 적게 하거나 예제의 숫자를 바꾼 문제를 만들게 한다. |
| • 문제를 이해하지 못한다.<br>• 모르면 바로 물어본다.<br>• 생각하려고도 하지 않는다.<br>• 몇 번 가르쳐도 모른다.<br>• 집중력이 없다. | • 학습내용을 정리하게 한다.<br>• 교과서의 문제나 문제집의 문제를 참고로 해서, 각자 문제를 만들게 한다. |
| • 문장제를 잘 풀 수 없다.<br>• 학력이 신장되지 않는다.<br>• 반복연습을 해도 효과가 없다. | • 교과서의 문제나 문제집의 문제를 참고로 해서 각각 문제를 만들게 한다.<br>• 학습내용의 구조적 관련을 이해하게 하고, 말로 단원 전체의 줄거리를 발표하게 한다. |
| • 국어가 약하다.<br>• 표현력이 부족하다. | • 학습내용의 구조적 관련을 이해하게 하고, 말로 단원 전체의 줄거리를 발표하게 한다.<br>• 과제탐구학습(스스로 발견한 과제의 해결)을 실시하고, 발표 · 토의하게 한다. |

3. 지도상의 목표

| 항 목 | 기초·기본철저 과정 (A) | 문제해결 과정 (B) | 창의성 육성 과정 (C) |
|---|---|---|---|
| 기본방침 | 학생 개개인의 개성을 신장시키는 것을 염두에 두고, 기초적·기본적 내용을 확실하게 정착하여 창의적 인재의 육성을 꾀한다. | | |
| ① 교사의 설명 (도입·용어 등) | • 목적을 간단히 설명한다.<br>• 요령껏 간단히 설명한다. | 보통 | • 목적을 명확하게 한다.<br>• 간단하게 설명한다. |
| ② 교사의 설명 (예제·연습문제) | 차근차근 설명한다. (1~2회) | 보통 | 가끔 설명한다. |
| ③ 연습문제 | 기본적인 것을 선택하여 실시한다. | 해답은 학생들에게 설명하게 한다. | 일제히 간단하게 판서를 하게 한다. |
| ④ 학생들이 생각하게 하는 시간 | 보통 | 보통 | 길게 |
| ⑤ 학생들이 활동하게 하는 시간 | 보통 | 보통 | 길게 |
| ⑥ 학생들이 발표하게 하는 시간 | 보통 | 보통 | 길게 |
| ⑦ 학생들의 생각을 끄집어내는 시간 | 짧게 또는 보통 | 보통 | 길게 |
| ⑧ 교사의 지도방법 | • 간결하게 설명하고, 너무 장황하게 말하지 않는다.<br>• 푸는 방법 등의 확인은 학생들에게 말로 표현하게 한다. | • 학생들의 발언을 파악하고 생각을 이끌어내도록 한다.<br>• 질문을 받아 보게 한다. | 교사가 가르치는 것이 아니라 교사는 학생들과 대화를 하면서, 학생들의 생각을 이끌어내도록 한다. 여기에 시간을 가장 많이 할애한다. |
| ⑨ 칠판의 사용범위 (중요) | 전체를 할애해도 좋다. | 반 정도 사용한다. | 1/4 정도 사용한다. |

**표 18 소규모 습숙도별 학습의 각 과정의 목표와 구체적 방법**

# 제2부 등산학습법의 실천 예

학생이 학습구조차트의 구조적 관련을
설명하고 있는 장면

# 이야기 만들기 학습법

## 1. 서 론

중학교 수학의 함수 영역에서 1학년은 비례와 반비례, 2학년은 일차함수, 3학년은 제곱에 비례하는 함수를 학습한다. 함수 영역의 교재는 구조가 논리적이고 이해하기 쉽다고 생각되지만, 실제로 지도해 보면 학생들은 어려워한다. 특히 대응표, 식, 그래프 사이의 관계, 그 중에서도 '그래프로부터 식을 구하기'라는 내용을 더욱 어려워하는 것 같다. 학생들이 하나하나의 학습항목을 이해하더라도 자칫하면 기계적인 학습에 빠져 함수의 본질이나 표현방법을 충분히 이해하지 못하는 것은 아닐까 하는 의구심이 있다. 학생들에게 함수에 관한 지식, 개념구조를 확실히 정착시키기 위해서는 적어도 학습내용 전체의 논리적 구조·계통을 이해시키는 것이 중요하다. 그러기 위해서는 학습항목 사이의 관계를 충분히 생각하도록 함과 동시에, 그 학습항목이 어떤 사항을 기초로 해서 쌓아 올라왔는지, 또한 어떤 사항으로 발전해갈 것인지, 그 학습항목이 단원 전체 중에 어떻게 자리매김하고 있는지를 명확하게 파악하게 하는 것이 필요하다.

지금까지 학생들에게 단원의 학습내용에 대해서, 배운 것을 구두로 발표시키는 학습을 행한 적이 있다. 학생들은 단원 전체의 학습항목 중 2~3개의 항목은 말할 수 있었지만, 그 이상은 거의 말하지 못했다. 대부분의 학생들도 마찬가지였다. 설마하고 나의 눈을 의심했을 정도다. 학생들은 하나하나의 학습항목에 대해서는 이해하는 듯했으나, 전후 학습항목 사이의 관계는 의식하지 못했으며, 또한 전체의 개념구조도 의식하지 못하였다.

또, 학습내용을 시연하게 하여, 함수의 기초적인 성질, 유용성을 확실히 파악하게 하는 것도 중요하다. 그 내용들이 확실히 정착되었는가 하는 것은 그 개념들을 말로 표현하게 함으로써 조사 가능하다. 학생들이 배운 내용이나 내용의 개념구조를 말로 표현하게 해서 다른 학생들에게 술술 전할 수 있게 되면 수학에 대한 자신감이나 관심을 한층 더 가지게 될 것이다.

그래서 함수에 관한 기초적인 내용을 확실하게 정착하게 하여, 학습내용의 이해를 깊게 하기 위해 이야기 만들기 학습법을 실시하기로 했다.

## 2. 이야기 만들기 학습법의 목적과 학습형태

### (1) 이야기 만들기 학습법의 목적

이야기 만들기 학습법은 단원의 학습 초기에 교사가 학생들에게 세 종류의 학습교재인 학습구조차트, 화살표의 이유 기입용지, 이야기 만들기 학습 길잡이 용지들을 준다.

이야기 만들기 학습 길잡이는 학생이 배운 학습요소의 의미, 학습요소 사이의 관계, 학습내용 전체의 줄거리 등을 이해하고 발표하기 위하여 먼저 그 내용들에 대한 생각을 구체적으로 정리하기 위해 사용한다.

다음으로, 학생들은 그것을 기초로 하여 학습요소 상호관계나 학습내용의 계통적 구조가 어떻게 되어 있는가에 대한 발표·토의 등을 통해 '친구에게 전하기'라고 하는 수학적 의사소통 활동을 한다.

이야기 만들기 학습법은 이 활동들을 통해 학생들이 제대로 학습내용을 파악하게 하고, 학습내용의 구조적인 이해를 한층 더 심화시키는 것, 그리고 수학에 대한 관심·의욕, 자신감 등을 향상시키는 것을 목적으로 하고 있다.

이 학습법에서 특히 중점을 두는 것은 모든 학생들이 아무것도 보지 않고 학습내용 전체의 줄거리(개념구조)를 이해하고 말할 수 있게 되는 것이다.

### (2) 이야기 만들기 학습법의 학습형태

각 학년 모두 세 그룹으로 나누고, 팀티칭 지원을 하는 세 명의 교사가 담당한다. 각 그룹은 12～15명의 적은 인원으로 발언중심형 학습형태이다.

단원 말에 있는 줄거리나 구조적 관계 등을 발표하고 토의하는 학습(2시간)을 '이야기 학습'이라고 표기한다.

이야기 학습을 할 때, 교사는 학습구조차트를 확대해서 쓴 종이를 칠판에 붙이고, 학생들에게 발문한다든지, 발표에 대해서 언어 표현의 보충을 하게 한다든지 하여 학생들의 구조적 관계의 이해를 돕는다. 교사의 조언 내용은 대체로 다음과 같다.

- ○○에는 어떤 성질이 있습니까?
- ○○하는 방법과 ○○하는 방법의 차이점은 무엇입니까?
- ○○을 알게 되어 어떤 것을 할 수 있게 되었습니까?

## 3. 실시방법

### (1) 대상학년과 인원수

중학교 1학년 38명, 2학년 38명, 3학년 38명, 총 114명.

### (2) 지도내용과 지도시간

중학교 수학 1학년 변화와 대응. 16시간. 그 후, 줄거리 발표 2시간, 총 18시간.
중학교 수학 2학년 일차함수. 19시간. 그 후, 줄거리 발표 2시간, 총 21시간.
중학교 수학 3학년 함수. 13시간. 그 후, 줄거리 발표 2시간, 총 15시간.

### (3) 실시순서

순서 1 : 교사는 사전에 학습교재로 학습구조차트, 화살표의 이유 기입용지, 이야기 학습의 길잡이 기입용지를 작성한다.

순서 2 : 교사는 단원의 수업 초기에 이 학습교재들을 학생들에게 나누어 주고, 작성방법에 대해 설명한다.

교사는 단원 말에 이야기 학습을 실시한다는 것을 학생들에게 알리고, 그때까지 이야기 학습의 길잡이를 기입해 둘 것을 지시한다.

순서 3 : 학생들은 학습구조차트의 여백에 용어 설명, 공식, 예제 등을 기입한다. 또 화살표의 이유 기입용지에 관계를 나타내는 화살표의 의미를 기입한다. 이해하지 못한 학습요소나 학습요소 사이의 관계에 대해서는 교과서, 노트, 워크북 등을 참고해서 조사하게 한다.

순서 4 : 학생들은 가정학습으로 교과서나 학습구조차트를 참고로 하여, 이야기 학습의 길잡이에 학습내용의 줄거리, 각 학습요소의 요점, 자신의 생각 등을 기입한다. 기입은 차분히 생각하게 하기 위하여 가정학습으로 한다.

1학년과 3학년이 작성한 몇 개의 예를 살펴본다. 2학년 학생의 예는 지면 사정상 생략한다. 그림 1(a), (b)는 순서대로 1학년, 3학년 학생이 기입한 학습구조차트를 나타낸다. 그림 2(a), (b)는 순서대로 1학년, 3학년 학생이 기입한 화살표의 이유 기입용지를 나타낸다. 그림 3(a), (b)는 순서대로 1학년, 3학년 학생이 기입한 이야기 학습의 길잡이를 나타낸다.

순서 5 : 해당 단원 종료 시에 다음 순서에 따라 이야기 학습을 2시간 실시한다.

① 이야기 학습 제1차시

교사가 발문하는 학습요소나 학습요소 사이의 관계, 그리고 유용성에 대해서 학생들이 설명을 한다. 이때 교사는 학생들끼리 설명하고 의견을 주고받는 등의 의사소통이 중심이 되어 전개되도록 발문을 생각한다. 능숙하게 표현하지 못하는 학생들은 자신이 기입한 학습구조차트, 화살표의 이유 기입용지, 이야기 학습의 길잡이 등을 참조하면서 발표한다. 다른 학생들은 발표자의 잘 한 점과 부족한 점을 주의 깊게 듣고, 자신의 생각에 대한 KR(Knowledge of Results)*로 유용하게 사용한다.

② 이야기 학습 제2차시

제2차시에 학생들은 학습구조차트, 화살표의 이유 기입용지, 이야기 학습의 길잡이 등을 가능한 한 보지 않고, 학습요소 사이의 관계나 학습내용 전체의 체계적 구조, 유용성을 논리적으로 설명한다. 능숙하게 표현하지 못하는 학생은 자신이 기입한 학습구조차트, 화살표의 이유 기입용지, 이야기 학습의 길잡이 등을 참조하면서 발표한다. 학생들은 발표 내용의 정오(正誤)에 대해서 서로 의사소통을 하고, 학습요소 사이의 관계나 유용성에 대한 이해를 향상시킨다.

## 4. 실시결과와 분석·고찰

### (1) 학생의 학습상황에 대해서

① 학생에게 주어진 학습교재에 대해서

학생들에게 학습교재로, 학습구조차트, 화살표의 이유 기입용지, 이야기 학습

---

* KR은 결과의 지식을 말한다.

길잡이의 기입용지를 나누어 주었다. 그 예들은 그림 1, 그림 2, 그림 3에 나타나 있는데, 각 학년의 학생들 모두 꽤 시간을 들여 학습내용을 정리한 것 같다. 특히, 이야기 학습의 길잡이에는 대응표, 함수와 그래프, 식 구하기 등에 대해서 잘 정리되어 있었다.

② 이야기 학습 제1차시

각 학년 모두 학습요소나 학습요소 사이의 관계, 유용성에 대해서 수학적 의사소통 활동을 실시하였다. 기초적인 학습요소나 학습요소 사이의 관계에 대한 설명에 망설이는 학생이 꽤 있었다. 학습내용 전체의 관계에 대해서는 당초 학생에 따라 언어 표출에 많은 차이를 보였다. 그러나 반복연습을 하게 한다든지, 다른 학생의 발언과 자신의 생각과의 공통점이나 다른 점을 비교해 보게 한다든지 하여 그 차이를 상당히 메울 수 있었다.

③ 이야기 학습 제2차시

각 학년에서 대부분의 학생들은 학습구조차트, 화살표의 이유 기입용지, 이야기 학습의 길잡이 등을 보지 않고, 학습요소 사이의 관계나 학습내용 전체의 체계적 구조를 논리적으로 설명하고, 학습내용의 줄거리를 말할 수 있게 되었다.

### (2) 학생의 반응에 대해서

이야기 만들기 학습법에 대한 각 학년 학생들의 반응에서 학습내용의 '흐름·구조를 알았다', '이해가 깊어졌다', '의욕이 높아졌다'고 하는 학생은 약 70~90%였다. 또, '앞으로도 하고 싶다'고 하는 학생은 약 84~90%였다. 이 수치들로 미루어 보아, 각 학년 모두 함수 개념에 대해 충분히 이해했고, 또한 수학에 대한 관심·의욕·자신감 등의 정의가 높아졌음을 알 수 있다.

### (3) 성취도 평가에 대해서

단원 종료 후에 각 학년 모두 성취도 평가(정기고사)를 실시하였다. 실시한 학급은 1학년, 2학년, 3학년 모두 4개 학급으로, 이야기 만들기 학습법을 실시한 1개 학급(한 학년 당 약 38명), 보통의 수업을 실시한 3개 학급(한 학년당

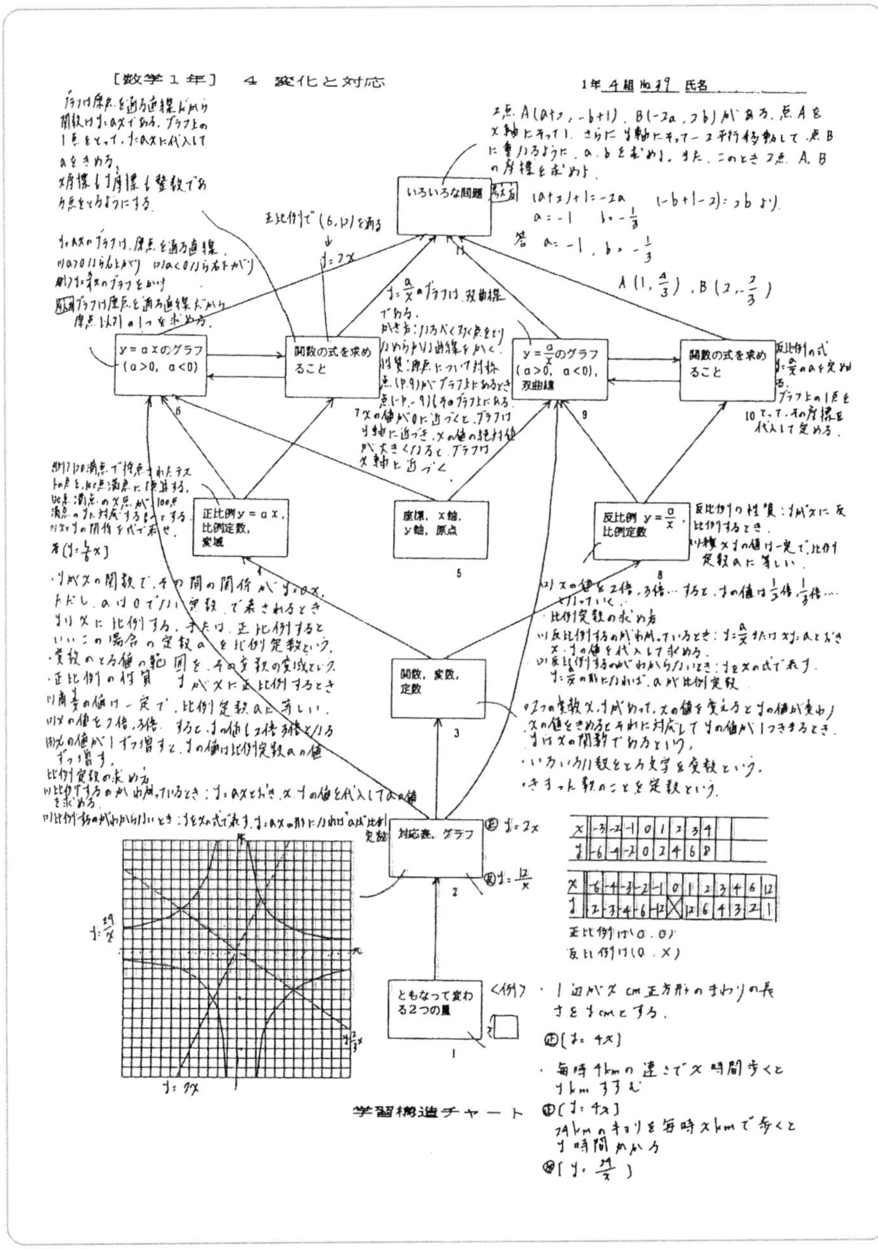


그림 1a 1학년 학생이 작성한 학습구조차트

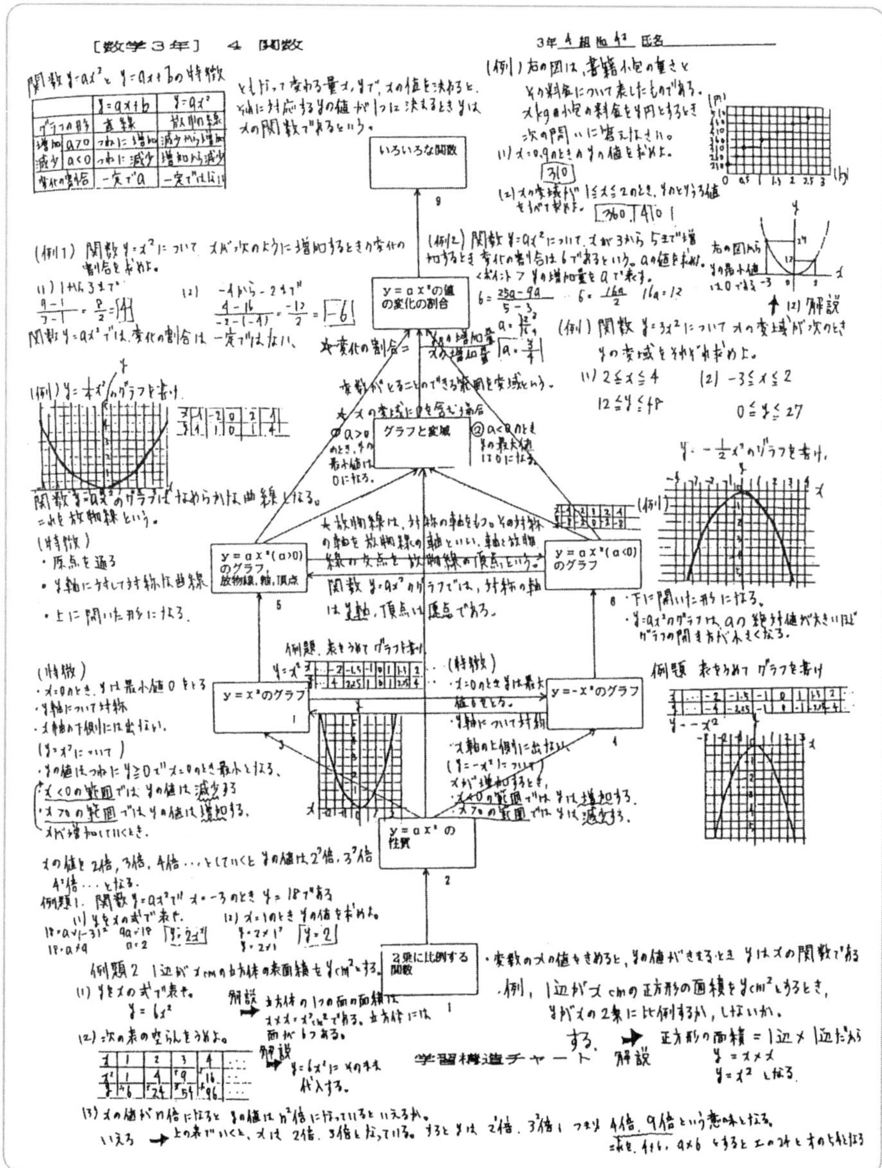

그림 1b 3학년 학생이 작성한 학습구조차트

| 矢線 | 矢線の理由 |
|---|---|
| 1→2 | ともなって変わる2つの量を$x$, $y$として、$x$と$y$の関係を表す式を考えて数値を代入すると対応表やグラフができる。 |
| 2→3 | ともなって変わる2つの量$x$をいろいろな値をとる文字を変数といい、決まっている数を定数$x$の値を決めと$y$の値が決まる関数という。 |
| 2→6 | ともなって変わる$x$, $y$の間の距離を$y=ax$　$x$に$y$に比例・正比例する。定数$a$を比例定数という。 |
| 2→9 | 表や式からグラフを書くことができる。$y=ax$のグラフは原点を通る直線 グラフには$x$軸，$y$軸があり、その2つを座標軸という。反比例の場合は、ゆるやかな線 |
| 3→4 | 初めは表で表から式がつくられ、式からグラフが作られる。それから比例定数がわかる。 |
| 3→8 | 反比例のばあいは$y=\frac{a}{x}$で$x$が2倍，3倍になると$y=\frac{1}{2}$，$\frac{1}{3}$となる。$y=\frac{a}{x}$の時に$a$が比例定数である。 |
| 4→6 | グラフを書く時、変域がついている時は、それ以降は点線にする。変域の書き方は（$3\leqq x\leqq 12$）というふうにする |
| 4→7 | 関数$y=ax$で$x$の値が増えると$x$, $y$の値は2倍増える。このようにして求める。 |
| 5→6 | $x$軸，$y$軸があり、その2つの交点を原点という。正比例の場合は必ず原点をとる。 |
| 5→9 | 反比例$y=\frac{a}{x}$からグラフをかくと原点は通らない。なめらかな曲線になる。 |
| 6→7 | 関数$y=ax$のグラフから、関数の式がわかる。 |
| 6→11 | $y$が$x$に正比例して，$x=2$，$y=-3$の時は，$y=ax$にそれぞれあてはめ$-3=2a$とやり$a=-\frac{3}{2}$と出て，$y=-\frac{3}{2}x$となる。 |
| 7→6 | グラフから、関数の式もわかる。 |
| 7→11 | 関数の式から正比例しているか反比例しているかわかる。 |
| 8→9 | 反比例　$y=\frac{3}{5}x$でも、$y=\frac{6}{x}$でもグラフの見方はかわらない。 |
| 8→10 | グラフがたくさんあっても関数の式が同じじゃないかぎり見つけられる。 |
| 9→10 | 反比例でもグラフや表から関数の式を求められる。 |
| 9→11 | $y$が$x$に反比例していても正比例のように$y=\frac{a}{x}$の$a$を求められることができる。 |
| 10→9 | 反比例でも、関数の式からグラフが求められる。 |
| 10→11 | このように、正比例，反比例でもいろいろな問題が問くことができる。 |

反対

그림 2a　1학년 학생이 작성한 화살표의 이유 기입용지

| 矢線 | 矢線の理由 |
|---|---|
| 1→2 | 2乗に比例する関数の性質の問題。例えば $y$ は $x$ の2乗に比例し、$x=2$ のとき $y=20$ である。$y$ を $x$ の式で表す問題など2乗に比例する関数の定義を使う。 |
| 2→3 | $y=x^2$ のグラフは $y=ax^2$ の性質を満たしている。 |
| 2→4 | $y=-x^2$ のグラフは $y=ax^2$ の性質を満たしている。 |
| 2→7 | 変域の対応や変域から式を求めたりグラフをかいたりするとき、$y=ax^2$ の性質を使う。 |
| 3→4 | $y=x^2$ と $y=-x^2$ のグラフはともに $y=ax^2$ の性質を満たしている。$x$ 軸について対称な放物線である。$y=-x^2$ は $y=x^2$ を $x$ 軸について対称にしたものである。 |
| 3→5 | $y=ax^2$ $(a>0)$ のグラフは $y=x^2$ のグラフの一般形で $a=1$ のとき $y=x^2$ である。 |
| 4→3 | $y=x^2$ のグラフは $y=-x^2$ を $x$ 軸について対称にしたものである。 |
| 4→6 | $y=ax^2$ $(a<0)$ のグラフは $y=-x^2$ のグラフの一般形で $a=-1$ のとき $y=-x^2$ である。 |
| 5→6 | $y=ax^2$ $(a>0)$ と $y=ax^2$ $(a<0)$ のグラフはともに $x$ 軸について対称な放物線である。$y=ax^2$ $(a<0)$ は $y=ax^2$ $(a>0)$ を $x$ 軸について対称にしたものである。 |
| 5→7 | 変域から式を求めたり、グラフをかいたりするとき、$y=ax^2$ $(a>0)$ のグラフの内容を使う。 |
| 5→8 | $y=ax^2$ の値の変化の割合を求めるときは $y=ax^2$ $(a>0)$ に $x$ の値を代入したりする。 |
| 6→5 | $y=ax^2$ $(a>0)$ は $y=ax^2$ $(a<0)$ を $x$ 軸について対称にしたものである。 |
| 6→7 | 変域から式を求めたり、グラフをかいたりするとき $y=ax^2$ $(a<0)$ のグラフの内容を使う。 |
| 6→8 | $y=ax^2$ の値の変化の割合を求めるときは $y=ax^2$ $(a<0)$ に $x$ の値を代入したりする。 |
| 7→8 | $y=ax^2$ の値の変化の割合はグラフと変域とくに $y=\frac{1}{2}x^2$ で $-4\leqq x\leqq 1$ のときの $y$ の変域を求める時の考えを、$y$ の増加量のときに使う。 |
| 8→9 | いろいろな関数の問題は幅広くその中に変化の割合に関するものもある。 |

그림 2b　3학년 학생이 작성한 화살표의 이유 기입용지

No. 1　　　　　　　　1年 7組 No. 38 氏名＿＿＿＿＿＿

## ストーリー学習の手引

▶ ストーリー学習は以下の内容についてディスカッションするので，発表できるように内容を整理しておくこと．

1．変化と対応について，習った内容のあらすじが言えること．

ここでは．まず．長方形の横の長さと面積．進んだ距離と残りの距離を使って対応表をつくり3種類（放物線．直線．双曲線）のグラフがあることを知った。　対応表を変数xをにあてはめ．ともなって変わると．yはxの関数であるといえる．次に座標に出てくる用語と一緒に．座標のあらわしかたを習った。座標は．横の数直線（x軸）と縦の数直線（y軸）とでできており，x軸とy軸の交点を原点という．点Δの座標をあらわすときは Δ(○，□) とし．○はx座標を．□はy座標を入れる。yがxの関数で．xとyの関係が y=ax と表されるとき．yはxに比例するという．比例の場合aを比例定数とし．x=1のときのyの値に等しい．xが2倍．3倍……と変化するとき yは2倍．3倍…となる．比例のグラフは原点を通る直線で a>0のときは右上がり．a<0のときは右下がりになる．1組のxとyから比例の式を求めたり．比例の式x（またはy）からy（またはx）の値を求めるときは．どちらも y=ax の式に代入して求めることができる。yがxの関数で $y=\frac{a}{x}$ と表されるとき．yはxに反比例するという。反比例の場合も aを比例定数といい．a=xy でもある．xが2倍．3倍…となると yは $\frac{1}{2}$倍．$\frac{1}{3}$倍……となる。比例のグラフは．双曲線で a>0のときは第1 3象限の双曲線．a<0のときは第2.4象限の双曲線になる．反比例の式からグラフをかいたり．グラフから反比例の式を求めるときは．どちらも $y=\frac{a}{x}$ の式に代入して求めることができる．変域とは値の範囲のことで．＜，＞，≦，≧の記号を使う。

2．学習構造チャートの項目1～11のそれぞれについて，項目の内容，例題，その項目を理解するための基礎となる事例が言えること．

| 項　　目 | 項目の内容 | 例題とそれを解くときに注意すること |
|---|---|---|
| ともなって変わる量<br>対応表グラフ<br>変数と関数 | 1つの量が他の量にともなって変わるようすを対応表(対応の関係を表した表)や．グラフにかいて調べる。<br>いろいろな値をとる文字を変数という．[(例) xやy]<br>・変数xにともなって変わる変数yの値も決まるとき，yはxの関数であるという． | 例題 周の長さが16cmの長方形の横の長さを1.2と変えていくと、長方形の面積はどうなるか．<br>解説★まず対応表をつくってみる★<br>横の長さ(cm) 1 \| 2 \| 3 \| 4 \| 5 \| 6 \| 7<br>面積(cm²) 7 \| 12 \| 15 \| 16 \| 15 \| 12 \| 7<br>★グラフにしてみる★<br>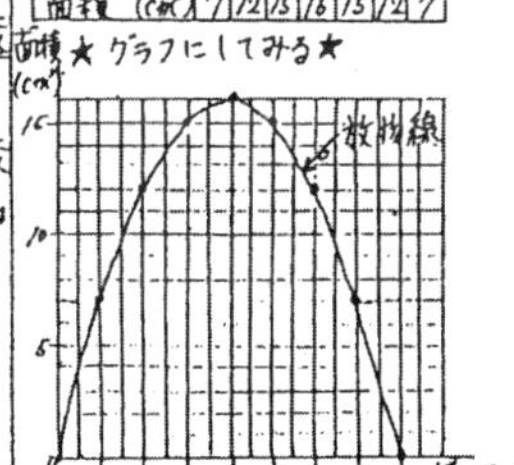 |
| 座標・x軸・y軸<br>原点 | 座標<br>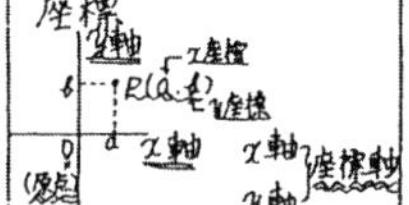 | 例題 次の図で点A．Bの座標を求めよ．<br>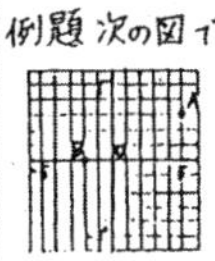<br>解き方<br>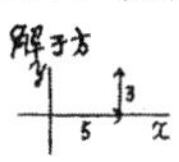<br>A(5，3)かっこ 座標 コンマ |

（次頁に続く）

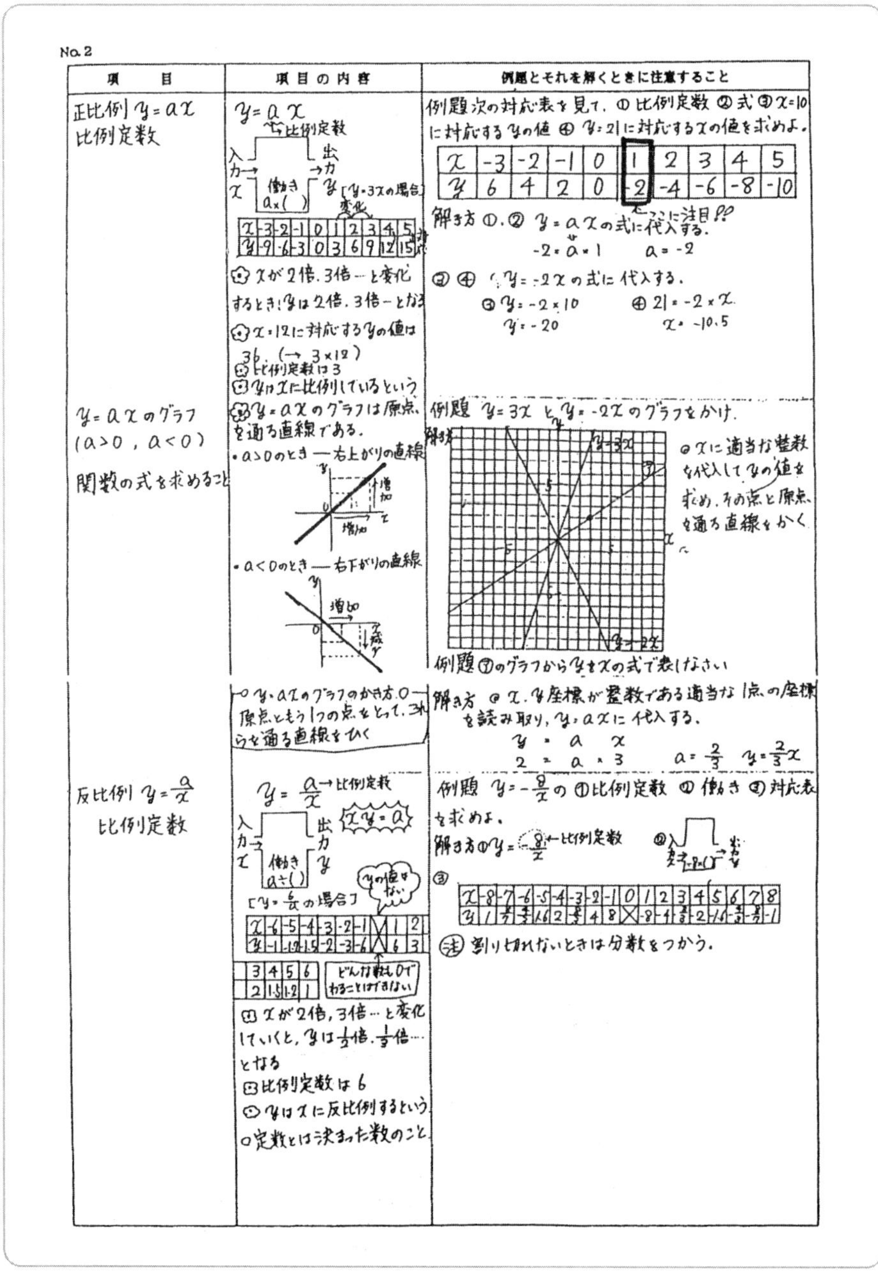


그림 3a 1학년 학생이 작성한 이야기 학습의 길잡이

No. 1　　　　3年 6 組 № 38 氏名＿＿＿＿＿＿

## ストーリー学習の手引

▶ ストーリー学習は以下の内容についてディスカッションするので，発表できるように内容を整理しておくこと．

1．関数について，習った内容のあらすじが言えること．

まず，いろいろな関数として 比例・反比例・一次関数 の式やグラフを復習する。そして その中で2乗に比例する関数に入り $y=ax^2$ の性質として「$x$の値が2〜3倍になれば$y$の値は $2^2$〜$3^2$倍になる」ことからグラフを書いていくと「放物線」という曲線ができ，このグラフは・$y$軸について線対称で頂点(0.0)を通り 軸の式は $x=0$($y$軸)とわかる。そして，$a$の絶対値が大きくなるとグラフは$y$軸に近づく。これらは $a>0$，$a<0$ に共通することで ちがう所としては「$a>0$の時 $x$が増化していくと，$x<0$では$y$は減少 $x>0$では増化」して グラフは下に凸。「$a<0$の時 $x$が増化していくと $x<0$では$y$は増化 $x>0$では減少」して グラフは上に凸 となる。そして $a>0$，$a<0$ のグラフは$x$軸について線対称。それから，$\frac{y\text{の増加分}}{x\text{の増加分}}$ で求める変化の割合が $y=ax^2$では「$x$が○〜△まで増化する時，$a$(○+△)と表される」ことを習い，その時の変域を$x$は定義域，$y$は値域として「定義域に0がある時，$a>0$では最小の値域が0 $a<0$では最大の値域が0」ということを注意して習う。最後にまとめとして $y=ax^2$のグラフと一次関数のグラフによって交点の座標や式やできる三角形の面積などを求める問題，$y=x^2-ax-b$ のグラフの$x$軸，$y$軸との交点や軸の式などを求める問題など解く。

2．学習構造チャートの項目1〜 9 のそれぞれについて，項目の内容，例題，その項目を理解するための基礎となる事例が言えること．

| 項　目 | 項目の内容 | 例題とそれを解くときに注意すること |
|---|---|---|
| 2乗に比例する関数 | $y$が$x$の関数で $y=ax^2$ ($a\neq0$)の関係がある時，$y$は$x$の2乗に比例するという。 | ・$y$が$x$の2乗に比例してるか？<br>(1) 半径$x$cmの円の面積$y$cm² ↓ 式を作ると $y=ax^2$の形になれば 2乗に比例<br>(2) 半径$x$cmの円周$y$cm ↓ $y=ax^2$の形にならないなら2乗に比例しない |
| $y=ax^2$の性質 | ・$x$の値が2〜3倍になる時，$y$の値は$2^2$〜$3^2$倍になる。<br>・$y=ax^2$で $\frac{y}{x^2}=a$ になる | 関数 $y=ax^2$で $x=-3$のとき，$y=-27$である<br>(1) 式にあらわせ ↓ $y(-27)$を$x^2(9)$でわった値を$a$とする。<br>(2) $x=4$の時，$y$の値は？ ↓ (1)の式に$x$の値(4)をあてはめて計算する |
| $y=x^2$のグラフ | ・$y=x^2$は$y=ax^2$の$a=1$の場合。<br>・グラフの特徴<br>・$y$軸に線対称<br>・原点を通り，$x$軸の上側<br>・$x=0$の時$y$は最小値0<br>・$x$の値が増化していく時<br>$x<0$…$y$は減少<br>$x>0$…$y$は増化 | 関数 $y=x^2$についていってるのはどれか？<br>(1) $x<0$のとき$x$が増化すると$y$も増化する<br>(2) $x>0$のとき，$x$が増化すると$y$も増化する<br>(3) $x=0$のとき $y$は最小値0をとる<br>(4) $x=0$のとき，$y$は最大値0をとる<br>↓<br>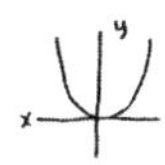<br>左のグラフを考えながら解けばバッチリ |

(次頁に続く)

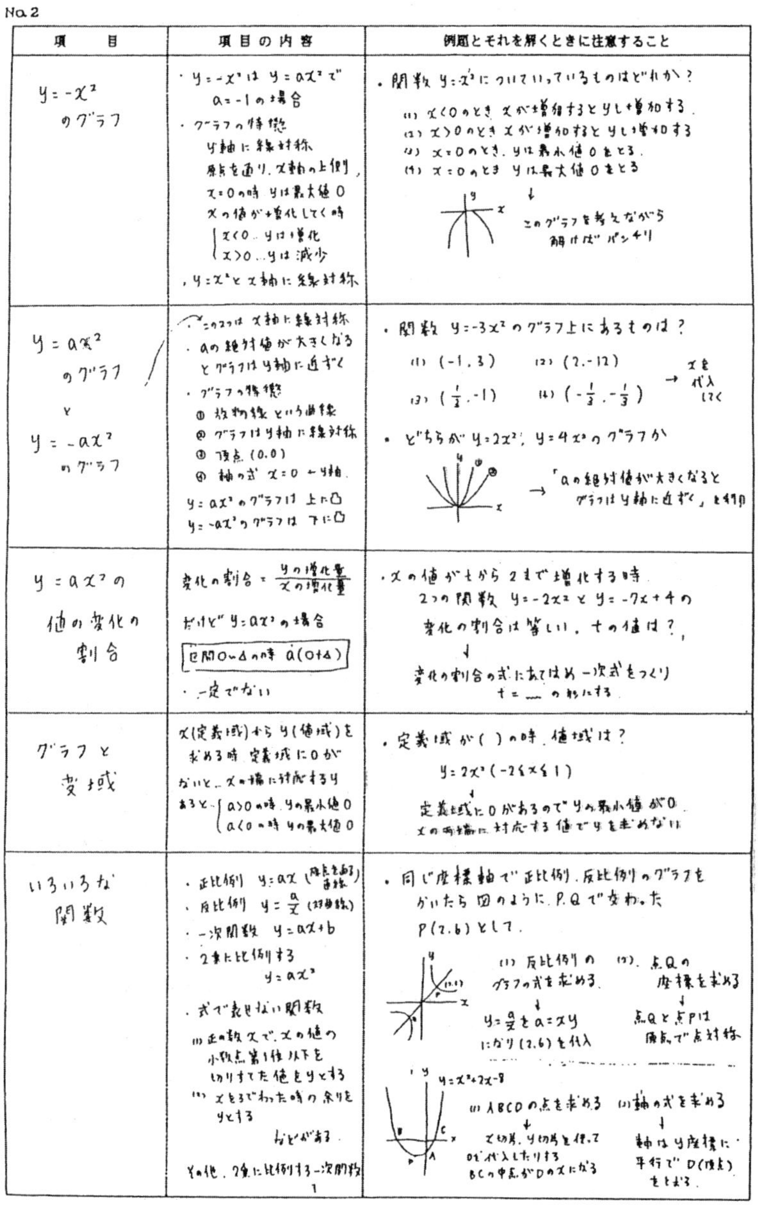

No.2

| 項目 | 項目の内容 | 例題とそれを解くときに注意すること |
|---|---|---|
| $y=-x^2$ のグラフ | ・$y=-x^2$ は $y=ax^2$ で $a=-1$ の場合<br>・グラフの特徴<br>y軸に線対称<br>原点を通り、x軸の上側<br>$x=0$ の時 yは最大値0<br>xの値が増加していく時<br>$x<0$ … yは増化<br>$x>0$ … yは減少<br>・$y=x^2$ とx軸に線対称 | ・関数 $y=-x^2$ についていっているものはどれか？<br>(1) $x<0$ のとき xが増加するとyも増加する<br>(2) $x>0$ のとき xが増加するとyも増加する<br>(3) $x=0$ のとき、yは最小値0をとる。<br>(4) $x=0$ のとき yは最大値0をとる<br>↓<br>このグラフを考えながら解けばバッチリ |
| $y=ax^2$ のグラフ と $y=-ax^2$ のグラフ | ・このグラフはx軸に線対称<br>・aの絶対値が大きくなるとグラフはy軸に近づく<br>・グラフの特徴<br>① 放物線という曲線<br>② グラフはy軸に線対称<br>③ 頂点 (0,0)<br>④ 軸の式 $x=0$ ←y軸<br>$y=ax^2$ のグラフは上に凸<br>$y=-ax^2$ のグラフは下に凸 | ・関数 $y=-3x^2$ のグラフ上にあるものは？<br>(1) (-1, 3) (2) (2, -12)<br>(3) $(\frac{1}{2}, -1)$ (4) $(-\frac{1}{3}, -\frac{1}{3})$ → xを代入してく<br>・どちらが $y=2x^2$, $y=4x^2$ のグラフか<br>→「aの絶対値が大きくなるとグラフはy軸に近づく」を利用 |
| $y=ax^2$ の値の変化の割合 | 変化の割合 = $\frac{yの増化量}{xの増化量}$<br>だけど $y=ax^2$ の場合<br>区間○〜△の時 $a(○+△)$<br>・一定でない | ・xの値がtから2まで増化する時、2つの関数 $y=-2x^2$ と $y=-7x+4$ の変化の割合は等しい。tの値は？<br>↓<br>変化の割合の式にあてはめ一次式をつくり t=__ の形にする |
| グラフと変域 | x(定義域)からy(値域)を求める時、定義域に0がないと…xの端に対応するy<br>あると… $a>0$ の時 yの最小値0<br>$a<0$ の時 yの最大値0 | ・定義域が( )の時、値域は？<br>$y=2x^2 (-2 \leqq x \leqq 1)$<br>↓<br>定義域に0があるのでyの最小値が0。<br>xの両端に対応する値でyを求めなければ |
| いろいろな関数 | ・正比例 $y=ax$ (原点を通る直線)<br>・反比例 $y=\frac{a}{x}$ (双曲線)<br>・一次関数 $y=ax+b$<br>・2乗に比例する $y=ax^2$<br>・式で表せない関数<br>(1) 正の数xで、xの値の小数点第1位以下を切りすてた値をyとする<br>(2) xを3でわった時の余りをyとする<br>などがある。<br>その他、2乗に比例する一次関数 | ・同じ座標軸で正比例、反比例のグラフをかいたら図のように、P, Qで交わった P(2, 6)として。<br>(1) 反比例のグラフの式を求める ↓ $y=\frac{a}{x}$ を $a=xy$ になり (2, 6) を代入<br>(2) 点Qの座標を求める ↓ 点Qと点Pは原点で点対称<br>$y=x^2+2x-8$<br>(1) ABCDの点を求める ↓ x切片、y切片を使って代入したりする BCの中点がDのxになる<br>(2) 軸の式を求める ↓ 軸はy座標に平行で D(頂点)をとおる |

그림 3b　3학년 학생이 작성한 이야기 학습의 길잡이

약 114명)이다.

이야기 만들기 학습을 실시한 학급의 학생들은 각 학년 모두 이야기 만들기 학습을 실시하지 않았던 학급의 학생들에 비해서 성적이 15~20% 높았다.

## 5. 결 론

함수 영역은 종종 학생들에게 이해하기 어려운 단원이지만, 이야기 만들기 학습법을 실시함으로써 함수의 정의, 함수의 표현, 유용성 등을 확실히 익히게 하고 이해시키는 것이 가능했다고 생각한다. 또, 대부분의 학생들이 수학에 대한 관심·의욕·자신감이 높아져 그 성과는 매우 컸다.

사이토는 Ⅰ. 이론에서 "학생들의 수학에 대한 관심이나 의욕, 자신감 등 정의를 향상시키는 것은 그들이 수학의 구조·본질을 이해했을 때이다. 단순히 문제를 푼 것만으로도 기쁨은 느끼겠지만, 수학에 대한 참된 관심이나 의욕, 자신감 등은 향상되지는 않는다."고 말했는데 바로 적중한 것 같다. 또 이야기 만들기 학습법은 학력의 상·중·하에 관계없이 누구에게나 적절하다고 생각된다.

학생들에게는 모든 단원의 학습구조차트, 화살표의 이유, 이야기 학습의 길잡이를 파일에 담게 해서 정기고사나 3학년의 수험대책으로 사용하게 하고 있다.

**[참고]**

이 책의 주제와 다르지만, 중학교 1학년부터 중학교 3학년 사이에 배우는 함수 영역의 내용에 대해서 학습내용의 이해를 깊게 하는 방법으로 '비교 대응 맵'을 그려서 활용하게 하는 등산학습법이 있다. 이것은 1~3학년에서 배운 함수 영역의 내용을 그림 4에 제시된 것처럼 학습구조차트로 표현하여 학생들에게 주고 활용하게 하는 방법이다. 학습구조차트의 여백에 각 학습요소에 대해 정리하여 적게 한다. 이 방법으로 각 학년에서 배운 함수에 대한 공통된 성질이나 차이점 등을 생각하게 함으로써, 각각의 함수에 대한 지식을 명확하게 하여, 학습내용의 이해를 깊게 할 수 있다. 3년간 배운 함수 영역의 학습내용을 통합하여, 함수에 대한 이해를 심화시킬 수 있는 방법이며, 매우 유용하다. 구체적인 사례는 생략한다.

(오시마 마사히데, 사이토 노보루)

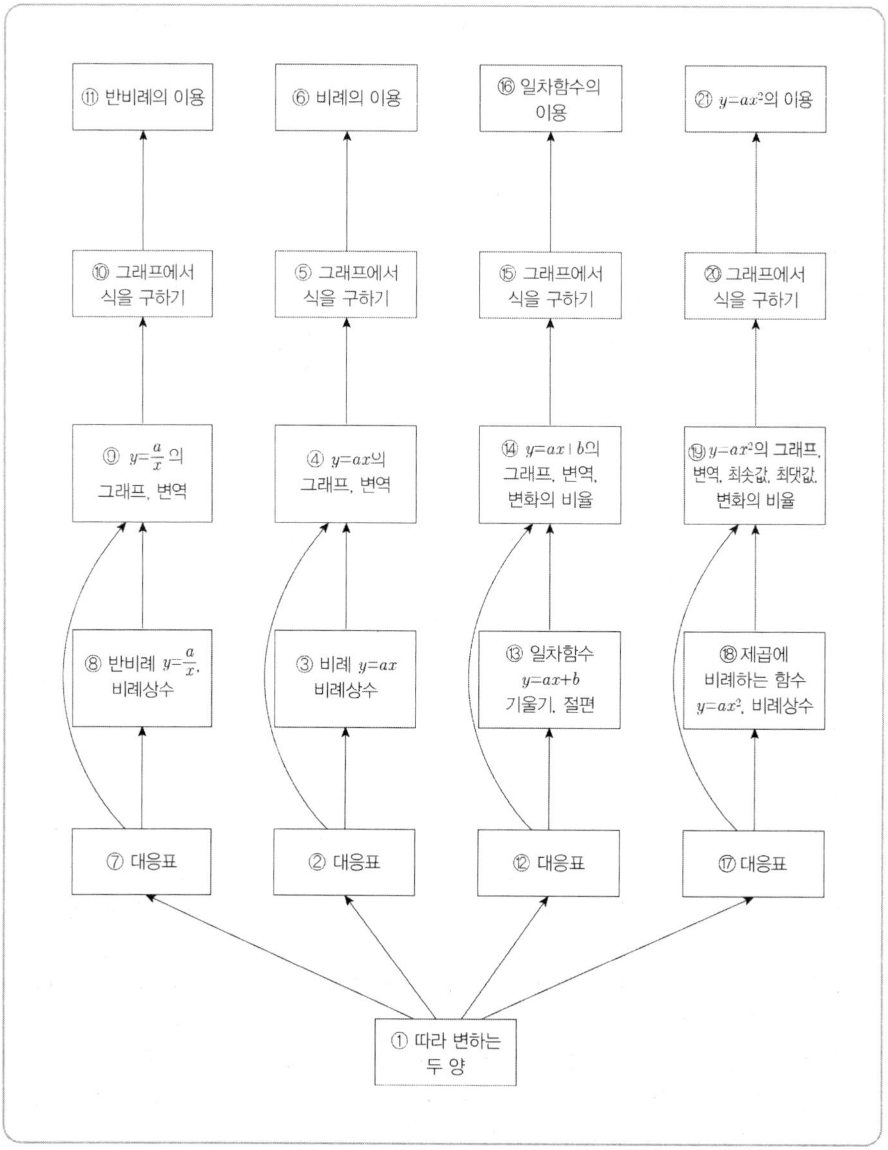


**그림 4 3년간 배운 함수 영역에 대한 학습구조차트**

# 소규모 수업에 있어서 등산학습법

## 1. 서론

개개인의 학생들에게 기초적·기본적인 내용을 확실히 익히게 하고 창의성의 기초를 기르는 것을 목적으로 하여, 등산학습법을 도입한 소규모 수업을 실시하였다. 소규모 수업에서는 '창조형 학습', '표준형 학습', '기초·기본 철저형 학습'의 세 개의 과정을 설정하였다. 과정 선택은 학생들의 의사에 맡겼다. 학력이 낮은 학생들에 대해서는 기초적인 내용을 확실히 익히게 하고, 학력이 중간 정도인 학생들에 대해서는 교과서의 표준적인 문제를 풀게 하고, 학력이 높은 학생들에 대해서는 동료 학생들과의 의사소통을 통해 해를 찾게 하였다. 게다가 창의성을 육성하기 위해서는 어떤 수업을 해야 하는가를 생각했을 때에, 가능한 한 칠판을 사용하지 않고 상호 간의 의견이나 생각을 서로 설명하고, 의사소통을 활발하게 할수록 좋지 않을까라고 생각했다. 그래서 한 단위시간의 수업에서 교사가 판서하는 시간을 줄이기 위해, 창조형 학습에서는 작은 칠판, 표준형 학습에서는 칠판의 반만, 기초·기본 철저형 학습에서는 칠판 한 면을 사용하여 수업하기로 했다. 여기에서는 그 실천 방법 및 효과의 검증결과를 기술한다.

## 2. 실시방법

### (1) 대상학년·인원수 등

중학교 1학년 7개 학급에서 두 학급을 선택하여, 그 두 학급을 학생들의 희망에 따라 세 개의 소집단 A군, B군, C군으로 나누었다. A군은 '창조형 학습군', B군은 '표준형 학습군', C군은 '기초·기본 철저형 학습군'이다.

1年「4章　変化と対応」指導計画表（計16時間）

| 節 | 時間 | 標準的な指導内容 | A群　創造型学習<br>プロセス（考え方）中心　小黒板使用 | B群　標準型学習（教科書中心型）プロセス（考え方）と技能中心　中黒板使用 | C群　基礎基本徹底型学習<br>技能中心　大黒板使用 | D群　一斉指導型　プロセスと技能中心 |
|---|---|---|---|---|---|---|
| 0<br>事前指導 | 0 | 事前アンケート<br>$I_1$, $C_1$ | 事前アンケート<br>$I_1$, $C_1$ | 事前アンケート<br>$I_1$, $C_1$ | 事前アンケート<br>$I_1$, $C_1$ | 事前アンケート<br>$I_1$, $C_1$ |
| | 1 | 学習法の説明 | 3つのグループの編成に対しては教師はいっさい相談に応じず，生徒の判断に委ねる。<br>(1)自己診断票の配布・使い方<br>(2)チャートの配布・書き方<br>・用語の説明，公式の記入<br>・問題つくり<br>・矢線の理由 | (1)自己診断票の配布・使い方<br>(2)チャートの配布・書き方<br>・用語の説明，公式の記入<br>・例題の記入<br>・矢線の理由<br>・問題つくり(指定して部分的に) | (1)自己診断票の配布・使い方<br>(2)チャートの配布・書き方<br>・用語の説明，公式の記入<br>・例題の記入 | ともなって変わる2つの量 |
| §1<br>ともなって変わる量 | 2 | ともなって変わる2つの量<br>【chart 1】 | 授業後に自己診断票に記入し，自己評価させる。<br>①2つの数量の変化と対応<br>チャートの書き方の確認 | 授業後に自己診断票に記入し，自己評価させる。<br>①2つの数量の変化と対応<br>チャートの書き方の確認 | 授業後に自己診断票に記入し，自己評価させる。<br>①2つの数量の変化と対応<br>チャートの書き方の確認 | 対応表，グラフ |
| | 3 | 対応表，グラフ<br>【chart 2】<br>関数，変数，定数<br>【chart 3】 | ②関数の意味と式 | ②関数の意味<br>表，式，グラフで表す | ②関数の意味<br>表，式，グラフで表す | 関数，変数，定数 |
| §2<br>比例 | 4 | 正比例　$y=ax$<br>比例定数，変域<br>【chart 4】 | ③比例の意味，式，表 | ③比例の意味，式，表 | ③比例の意味，式，表 | 比例の意味，式，表 |
| §3<br>比例のグラフ | 5 | 座標，$x$軸，$y$軸<br>原点<br>【chart 5】 | ④座標の概念 | ④座標の概念 | ④座標の概念 | 座標の概念 |
| | 6 | $y=ax$のグラフ<br>($a>0$, $a<0$)<br>【chart 6】 | ⑤比例のグラフ<br>チャートで①～⑤のまとめをする<br>ストーリー学習の説明<br>手引き配布（後日あらすじの発表を連絡）<br>問題つくり | ⑤比例のグラフ<br>チャートで①～⑤のまとめをする<br>ストーリー学習の説明<br>手引き配布（後日あらすじの発表を連絡） | ⑤比例のグラフ | 比例のグラフ |
| | | | チャート，自己診断票の回収（1回目） | チャート，自己診断票の回収（1回目） | 自己診断票の回収（1回目） | |
| | 7 | 関数の式を求めること<br>【chart 7】 | ⑥比例のグラフの特徴 | ⑥比例のグラフの特徴 | ⑥比例のグラフの特徴 | 比例のグラフの特徴 |
| §3<br>反比例のグラフ | 8 | 反比例　$y=\frac{a}{x}$<br>比例定数<br>【chart 8】 | ⑦反比例 | ⑦反比例の関係 | ⑦反比例の関係 | 反比例の関係 |
| | 9 | $y=\frac{a}{x}$のグラフ<br>($a>0$, $a<0$)<br>双曲線<br>【chart 9】 | ⑧反比例のグラフ | ⑧反比例のグラフのまとめ | ⑧反比例のグラフのまとめ | 反比例のグラフのまとめ |
| | 10 | 関数の式を求めること(反比例)<br>【chart 10】 | ⑨反比例の式<br>チャート，自己診断票の回収（2回目） | ⑨反比例の式<br>チャート，自己診断票の回収（2回目） | ⑨反比例の式<br>自己診断票の回収（2回目） | 反比例の式 |
| | 11 | いろいろな関数<br>【chart 11】 | ⑩関数の利用<br>2つのともなって変わる数量の関係を調べ，表・式・グラフにまとめ，それぞれの関数関係の特徴を考察する。 | ⑩関数の利用<br>2つのともなって変わる数量の関係を調べ，表・式・グラフにまとめ，それぞれの関数関係の特徴を考察する。 | ⑩関数の利用<br>2つのともなって変わる数量の関係を調べ，表・式・グラフにまとめ，それぞれの関数関係の特徴を考察する。 | 関数の利用<br>2つのともなって変わる数量の関係を調べ，表・式・グラフにまとめ，それぞれの関数関係の特徴を考察する。 |
| | 12 | アンケート<br>$I_2$, $\mathrm{II}_1$, $C_2$<br>テスト$T_1$<br>課題探求 | アンケート$I_2$, $\mathrm{II}_2$, $C_2$<br>テスト$T_1$<br>ストーリー学習のあらすじ発表<br>課題の探求　開始 | アンケート$I_2$, $\mathrm{II}_2$, $C_2$<br>テスト$T_1$<br>ストーリー学習のあらすじ発表<br>課題の探求　開始 | アンケート$I_2$, $\mathrm{II}_2$, $C_2$<br>テスト$T_1$<br>演習問題(1) | アンケート$I_2$, $\mathrm{II}_2$, $C_2$<br>テスト$T_1$<br>演習問題(1) |
| | 13 | | 課題の探求<br>次時に発表できるようにしあげる | 課題探求 | 演習問題(2)<br>問題つくり | 演習問題(2) |
| | 14 | 発表・討論 | 発表・討論 | 発表・討論 | つくった問題の発表 | 演習問題(3) |
| まとめ | 15 | テスト$T_1$<br>アンケート<br>$I_2$, $\mathrm{II}_2$, $C_2$ | テスト，アンケートの終了後<br>チャートと自己診断票の回収 | テスト，アンケートの終了後<br>チャートと自己診断票の回収 | テスト，アンケートの終了後，自己診断票の回収 | テスト$T_2$<br>アンケート$I_2$, $\mathrm{II}_2$, $C_2$ |
| | 16 | 創造性テスト<br>CT－1 | 創造性テストCT－1 | 創造性テストCT－1 | 創造性テストCT－1 | 創造性テストCT－1 |

**표 1　각 학습법의 개요와 지도계획**

|  | 1반 | 2반 | 합계 |
|---|---|---|---|
| A군 | 8명 | 7명 | 15명 |
| B군 | 19명 | 18명 | 37명 |
| C군 | 9명 | 11명 | 20명 |

A군, B군, C군을 합해서 소규모 학습군이라 부르기로 한다.

다음으로, 남은 다섯 학급을 D군이라고 한다. D군은 통상 40명 학급이고, 일제 학습군으로 부르기로 한다.

| | | | |
|---|---|---|---|
| A군 : 15명<br>B군 : 37명<br>C군 : 20명 | 소규모 학습군 | 72명 | |
| D군 : 143명 | 일제 학습군 | 143명 | 총 215명 |

### (2) 지도내용과 지도시간

중학교 1학년 '변화와 대응' 16시간

### (3) 실시기간

1998년 11월 20일~1999년 2월 3일

### (4) 지도계획

각 학습법의 개요와 지도계획을 표 1에 제시한다.

### (5) 조사내용

네 개의 학습군의 학습성과를 분석하기 위해서 다음 조사를 실시하였다. 인지면의 학력을 조사하기 위한 성취도 평가 T, 정의면의 학력을 조사하기 위한 정의 테스트 Ⅰ, Ⅱ, 창의성을 측정하기 위한 테스트 M, 창의성 태도를 측정하기 위한 테스트 S이다.

### (6) 각 학습법의 개요와 지도순서

#### ① A군의 학습법(창조형 학습)

(ㄱ) 학습법

창조형 학습을 실시하는 학습군이다. 창조형 학습에서는 교사가 가능한 한 칠판을 사용하지 않고(작은 칠판만 사용했다.) 학생들끼리 서로 이야기를 활발하게 나누도록 하고, 의사소통을 통해 학습내용을 깊게 이해하도록 하였다. 이때 수학적인 사고방식이나 과정을 중시하고, 자신들의 생각을 교환하면서 다듬도록 하였다. 사이토가 제안한 과제탐구형 등산학습법을 병용했다.

(ㄴ) 학습 순서

순서 1 : 학습구조차트, 화살표의 이유 기입용지, 자기진단표를 배포하고, 활용방법을 설명한다. 학습구조차트는 단원 전체의 구조 및 각 학습항목의 내용을 정리하고 확실히 정착시키기 위하여 사용했다. 화살표의 이유 기입용지는 관계의 이해를 심화시키기 위하여 사용했다. 자기진단표는 교과서의 내용을 이해하는 데 그치지 않고 스스로 새로운 과제를 발견하게 하기 위해서 사용했다.

순서 2 : 학습구조차트(대형)를 교실에 게시한다.
수업시간뿐만 아니라 쉬는 시간에도 항상 의식하도록 했다.

순서 3 : 작은 칠판만 사용하고, 토론 등에 의한 학생 중심의 수업을 전개한다.

순서 4 : 수업을 개시할 때 학습구조차트를 활용하여 학습내용을 확인한다.

순서 5 : 학생들에게 학습구조차트에 학습한 내용을 정리하여 기입하게 한다.

순서 6 : 학생이 쓴 학습구조차트(그림 1), 화살표의 이유 기입용지(표 2), 자기진단표(표 3)를 회수·점검하고, 결과표 등을 작성하여 돌려준다.

화살표의 이유표는 '…이므로'라는 표현을 사용하도록 지시했다.

순서 7 : 단원의 학습내용 종료 3시간 전에 이야기 학습의 길잡이를 배포하고, 학습구조차트를 활용하면서 학습내용의 줄거리를 정리하게 한다.

순서 8 : 자기진단표에 기재되어 있는 의문점이나 더욱 조사해보고 싶은 것을 과제로 하여 그룹별로 조사학습을 하게 한다.

순서 9 : 조사한 내용을 학급 전체 앞에서 발표하고 토론하게 한다.

② B군의 학습법 (표준형학습)

A군과의 차이는 수업의 진행방법이다. A군은 의사소통이 중심이지만, B군은 교과서를 중심으로 하여 학습을 진행했다. 칠판은 반쯤 사용하고, 교과서의 표준적인 문제를 풀 수 있는 것을 목표로 했다. 과제탐구형 등산학습법을 실시했다.

학습구조차트, 화살표의 이유 기입용지, 자기진단표의 활용방법은 A군과 동일하다.

③ C군의 학습법 (기초·기본 철저형 학습)

기초적·기본적인 학습내용의 습득을 목적으로 하며, 기초적인 연습문제 등을 통해 기능면이나 지식·이해면을 심화하도록 지도했다. 또, 학습구조차트를 사용하여, 학습내용의 관계를 명확하게 하면서 학습을 진행했다. 단, 학생들의 실태를 고려하여 내용에 깊이 관여하지는 않았다.

④ D군의 학습법 (일제지도학습)

수업 형태는 한 학급당 약 40명의 일제지도형이다. 학습 정리 단계에서는 학생들에게 연습문제를 풀게 하여 복습에 힘을 썼다. 문제해결에 있어서는 그 과정을 중요시하면서, 학습내용의 지식과 이해를 더 깊게 하고, 기능의 습득에 역점을 두었다.

## 3. 실시결과와 고찰

### (1) 각 학습군의 학습상황

① A군의 학습상황

A군의 학습법은 소규모(15명)이기 때문에 학생들이 생기 있게 수업에 참여하여, 생각한 것을 계속 발표할 수 있는 분위기를 만들 수 있었다. 그 때문에

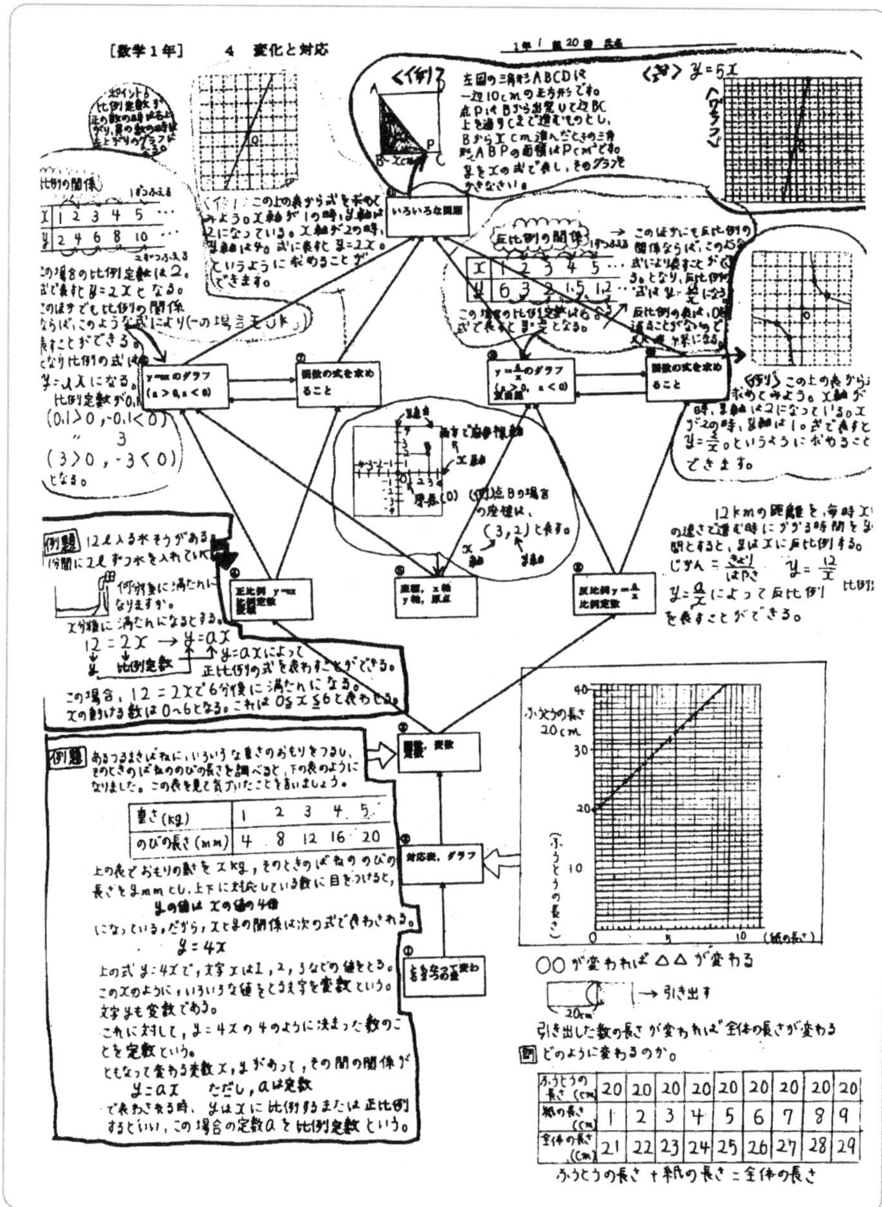

그림 1 학습차트구조 (활용 예)

4章　変化と対応

| 1年　組　番　氏名 |
|---|

※学習構造チャートの矢線の理由を書きなさい。

| 矢線 | 矢線の理由 |
|---|---|
| ①→② | 2つの量の変化がわかり、グラフや対応表で、2つの量の移り変わりが、わかりやすくなる。 |
| ②→③ | 対応表やグラフから、関数を求める。 |
| ②→⑥ | 対応表をもとに、座標をかく。(比例の) |
| ②→⑨ | 対応表をもとに、座標をかく。(双曲線の / 反比例の) |
| ③→④ | ②→③で求めた関数を、式で表す。(比例→$y=ax$) |
| ③→⑧ | ②→③で求めた関数を式で表す。(反比例→$y=\frac{a}{x}$) |
| ④→⑥ | ④で求めた式をグラフ(座標)にする。 |
| ④→⑦ | ④の式の求め方。 |
| ⑤→⑥ | 座標をつかって、$y=ax$のグラフをかく。 |
| ⑤→⑨ | 座標をつかって、$y=\frac{a}{x}$のグラフ(双曲線)をかく。 |
| ⑥→⑦ | ⑥のグラフをもとに、関数の式を求める。 |
| ⑥→⑪ | $y=ax$とグラフなどをもとに、いろんな問題をつくる。 |
| ⑦→⑥ | 関数の式の求め方から、グラフに表す。 |
| ⑧→⑨ | ⑧で求めた式を、グラフにする。 |
| ⑧→⑩ | ⑧の式の求め方 |
| ⑨→⑩ | 座標をつかって、$y=\frac{a}{x}$のグラフをかく。 |
| ⑨→⑪ | $y=\frac{a}{x}$やグラフなどをもとに、いろいろな問題をつくる。 |
| ⑩→⑨ | 関数の求め方から、グラフにする。 |
| ⑩→⑪ | 式の求め方や、格子点をつかった問題をつくってみる。 |

표 2 화살표의 이유 기입용지 (활용 예)

1年 2組 18番 氏名

自己診断
◎…健康
○…やや健康
△…消化不良

# 自己診断票

4章 変化と対応

| 節 | 項目 | 自己診断 | 疑問に思ったこと<br>もっと深く調べてみたいこと |
|---|---|---|---|
| ともなって変わる量 | ①ともなって変わる2つの量 | ○ | もっとたくさんの方法をみつけたかった。 |
| | ②対応表、グラフ | ○ | 直線以外にはないのか? |
| | ③関数、変数、定数 | ○ | $0<x<0$ とかのもんだいもやってみたい |
| 比例 | ④正比例 $y=ax$ | ○ | 表やグラフから式の形にしてみたい。 |
| 比例のグラフ | ⑤座標 | ○ | $y=ax$のときaが分数だと、どうやればいいか? |
| | ⑥比例($y=ax$)のグラフ | ○ | 直線のほかに、まがったものはないのか? |
| | ⑦関数の式(比例)を求める | ○ | グラフにするのをかんぺきにするにはどうおぼえたらいいか? |
| 反比例とそのグラフ | ⑧反比例 | ○ | $y=\frac{a}{x}$ をグラフだとどうしたらいいか? |
| | ⑨反比例($y=\frac{x}{a}$)のグラフ | ○ | aが−だったらどうなるのか? |
| | ⑩関数の式(反比例)を求める | ○ | 代入のしかたはふつうにする ほかにないのか? |
| | ⑪いろいろな関数 | ○ | どれでも正比例や反比例の式とおぼえて代入するとかんたんだと思った |

표 3 자기진단표 (활용 예)

다른 학생들의 생각을 듣는 태도가 좋아지고, 자신의 생각과 비교해보면서, 과제를 해결할 수 있게 되었다.

자기진단표에는 다음과 같은 의문점이나 감상이 적혀 있었다.

- 일상생활의 여러 가지 사실이 숨겨져 있다는 것을 알 수 있었다.
- ○○이 변하면 △△가 변한다는 사실을 여러 가지 일에 적용해 보고 싶다.
- 몰랐던 것을 어느 정도 알 수 있게 되었다.
- 대응표를 만들어 식으로 나타내면, 예를 들어 $y = 5x - 4$의 $-4$가 어떻게 나오는지 모르겠다.
- 더욱 많은 방법을 발견해보고 싶었다.
- $y = ax$의 $a$가 분수일 때는 어떻게 하면 될까?

또, 자기진단표에 기재되어 있던 의문점이나 과제로 실시한 과제탐구형 학습에서는 다음과 같은 발표가 있었다.

(ㄱ) 발표내용

- 톱니바퀴의 톱니 개수와 회전수의 관계
- $y = 2x + 1$에서의 1의 의미
- 좌표의 역사와 발견
- 주변에 있는 함수 관계

(ㄴ) 조사학습을 하고 난 감상 (자신이 발표해 보고)

- 함수가 주변에 많이 있다는 것을 알게 되어서 좋았다.
- 자신들이 조사한 것을 잘 알 수 있어서 좋았다.
- 질문을 받았을 때, '좀 더 조사했어야 하는데'라고 생각하였다.
- 발표까지 하는 것이 매우 힘들었지만 좋았다고 생각한다.

② B군의 학습상황

소규모 학습군 중에서는 인원수가 가장 많은 37명의 학급이다. 용어의 의미나 수업내용이 다소 이해하기 힘든 면도 있었던 것 같으나, 흥미를 가지고 학습하고 있었다. 그 중에서도 함수는 몇 종류가 있을까 하는 의문을 가지고 학습하고 있는 학생이 있었다. 학습구조차트를 활용하면서 열심히 몰두하고 있었다.

③ C군의 학습상황

20명으로 구성된 작은 학급이다. 학습 프린트물을 준비하고, 용어의 의미나 예제의 풀이 방법, 연습문제에 의한 기능의 숙달 등에 힘을 쏟아 세심하게 지도하였다. 소규모로 하는 학습이므로 학생들은 교사에게 직접 질문하고, 개별지도를 받는 경우가 많았다. 또, 학습구조차트를 이용하여 지금 어느 내용을 학습하고 있는가를 의식하면서 학습하고 있었다.

④ D군의 학습상황

학생수 약 40명의 일제 수업이기 때문에 앞 단원의 학습과 같은 분위기 속에서 수업이 진행되었다. 교사는 학습내용의 이해를 향상시키기 위해 연습문제 등에 의한 기능면에 힘을 쏟아 지도에 임했다. 함수 영역은 학생들이 이해하기 어렵다는 것을 알 수 있었다. 함수 개념을 파악하지 못한 학생들은 비례나 반비례의 관계와 함수를 연결짓지 못했고, 잘 못한다는 의식을 가진 학생도 적지 않았다. 일제지도만으로는 이해하기 힘든 부분도 있었던 것 같다.

### (2) 각 학습군에 대한 각종 조사결과

① 정의적 학력의 비교

두 종류의 정의테스트 Ⅰ, Ⅱ를 실시하였다. 정의테스트 Ⅰ은 수학에 대한 관심·의욕 등을 조사하는 테스트이다. 정의테스트 Ⅱ는 '호의도', '용이도', '중요도', '의욕도', '자신감'을 조사하는 테스트이다. 정의테스트 Ⅰ은 단원의 시작, 중간, 끝 3회 실시했다. 정의테스트 Ⅱ는 단원의 학습항목이 종료된 시점과 그 후의 과제탐구학습이 끝난 시점에 2회 실시했다. 이 테스트들의 분석결과를 기술한다.

A군, B군은 C군, D군에 비해서 수학에 대한 관심·의욕 등이 높았다. A군, B군에서는 호의도와 용이도를, C군에서는 호의도와 자신감을 향상시킬 수 있었다. D군은 거의 변화가 없었다.

단원 말미에 표 4에 나타나 있는 창의성 테스트 M을 실시하였다. 득점은 A군, B군, D군, C군의 순으로 높았다.

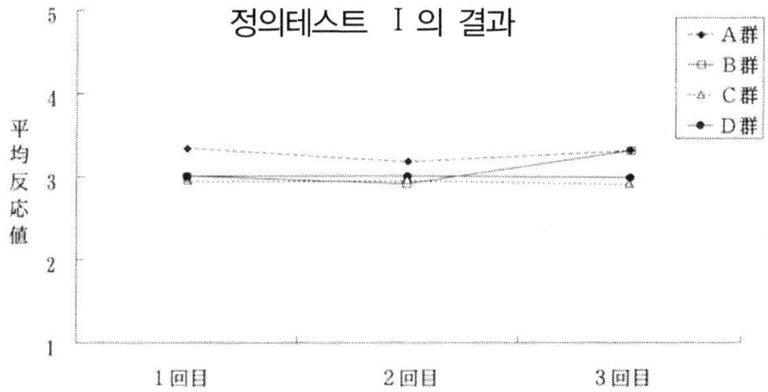


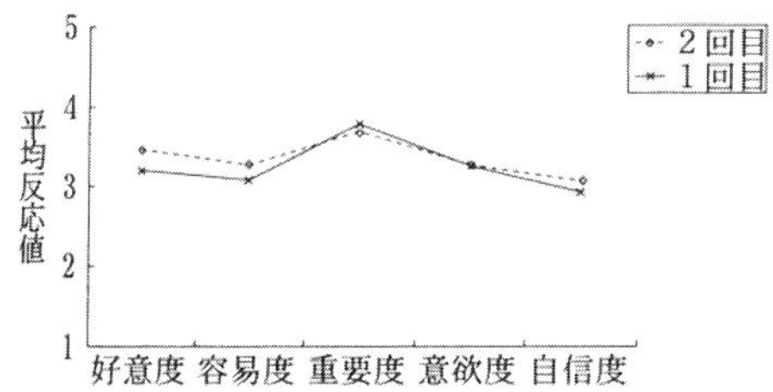


A군의 정의테스트 Ⅱ의 결과

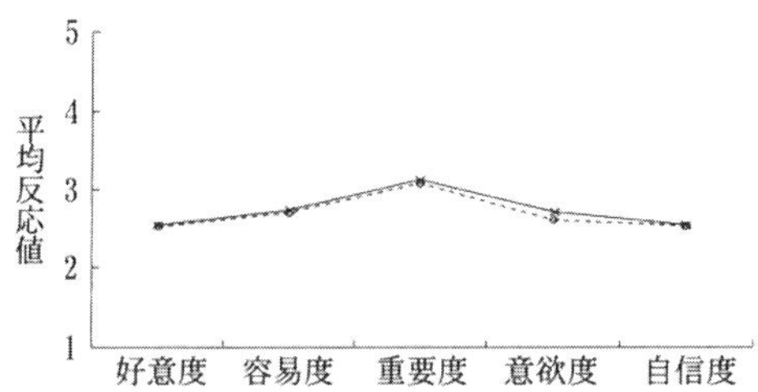


D군의 정의테스트 Ⅱ의 결과

② 인지적 학력의 비교

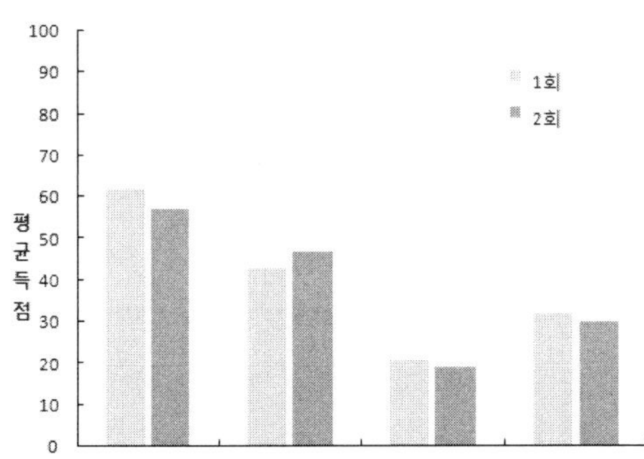

No. 1

학년　반　번　이름

문제 1. 철수는 가족과 드라이브를 하기 위해 나섰다. 드라이브를 하는 도중에 10m 간격으로 가로등이 규칙적으로 늘어서 있는 길을 지나갔다. 가로등 사이에는 은행나무가 세 그루씩 심어져 있었다. 차를 타고 그 길을 계속 지나가면 가로등과 은행나무의 수가 어떻게 변하는지 가능한 한 많이 찾아보시오. 또 그 그래프의 대략적인 모양은 어떻게 되는지 알아보시오.

| 생각한 순서 | 따라 변하는 두 양 | | 그래프의 개략적인 꼴 |
|---|---|---|---|
| 1 | | | |
| | | | |

No. 2

학년　반　번　이름

문제 2. 어떤 두 개의 따라 변하는 양 $x$, $y$를 조사했을 때, $x=2$일 때 $y=3$, $x=-2$일 때 $y=-3$이었다.

(1) 이 점들을 지나는 그래프가 어떤 그래프일지 생각해보고 가능한 한 많이 적어보시오.

| 생각한 순서 | 생각한 그래프 | 생각한 순서 | 생각한 그래프 |
|---|---|---|---|
| | | | |
| | | | |

**표 4 창의성 테스트**

# 학습에 대한 설문

(번호에 ○표 하시오.)

| | 전혀 그렇지 않다 | 거의 그렇지 않다 | 조금 그렇다 | 꽤 그렇다 | 매우 그렇다 |
|---|---|---|---|---|---|
| 1 가능성이 있는 모든 방법을 생각한다. | 1 | 2 | 3 | 4 | 5 |
| 2 얼핏 보아 관계가 있을 것 같은 것에서 관계를 발견한다. | 1 | 2 | 3 | 4 | 5 |
| 3 '혹시 그렇지 않으면 어떻게 되지?'라고 생각한다. | 1 | 2 | 3 | 4 | 5 |
| 4 많은 경험이나 체험을 시도한다. | 1 | 2 | 3 | 4 | 5 |
| 5 다른 사물과 비교하여 생각한다. | 1 | 2 | 3 | 4 | 5 |
| 6 전체의 연결을 생각한다. | 1 | 2 | 3 | 4 | 5 |
| 7 결과에 이르는 과정을 생각한다. | 1 | 2 | 3 | 4 | 5 |
| 8 어째서 그렇게 되는지 이유를 생각한다. | 1 | 2 | 3 | 4 | 5 |
| 9 결과나 과정을 예상한다. | 1 | 2 | 3 | 4 | 5 |
| 10 사물을 관련지어 생각한다. | 1 | 2 | 3 | 4 | 5 |
| 11 해결하기까지 몇 번이나 생각한다. | 1 | 2 | 3 | 4 | 5 |
| 12 학습한 것을 다른 장면에 적용한다. | 1 | 2 | 3 | 4 | 5 |
| 13 여러 가지 것에 의문이나 호기심을 가진다. | 1 | 2 | 3 | 4 | 5 |
| 14 의문이나 과제를 추구한다. | 1 | 2 | 3 | 4 | 5 |
| 15 결정된 방법에 반론한다. | 1 | 2 | 3 | 4 | 5 |
| 16 새로운 방법을 생각한다. | 1 | 2 | 3 | 4 | 5 |
| 17 번뜩이는 생각을 중시한다. | 1 | 2 | 3 | 4 | 5 |
| 18 생각한 것에 자신감을 가진다. | 1 | 2 | 3 | 4 | 5 |
| 19 발견에 감동한다. | 1 | 2 | 3 | 4 | 5 |
| 20 시간을 잊고 생각한다. | 1 | 2 | 3 | 4 | 5 |
| 21 다른 것에 정신을 빼앗기지 않는다. | 1 | 2 | 3 | 4 | 5 |
| 22 실패해도 포기하지 않는다. | 1 | 2 | 3 | 4 | 5 |
| 23 의문이나 과제를 계속 생각한다. | 1 | 2 | 3 | 4 | 5 |
| 24 어떤 방법이 가장 적합한가를 생각한다. | 1 | 2 | 3 | 4 | 5 |
| 25 공통성이나 차이를 생각한다. | 1 | 2 | 3 | 4 | 5 |
| 26 세심하게 관찰한다. | 1 | 2 | 3 | 4 | 5 |
| 27 정확성을 확인한다. | 1 | 2 | 3 | 4 | 5 |

**표 5 창의성 태도 테스트**

③ 창의성 태도 테스트 비교

표 5에 나타나 있는 창의성 태도 테스트 S를 실시하였다. A군은 다른 세 개의 학습군보다도 평균 반응값이 높았다.

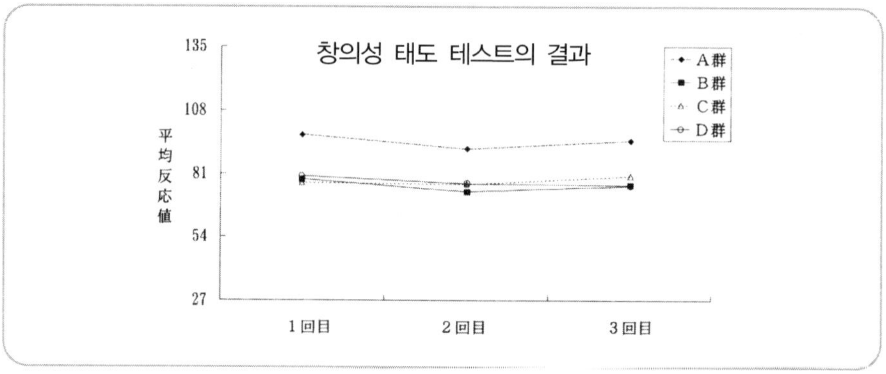


④ 창의성 테스트의 결과 고찰

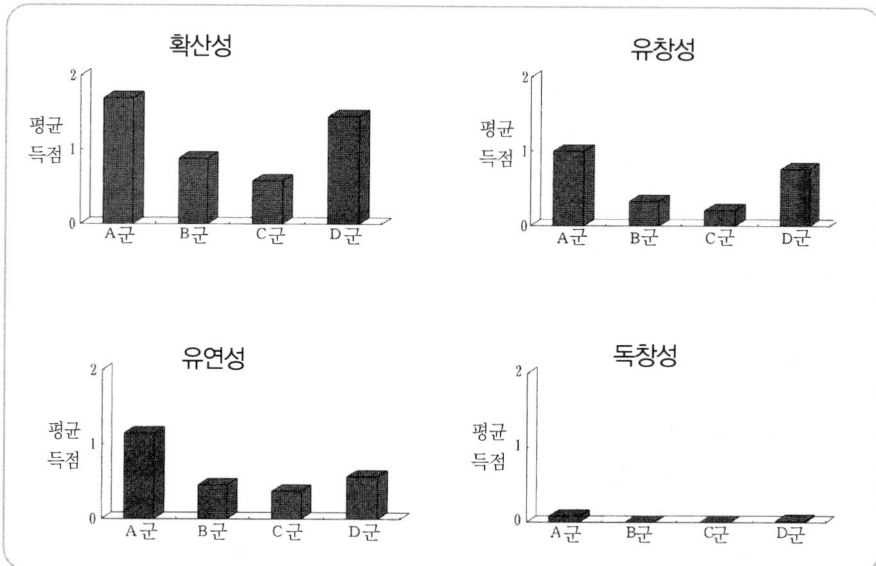


A군은 다른 세 개의 학습군보다도 확산성, 유창성, 유연성의 득점이 높았다. 독창성의 득점은 차이가 없고, 모든 학습군에 있어서 득점이 낮았다.

## 4. 결론

다음과 같은 것을 알 수 있었다.

- 창조형 학습을 실시한 A군은 다른 세 개의 학습군보다도 수학에 대한 관심·의욕, 인지적 학력, 창의성 태도의 득점이 높다. 따라서 그 지도법은 효과적이다.
- 등산학습법을 실시한 소규모 학습군은 일제학습을 실시한 학급에 비하여 수학에 대한 관심·의욕, 인지적 학력, 창의성 태도의 평균점이 높다. 따라서 그 지도법은 효과적이다.

(시라카와 에이지)

# 과제탐구형 등산학습법

## [1학년 '공간도형'에서의 사례]

### 1. 서론

수학은 기초·기본의 습득이 중요한 교과라고 한다. 도형 분야에 있어서의 기초는 어떤 것일까? 여러 가지 용어, 성질의 암기만으로는 안 된다. 각각의 지식을 구조직으로 파악하고 있지 않으면 앞으로의 사고로 나아갈 수 없다. 결국 문제를 풀기 위한 알고리즘이라고 하는 것은 존재하지 않는다.

도형 분야, 그 중에서도 공간도형은 일상생활의 주변에 있는 것이므로 이차원적인 노트에 그대로 옮겨 그릴 수가 없는, 체험을 통해서 감각으로 익혀 나갈 수밖에 없는 것들을 많이 포함하고 있다. '왜'라는 생각을 중요시하고, 의문을 깊이 구명하는 것이야말로 이 단원을 이해하고 습득하기 위하여 꼭 필요한 것이다. 따라서 공간도형의 학습에서 학습내용을 체계적·구조적으로 이해하게 함과 동시에, 스스로 과제를 발견하고 스스로 문제를 해결해가는 힘을 익히게 하는 과제탐구형 등산학습법을 실시하기로 했다.

### 2. 실시방법

#### (1) 준비

이 학습을 시작하기에 앞서 ① 학습구조차트, ② 화살표의 이유 기입용지, ③ 자기진단 카드의 세 종류의 용지를 준비해 둔다. 이 준비가 이 단원 수업의 요점이 된다.

##### ① 학습구조차트

여기에서는 학습요소를 다음 12개로 한정해서 추출했다.

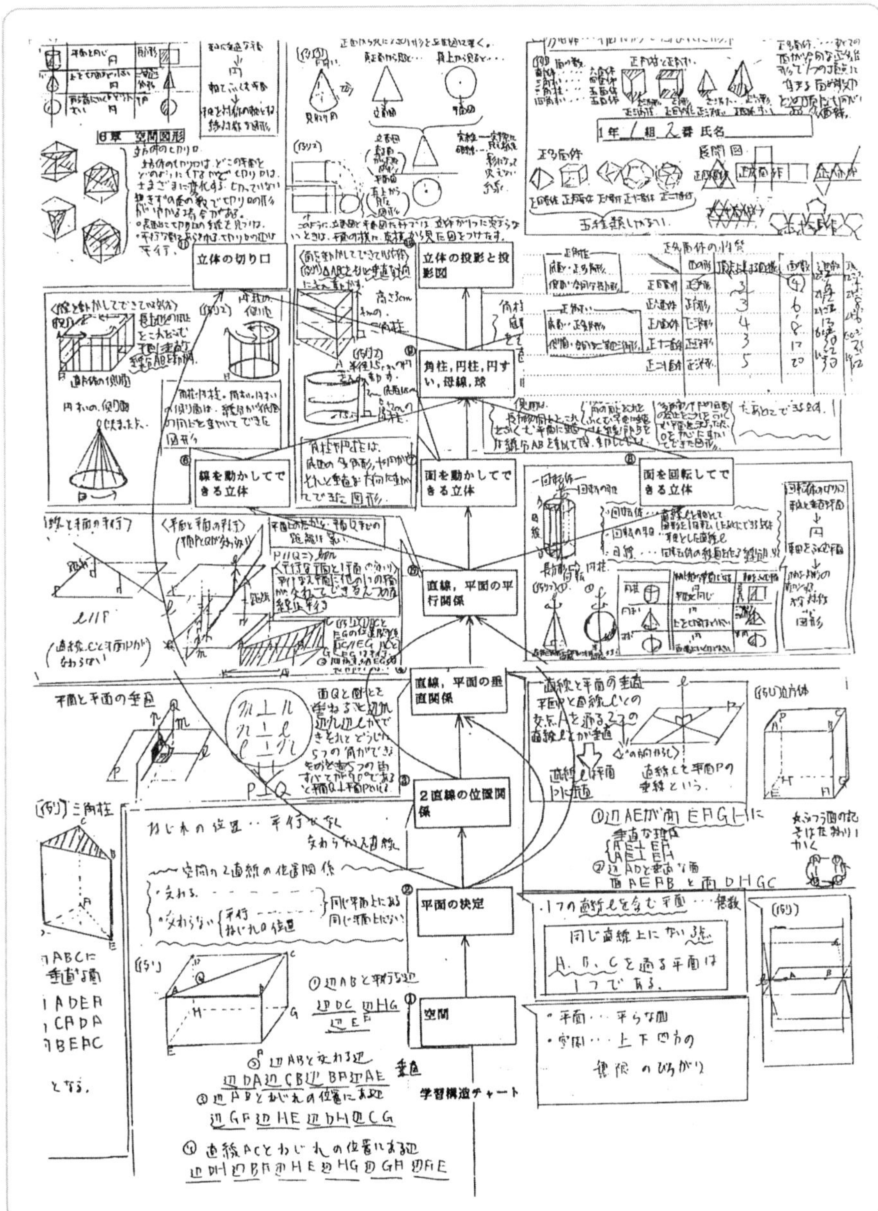

그림 1 학생들에게 배부한 학습구조차트

(ㄱ) 공간
(ㄴ) 평면의 결정
(ㄷ) 두 직선의 위치관계
(ㄹ) 직선, 평면의 수직관계
(ㅁ) 직선, 평면의 평행관계
(ㅂ) 선을 움직여 만들 수 있는 입체
(ㅅ) 면을 움직여 만들 수 있는 입체
(ㅇ) 면을 회전시켜 만들 수 있는 입체
(ㅈ) 각기둥, 원기둥, 원뿔, 모선, 구
(ㅊ) 다면체, 전개도
(ㅋ) 입체의 절단면
(ㅌ) 입체의 투영과 투영도

그리고 그 학습요소들을 학습내용 전체의 체계적 구조를 생각해, 네트워크 형태(학습구조차트)로 그렸다. 그림 1은 학생들에게 배부한 학습구조차트이다.

### ② 화살표의 이유 기입용지

화살표의 이유 기입용지란 학습요소 사이에 그은 화살표의 이유를 생각하여 기입하는 용지이다.

학습구조차트에 있는 화살표는 크게 나누어 다음의 두 가지가 있다.

- 두 가지 학습요소 사이에 상하의 관련이 있는 경우.
- 두 가지 학습요소가 서로 관련되어 있는 경우.

이 화살표들의 이유를 생각하는 것은 학습요소 사이의 관련, 학습내용 전체의 구조적 관계를 이해하는 데 중요하다. 화살표의 이유 기입용지는 이 관계들을 이해시키기 위하여 사용된다.

그림 2는 학생들에게 배부한 화살표의 이유 기입용지이다.

### ③ 자기진단 카드

자기진단 카드란 수업에 대한 이해도를 스스로 평가하고, 의문스럽게 생각했던 것, 더 깊이 조사해 보고 싶은 것을 기록하기 위한 용지이다.

No. 2

6章　空間図形　　　　　　　　　　　　1年＿＿組＿＿番 氏名＿＿＿＿＿＿

＊学習構造チャートの矢線の理由をかきなさい．

| 矢線 | 矢線の理由 |
|---|---|
| ①→② | 空間図形のもとになっているのは、平面だから。 |
| ②→③ | 2本線が交わり、1平面が決定するので。 |
| ②→④ | 平面で垂直関係をつくるので。 |
| ②→⑤ | 平面で平行関係をつくるので。 |
| ②→⑪ | 平面で立体を切るので。 |
| ③→④ | 2直線の位置関係をもとに、平面の垂直関係があるから。 |
| ③→⑤ | 2直線の位置関係をもとに、平面の平行関係があるから。 |
| ④→⑤ | どちらも直線、平面の位置関係を表しているので。 |
| ⑤→⑥ | 角柱や円柱の側面をつくる場合、線分が平行に動くので。 |
| ⑤→⑦ | 底面を垂直の方向へ平行に動かすので。 |
| ⑤→⑧ | 円柱を面を回転させてつくる場合、母線どおしは、平行なので。 |
| ⑥→⑨ | 線をうごかして、角柱、円柱などの側面ができるので。 |
| ⑦→⑨ | 面をうごかして、角柱、円柱などの立体ができるので。 |
| ⑧→⑨ | 面を回転させて、角柱や円柱などの立体ができるので。 |
| ⑨→⑩ | 角柱などを面の数で表したから。 |
| ⑨→⑪ | 角柱などの底面の形ができるので。 |
| ⑨→⑫ | 角柱などを投影図で表したので。 |

그림 2 학생들에게 배부한 화살표의 이유 기입용지

통상의 수업에서 학생들은 이해할 수 없는 사항, 의문스럽게 생각한 것이 나오더라도 수업의 흐름 때문에 그대로 묻어 버리는 경우가 많다. 그 수업에 대한 이해도를 스스로 평가함과 동시에, 의문스럽게 생각했던 것, 더 깊이 조사해 보고 싶은 것을 기록하고, 나중에 되돌아보는 것은 그 학습내용을 이해하여 학습에 대한 정의를 높이는 데 중요하다.

자기진단 카드는 다음의 두 가지 항목을 설정한다.

항목 1 : 학습내용에 대한 이해도를 자기진단하는 항목

항목 2 : 의문스러웠던 것, 더 깊이 조사해 보고 싶은 것을 기입하는 항목

학습내용에 대한 이해도를 자기진단하는 항목에는 학습내용에 대한 이해도를 완전히 이해 ◎, 거의 이해 ○, 이해 못함 △의 3단계로 자기진단하고, 그 기호를 기입한다.

의문스러웠던 것, 더 깊이 조사해보고 싶은 것을 기입하는 항목에는 의문스러웠던 것, 더 깊게 조사해보고 싶은 것, 수업에 대한 감상 등을 간단하게 문장으로 기입한다.

자기진단 카드는 나중에 다시 점검하고, 거기에 적혀 있는 의문을 자신의 과제로 하여 그 과제를 탐구해가기 위하여 사용한다.

의사는 환자를 진단하고, 그 증상을 환자의 카드(진료기록카드)에 작성해 간다. 카드를 보면 그 환자의 증상이 어떤 과정으로 진행되고 있는지를 한 눈에 알 수 있다. 학습상황을 학생들이 자기진단한 것을 기록하고, 나중에 다시 살펴보며 자신의 과제로 탐구해가기 위하여 사용하기 때문에, 자기진단 카드라고 이름 지었다.

그림 3은 학생들에게 나누어준 자기진단 카드이다.

### (2) 단원의 학습

매시간 수업의 마지막 5분을 사용하여 그 시간의 학습상황을 학습구조차트와 자기진단 카드에 기록하게 한다. 학습구조차트에는 그 시간에 배운 것의 정리, 중요사항, 대표적인 예제나 풀이 방법 등을 기입하게 하고, 자기진단 카드에는 그 시간의 이해도를 자기진단하고 의문스럽게 생각했던 것, 더 깊이 조사해 보고 싶은 것을 간결하게 기록하도록 한다. 교사는 매시간 학습구조차트와 자기

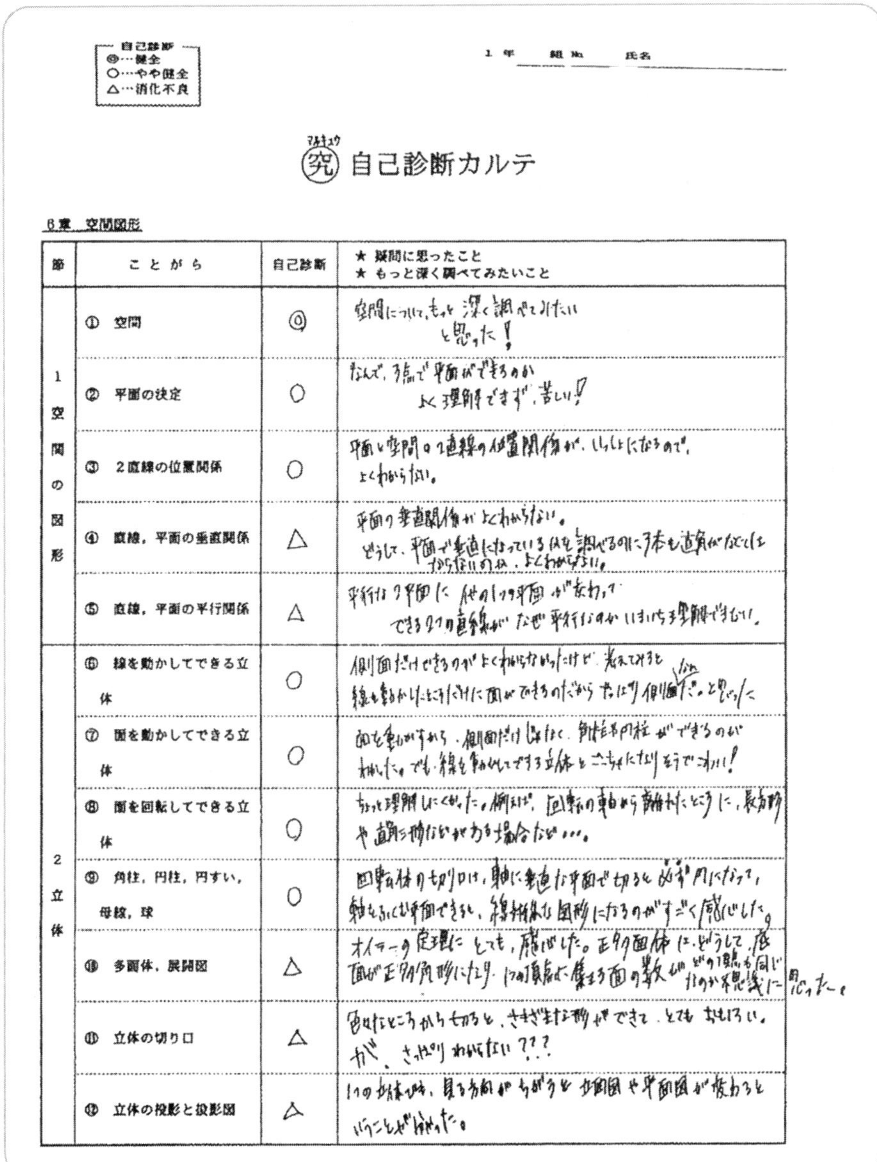

自己診断
◎…健全
○…やや健全
△…消化不良

1 年　組 No.　氏名

# ㊎(マルキュウ) 自己診断カルテ

6章　空間図形

| 節 | ことがら | 自己診断 | ★ 疑問に思ったこと<br>★ もっと深く調べてみたいこと |
|---|---|---|---|
| 1 空間の図形 | ① 空間 | ◎ | 空間について、もっと深く調べてみたいと思った! |
| | ② 平面の決定 | ○ | なんで、3点で平面ができるのか よく理解できず、苦しい!! |
| | ③ 2直線の位置関係 | ○ | 平面と空間の2直線の位置関係が、いっしょになるので、よくわからない。 |
| | ④ 直線，平面の垂直関係 | △ | 平面の垂直関係がよくわからない。どうして、平面で垂直になっているのを調べるのに2本も直角がなくてはならないのか、よくわからない。 |
| | ⑤ 直線，平面の平行関係 | △ | 平行な2平面に他の1つの平面が交わってできる2つの直線がなぜ平行なのかいまいち理解できない。 |
| 2 立体 | ⑥ 線を動かしてできる立体 | ○ | 側面だけできるのがよくわからなかったけど、考えてみると線を動かしたところだけに面ができるのだから たしかに側面だけなんだと思った |
| | ⑦ 面を動かしてできる立体 | ○ | 面を動かすから、側面だけではなく、角柱や円柱ができるのがわかった。でも、線を動かしてできる立体とごっちゃになりそうでこわい! |
| | ⑧ 面を回転してできる立体 | ○ | ちょっと理解しにくかった。例えば、回転の軸から離れたところに、長方形や直角三角形などがある場合など…。 |
| | ⑨ 角柱，円柱，円すい，母線，球 | ○ | 回転体の切り口は、軸に垂直な平面で切ると必ず円になって、軸をふくむ平面で切ると、線対称な図形になるのがすごく感心した。 |
| | ⑩ 多面体，展開図 | △ | オイラーの定理にとても感心した。正多面体に、どうして、底面が正多角形になり、1つの頂点に集まる面の数が、どの頂点も同じなのか不思議に思った。 |
| | ⑪ 立体の切り口 | △ | 色々なところから切ると、さまざまな形ができて、とてもおもしろい。が、さっぱりわからない??? |
| | ⑫ 立体の投影と投影図 | △ | 1つの立体でも、見る方向がちがうと立面図や平面図が変わるということがわかった。 |

그림 3 학생들에게 배부한 자기진단 카드

진단 카드를 모아 점검하고, 학생들의 수업 이해 상황, 어떤 것을 의문으로 남겨 두고 있는지 등을 파악해 둔다.

### (3) 과제탐구학습

단원의 학습이 끝난 후, 2시간은 과제탐구학습을 실시한다. 과제탐구학습은 학생들의 의문이나 과제를 비슷한 것들끼리 묶어 5~10개의 과제탐구 그룹으로 나누어 각각의 그룹마다 과제탐구를 하게 하고, 정리한 것을 발표·토의하는 의사소통활동이다.

첫 번째 시간은 과제탐구 시간으로 하여, 도서관, 인터넷, 친구들과의 토의활동 등으로 조사·정리하는 시간으로 한다. 완전히 정리되는 않은 것은 방과 후 시간을 이용하여 발표할 수 있는 형태로 정리해 두도록 한다. 그룹의 지도는 수학과의 모든 선생님에게 지도를 부탁한다.

두 번째 시간은 발표·토의 시간으로, 그룹별로 약 10분간 발표하게 한다.

## 3. 결과와 고찰

### (1) 과제탐구그룹

학생들로부터 나온 여러 가지 과제를 집약하고, 대표적인 과제로 한정하여 그룹을 나누어 탐구하게 했다. 발표와 조사의 편의성 등을 고려하여 6, 7명의 그룹으로 나누었다.

다음은 그 그룹별 과제를 나타낸다.

가. A조의 과제 및 그 그룹에 속하는 학생들의 인원수

① 정육면체의 절단면을 연구해보고 싶다.(7명)
② 여러 가지 회전체를 찾아보고 싶다.(7명)
③ 세 점으로 평면이 결정되는 이유는 무엇일까?(6명)
④ 꼬인 위치를 더 상세히 조사해보고 싶다.(6명)
⑤ 정육면체의 전개도는 몇 개 있을까?(6명)
⑥ 교차할 때의 각도는 어떻게 재면 좋을까?(6명)

나. B조의 과제 및 그 그룹에 속하는 학생들의 인원수

① 정육면체의 절단면을 연구해보고 싶다.(6명)

② 여러 가지 회전체를 찾아보고 싶다.(7명)

③ 세 점으로 평면이 결정되는 이유는 무엇일까?(7명)

④ 꼬인 위치를 더 상세히 조사해보고 싶다.(7명)

⑤ 오일러 정리를 자세하게 관찰해보고 싶다.(6명)

⑥ 교차할 때의 각도는 어떻게 재면 좋을까?(6명)

다. C조의 과제 및 그 그룹에 속한 학생들의 인원수

① 정육면체의 절단면을 연구해보고 싶다.(6명)

② 여러 가지 회전체를 찾아보고 싶다.(7명)

③ 세 점으로 평면이 결정되는 이유는 무엇일까?(5명)

④ 꼬인 위치를 더 상세히 조사해보고 싶다.(7명)

⑤ 정다면체가 5개밖에 없는 이유는 무엇일까?(6명)

⑥ 교차할 때의 각도는 어떻게 재면 좋을까?(7명)

라. D조의 과제 및 그 그룹에 속한 학생들의 인원수

① 정육면체의 절단면을 연구해보고 싶다.(5명)

② 여러 가지 회전체를 찾아보고 싶다.(7명)

③ 세 점으로 평면이 결정되는 이유는 무엇일까?(9명)

④ 꼬인 위치를 더 상세히 조사해보고 싶다.(8명)

⑤ 정다면체가 5개밖에 없는 이유는 무엇일까?(5명)

⑥ 교차할 때의 각도는 어떻게 재면 좋을까?(6명)

### (2) 발표·토의

한 그룹에 주어진 시간이 10분으로 길기 때문에 각 그룹 모두 충분히 발표·토의할 수 있었다. 그 때문에 발표 그룹 이외의 학생들도 발표하고 있는 과제를 자신의 과제로 여기고 발표 그룹과 함께 생각하는 태도를 보여주었다.

#### ① 발표사례 1

"정육면체의 전개도는 몇 개 있는가?"라는 의문을 가진 그룹은 정사각형으로

자른 6장의 용지를 배열한다든지, 정육면체로 조합해 본다든지 하는 과정을 반복하면서 모든 전개도를 찾고, 또 나온 전개도를 연결방법의 특징을 보면서 분류하기까지 하여, 그것들을 도화지 용지에 정리하여 발표했다.

② **발표사례 2**

"세 점으로 평면이 결정되는 이유는 무엇일까?"라는 의문을 가진 그룹은 참고서를 찾아본다든지 교사에게 물어본다든지 하여, 두 점으로 만든 평면은 그 두 점으로 만든 직선 주위를 빙빙 돌지만 또 한 점을 추가함으로써 그 평면이 도는 것을 멈출 수 있다고 생각하여, 모형을 만들어 다른 학생들이 이해하기 쉽도록 발표했다.

③ **발표사례 3**

"교차할 때의 각도는 어떻게 재면 좋을까?"라는 의문을 가진 그룹은 평면도형에서 두 직선이 교차할 때에는 각도를 잴 수 있다고 하는 점에서 출발하여, 공간도형의 교차하는 각도는 어떻게 재는가 하는 의문을 가지고 상세하게 조사했다. 우선, 직선과 직선의 교차를 조사하고, 다음으로 평면과 직선과의 교차, 평면과 평면과의 교차를 생각했다. 수업에서 배운 수직이라는 것으로부터 생각하여 여러 가지 각도를 찾아냈다. 발표에서는 모형을 만들어 재는 방법을 상세하게 설명하였다.

④ **발표사례 4**

"정육면체의 절단면을 연구해보고 싶다."라는 생각을 가진 그룹은 정육면체의 절단면이 삼각형, 사각형, 오각형, 육각형뿐이라는 것으로부터 각각의 경우를 실제로 그림으로 그려서 설명했다. 더욱이 절단면이 어떻게 해서 생기는가에 대해서는 정육면체의 모서리를 3개 지나가도록 자르는 방법, 4개 지나가도록 자르는 방법, 5개 지나가도록 자르는 방법, 6개 지나가도록 자르는 방법과 같이, 자르는 모서리의 수나 장소로 경우를 나누어 설명하였다.

### (3) 결과 및 고찰

카드에 기입된 의문스럽게 생각했던 것, 더 깊이 조사해보고 싶은 것의 내용을 의문의 질이 높은지, 즉 수학적으로 어느 정도 깊이가 있고 발전적인 내용을 포함하고 있는지의 관점에서 다음의 4단계로 구분했다.

단계 Ⅰ 알겠다, 모르겠다 등 단순한 감상을 적고 있다.
단계 Ⅱ 학습항목+단계 Ⅰ
단계 Ⅲ 학습항목의 상세한 내용+단계 Ⅰ
단계 Ⅳ 새로운 발상, 사고를 적고 있다.

각 단계의 대표적인 표현으로는 다음과 같은 것이 있다.

단계 Ⅰ 없다, 알겠다, 어렵다, 더 상세하게 해보고 싶다.
단계 Ⅱ 평행을 더욱 잘 알고 싶다.
단계 Ⅲ 선을 움직여서 생긴 물체는 단면만 만든다는 것을 알 수 있었다.
단계 Ⅳ 세로로만 이동했기 때문에, 이번에는 가로나 비스듬한 방향으로도 이동시켜보고 싶다.

그 결과, 각 단계가 나온 비율은 그래프 1과 같다.

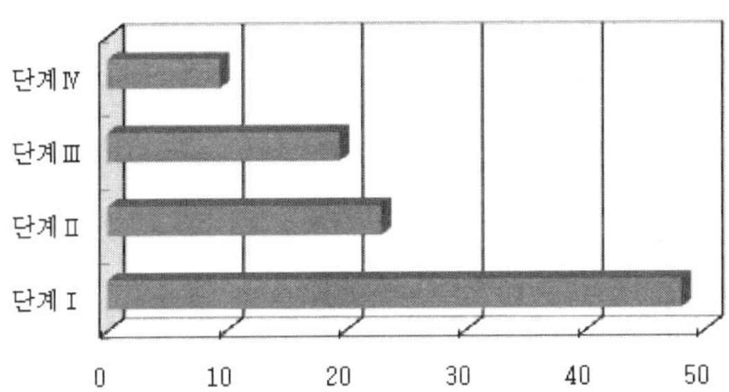


**그래프 1 카드 내용의 분석**

1학년 정도에서 단계 Ⅳ까지 생각해서 기입한 학생이 약 10% 있다는 점은 대단한 일이다. 학습구조차트를 활용하고, 단원 전체의 학습내용을 구조적으로 파악·이해하고 있기 때문이라고 생각된다.

[3학년 '도형의 닮음'에서의 사례]

## 1. 서론

도형의 합동·닮음은 수학의 논증을 진행시키는 데 기본이 되는 내용이다. 그리고 또 논증은 일본의 중학생들이 가장 싫어하는 분야이기도 하다. 계산은 잘 하지만 논증은 싫어한다. 무엇을 써야 할지 모르겠다는 학생이 매우 많다. 사물에 대해 깊이 생각하지 않게 되었다. 그러나 사물을 주의 깊게 바라보고, 사고하기 위해서는 합동과 닮음이라고 하는 관점이 매우 중요하다. 특히 닮음은 도형의 다양한 요소 가운데 형태에 주목하는 중요한 안목을 길러준다.

지식뿐만 아니라 안목을 기른다고 하는 점에서, 학생에게 있어 도형의 닮음에 대한 학습은 장애가 많은 내용이 된다. 여기에 도움을 주는 것이 과제탐구형 등산학습법이다.

과제탐구형 등산학습법은 학생들의 솔직한 의문을 살려 수동적인 학습으로부터 능동적·적극적인 학습으로 전환하는 학습법이다. 그 결과로 학습내용은 물론 수학적인 견해·사고방식이나 관심·의욕·태도도 익히게 된다.

2002년도부터 실시된 학습지도요령에서 도형의 닮음은 3학년 학습내용이 되었다. 여기에서는 실천사례로 2학년에서 실시한 것을 들고 있지만, 수업의 흐름 그 자체는 그다지 변화가 없다고 생각된다. 따라서 현 시점에서는 제목을 3학년이라고 표시하는 것이 알기 쉽다고 생각되어 제목만 3학년으로 표시했다.

## 2. 실시방법

실시순서는 1학년 공간도형에서 상세히 기술했기 때문에, 여기에서는 학생들에게 나누어 준 학습교재만 기술한다.

### (1) 준비

가. 학습구조차트

여기에서는 학습요소를 다음 9개로 한정하여 추출하였다.

① 도형의 확대와 축소　② 닮음

③ 닮은 도형, 닮음비　④ 삼각형의 닮음조건

⑤ 닮음의 증명

⑥ 닮음의 활용

⑦ 평행선과 선분의 비

⑧ 중점연결정리

⑨ 삼각형의 중심, 중선

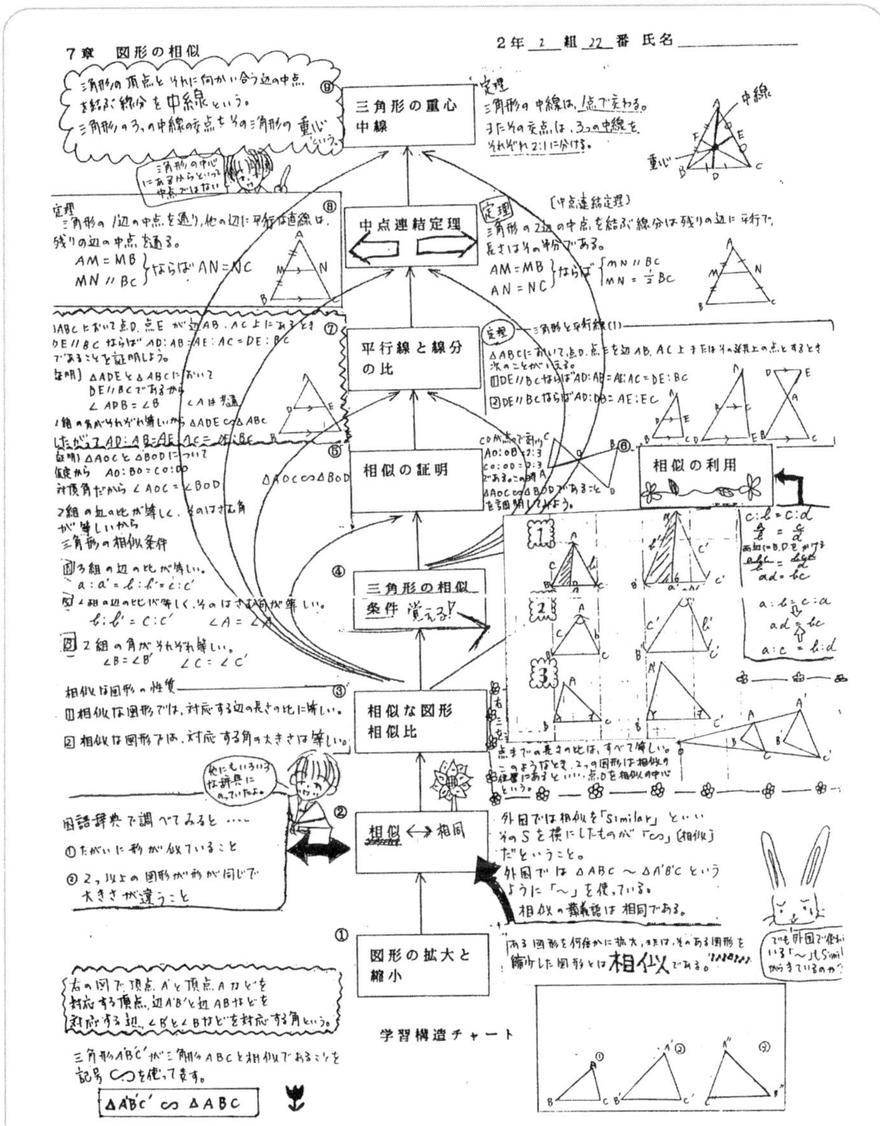


그림 4 학생들에게 배부한 학습구조차트

No. 2

7章　図形の相似　　　　　　　　　　　2年____組____番 氏名____________

＊学習構造チャートの矢線の理由をかきなさい。

| 矢線 | 矢線の理由 |
|---|---|
| ①→② | 拡大または縮小して書いた図形は、点Oから対応する点までの長さの比が等しく、2つの図形は相似の位置にあるから。 |
| ②→③ | 相似かどうかを言明するには対応する辺の長さの比が等しくなければならないから |
| ③→④ | 相似な図形が三角形ならばそれを言うための条件が必要だから |
| ③→⑤ | 2つの図形を相似だという証明が必要だから |
| ③→⑥ | 相似な図形で相似比がわかったらそれを使って距離をもとめたりしてそれを利用して問題を解けるから |
| ③→⑦ | いくつかの平行線に、2直線が交わるとき、対応する線分の比は等しい。 |
| ③→⑧ | 中点連結定理では三角形の底辺と平行な線の比が1:2となるので相似比と関係があるから。 |
| ③→⑨ | 三角形の3つの中線は1点で交わる。また、その交点は、3つの中線を、それぞれ2:1に分けるから。 |
| ④→⑤ | 三角形の相似条件を使って相似の証明ができる。 |
| ④→⑥ | 相似比を利用して、直接測ることが困難な長さや距離を求め2つの図形を相似だというために相似条件を使う |
| ④→⑦ | 対応する線分の比が等しいことを言うために相似条件が使えるから。 |
| ④→⑧ | 中点連結定理で証明をする時も三角形の相似条件を使う |
| ④→⑨ | 三角形の頂点を中心として中線を引いて底辺と平行な線を引いてできる三角形の相似をもとめる時、その条件が役に立つから。 |
| ⑤→⑦ | 比が等しいことを確かめるため。 |
| ⑦→⑧ | 平行線と線分の比と中点連結定理はよく似ている。 |
| ⑧→⑨ | 三角形の3つの中線が1点で交わるとその交点は3つの中線を2:1に分けるのが中点連結定理とよく似ている。 |

그림 5 학생들에게 배부한 화살표의 이유 기입용지

自己診断
◎…健全
○…やや健全
△…消化不良

2 年 ＿＿ 組 No. ＿＿ 氏名 ＿＿＿＿

# 究（マルキュウ）自己診断カルテ

7章　図形の相似

| 節 | ことがら | 自己診断 | ★ 疑問に思ったこと<br>★ もっと深く調べてみたいこと |
|---|---|---|---|
| 1 相似な図形 | ① 図形の拡大と縮小 | ○ | 三角形だけではなく五角形などはできるのか。 |
| | ② 相似 | ○ | 相似のかんじはなぜこのようにかくのか。 |
| | ③ 相似な図形・相似比 | ◎ | 形や長さの比がいっしょだと相似な形になるのなら、ほかのものもそうなのか。 |
| | ④ 三角形の相似条件 | ○ | 2つの角が等しいだけでなぜ相似条件がいえるのか分からない。 |
| | ⑤ 相似の証明 | △ | 相似の証明のしかたがまだよくわからない。 |
| | ⑥ 相似の利用 | ○ | 相似の利用を使って長さや距離のだしかたが分からない。 |
| 2 平行線と線分の比 | ⑦ 平行線と線分の比 | ○ | どの図形にも平行な線があるが他にも平行線がつくれるのか。 |
| | ⑧ 中点連結定理 | ○ | 定理がまだよく分からない。 |
| | ⑨ 三角形の重心・中線 | | |

그림 6 학생들에게 배부한 자기진단 카드

## 3. 결과와 고찰

### (1) 과제탐구그룹

학생들로부터 나온 여러 가지 과제를 집약하고, 대표적인 과제에 한해 그룹으로 나누어 탐구하게 했다. 발표나 조사의 용이성 등을 고려하여 6, 7명을 한 그룹으로 나누었다.

다음은 그룹별 과제를 나타낸다.

가. A조의 과제 및 그 그룹에 속한 학생들의 인원수

① 탈레스에 대해 좀 더 알고 싶다.(6명)
② 칠현인에 대해 조사해보고 싶다.(5명)
③ 사각형의 닮음조건은 무엇일까?(5명)
④ 닮음이라는 용어에 대해 조사하고 싶다.(5명)
⑤ 소수로 나타난 길이의 비를 모르겠다.(3명)
⑥ 실제 사물을 재어보고 싶다.(5명)
⑦ 닮음은 어디에 사용되는가?(5명)

나. B조의 과제 및 그 그룹에 속한 학생들의 인원수

① 닮음 기호의 유래(4명)
② 두 각만으로 달라지는 것은 왜일까?(5명)
③ 대응하는 변을 찾는 방법(3명)
④ 왜 2배가 됐는가?(4명)
⑤ 사각형의 닮음조건(5명)
⑥ 닮음은 어디에 사용될까?(4명)
⑦ 여러 가지 다각형의 중점연결정리는 무엇일까?(5명)
⑧ 중점연결정리를 더 자세히 알고 싶다.(5명)

다. C조의 과제 및 그 그룹에 속한 학생들의 인원수

① 닮음은 어디에 사용될까?(5명)
② 두 각만으로 달라지는 것은 왜일까?(5명)

③ 여러 가지 도형의 중심을 찾아보고 싶다.(6명)
④ 닮음 기호의 유래(5명)
⑤ 중점연결정리를 더욱 자세히 알고 싶다.(5명)
⑥ 삼각형을 직선으로 이등분하는 방법(2명)
⑦ 실제 도형을 재어보고 싶다.(5명)

라. D조의 과제 및 그 그룹에 속한 학생들의 인원수
① 닮음은 어디에 사용될까?(5명)
② 두 각만으로 달라지는 것은 왜일까?(8명)
③ 사각형의 닮음조건(3명)
④ 여러 가지 다각형의 중점연결정리(4명)
⑤ 왜 2배가 됐는가?(8명)
⑥ 그림자가 벽에 비치는 문제를 좀 더 풀어보고 싶다.(2명)
⑦ 또 다른 닮음의 성질은 없을까?(5명)

(2) 발표·토의

한 그룹에 주어진 시간이 5분으로 길기 때문에, 각 그룹 모두 충분하게 발표·토의 시간을 가졌다. 따라서 발표그룹 이외의 학생들도 그 발표과제를 자신의 과제처럼 여기며 발표그룹과 함께 생각하는 태도를 보였다.

**① 발표사례 1**

"사각형의 닮음조건은 무엇일까?"라는 의문을 가진 그룹은 삼각형의 닮음조건을 발전시켜 '세 개의 각이 각각 같다.'라는 조건을 발견했다. 또 사각형의 합동조건을 먼저 생각하여 '4개의 변과 1개의 대각선'이라고 하는 합동조건을 발견하고, 그것으로부터 '4개의 변과 한 개의 대각선의 비'라고 하는 닮음조건을 발견하기도 했다. 하나를 발견하기 위해 다양한 접근법을 시도하고, 삼각형에서 사각형으로의 발전, 합동에서 닮음으로의 발전이라는 생각이 가능하게 되었다. 발표방법에도 정리를 거듭한 흔적이 보이며, 종이에 쓴다든지 모형을 만들어 움직여 본다든지 하여, 듣고 있는 학생들을 이해시키려고 의욕적으로 노력했다.

② 발표사례 2

"실제로 사물을 재보고 싶다."라는 의문을 가진 그룹은 점심시간에 운동장으로 나가 학교 건물의 그림자의 길이와 길이가 1m인 막대기의 그림자의 길이를 잰 뒤, 닮음비를 사용하여 학교 건물의 높이를 계산해냈다. 계측한 때가 한낮이고 계절이 가을이라는 조건이 겹쳐져서, 거의 태양의 높이가 45도가 되어 그림자의 길이와 실물의 길이가 똑같아진다는 새로운 발견도 있었다.

③ 발표사례 3

"여러 가지 도형의 중심을 찾아보고 싶다."고 하는 의문을 가진 그룹은 삼각형의 중심을 참고로, 사각형의 중심은 마주보는 두 쌍의 변의 각각의 중점을 연결한 두 선분의 교점이 된다는 것을 발견했다. 그리고 다른 방법으로 사각형을 대각선에 의해 두 개의 삼각형으로 나누어, 각각의 삼각형의 중심을 연결한 선분의 중점이라는 것도 생각하였다. 결국, 따로따로 생각해낸 중심이 같은 점이라는 것까지 알게 되었다.

④ 발표사례 4

"삼각형을 직선으로 이등분하는 방법"이라는 의문을 가진 그룹은 중선에 의해 삼각형의 넓이가 이등분된다는 것에서 발전하여, 새로운 선을 생각할 수 있었다. 또, 중선 위에 있는 중심에 주목하여 중심을 지나는 직선이 삼각형을 이등분하는 것은 아닐까하고 생각했다. 매우 설득력이 있는 이야기였고, 듣고 있는 학생들도 모두 납득하는 것 같았다. 그러나 학생들에게 조금 어려울 수도 있지만 교사는 이것이 잘못되었다는 설명을 덧붙였다.

### (3) 결과 및 고찰

카드에 기입된 의문스럽게 생각했던 것, 더 깊이 조사해보고 싶은 것의 내용을 의문의 질이 높은가 낮은가, 즉 수학적으로 얼마나 깊이 있고 발전적인 내용을 포함하고 있는가라는 관점에서 다음의 4단계로 구분하였다.

단계 Ⅰ　알겠다, 모르겠다 등 단순한 감상을 쓰고 있다.
단계 Ⅱ　학습항목+단계 Ⅰ
단계 Ⅲ　학습항목의 상세한 내용+단계 Ⅰ

단계 Ⅳ　새로운 발상, 생각을 쓰고 있다.

각 단계의 대표적인 표현으로는 다음과 같은 것이 있다.

단계 Ⅰ　없다, 알겠다, 어렵다, 증명을 모르겠다.
단계 Ⅱ　확대와 축소의 관계를 더 상세하게 알고 싶다.
단계 Ⅲ　닮음을 이용하여 길이나 거리를 계산하는 방법을 모르겠다.
단계 Ⅳ　교과서 문제뿐만 아니라 이것을 이용하여 실제로 나무의 높이나 건물의 높이를 측정해 보고 싶다.

그 결과, 각 단계의 출현 비율은 그래프 1과 같다.

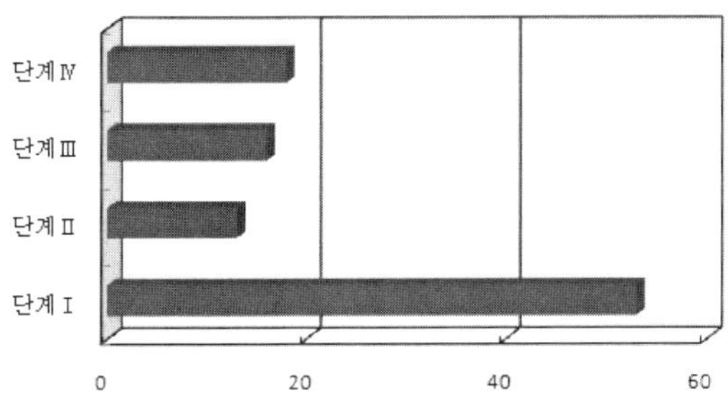


**그래프 1 카드 내용의 분석**

2학년 정도에서, 단계 Ⅳ까지를 생각해서 기입하고 있는 학생들이 약 18%나 되고, 게다가 단계 Ⅱ보다도 단계 Ⅲ, 그것보다도 단계 Ⅳ의 인원수가 많다고 하는 것은 대단한 일이다. 학습구조차트에서 단원 전체의 학습내용을 구조적으로 파악·이해하고, 또한 매시간의 수업 중에 생각한 의문을 적어두는 습관이 붙어 더 깊이 사고하는 학생들의 수가 증가했기 때문이라고 생각한다.

## 4. 마치면서

학습구조차트를 활용함으로써 단원 전체를 한 눈에 파악할 수 있고, 단원 전체의 학습내용을 구조적으로 파악·이해할 수 있게 되었다. 그와 함께 학습에 대한 의욕 등도 높아졌다.

또한 의문스럽게 생각했던 것, 조사해보고 싶은 것 등을 생각날 때마다 적어두는 습관이 생겼다. 게다가 의문을 탐구하면서 수학에 대한 흥미·관심을 한층 더 높일 수가 있었다.

논증이라고 하는 분야나 수학적인 견해·사고방식이 중요한 분야의 학습에 있어서 과제탐구형 등산학습법은 학습내용의 이해를 심화시키고 흥미·관심을 높여주므로 매우 효과적인 학습법이라고 말할 수 있다.

(이토세 요시토)

# 구조적 문제 만들기 학습법

## 1. 서론

요즈음 학생들을 둘러싼 상황을 살펴보면, 입시경쟁 과열화, 따돌림이나 등교 거부 문제, 학교 외의 사회체험이나 자연체험의 부족 등, 풍부한 인간성을 길러야 할 시기의 교육에 많은 과제를 낳고 있다.

이것들에 지속적으로 대응할 만한 새로운 시대의 교육 모습으로 중앙교육심의회 제1차 답신을 보면, '여유롭게 살아가는 힘'의 육성을 기본으로 하여, 교육내용의 엄선과 기초·기본의 철저를 도모하는 것, 개개인의 개성을 살리기 위한 교육을 추진하는 것 등을 제안하고 있다.

산수·수학과의 현상으로는 교육과정심의회 '중간 정리'에서 다음을 지적하고 있다.

- 기초적인 지식이나 기능 등은 비교적 익히고 있지만, 수학적인 사고방법을 살려 스스로 궁리하여 문제를 해결하거나 판단하거나 하는 것은 충분하지 않다.
- 다른 교과에 비해 계통성이 높은 교과이므로 학년이 올라감에 따라 비교적 잘하는 학생과 못하는 학생으로 나누어지며, 못하는 학생이 점차 증가하는 경향이 있다.
- 학생들이 시간적으로 여유를 가지고 학습하는 것이 불가능하기 때문에 내용을 완전히 이해하지 못하고 있다.
- 수동적인 학습이 되기 쉬우므로 외우는 것은 잘 하지만 스스로 조사·판단하고, 자신만의 생각을 가지고 끈기 있게 계속 생각한다든지, 생각한 것을 설명하거나 표현한다든지 하는 능력을 기르지 못했다.

그래서 중앙교육심의회 및 교육과정심의회 답신인 교육과정 기준 개선의 기본방침에 따라 수학과도 개선의 기본방침이 제시되어, '기초적·기본적인 지식·기능의 습득' 및 '다면적으로 사물을 보는 힘이나 논리적으로 생각하는 힘 등

창의성의 기초를 기른다.'고 기술되어 있다.

즉, 스스로 과제를 발견하고, 스스로 사고하고, 스스로 학습하며, 문제를 잘 해결하는 힘의 육성이 요구된다. 그리고 여러 가지 정보를 학생들 스스로 수집·선택하고, 정리·조직화하며, 새로운 정보를 창조해 가는 새로운 학습형태의 구축이 기대된다.

나는 6년간 중학교에 재직하고 있지만 수학에 대한 관심·의욕을 향상시킨다든지, 자신감을 갖게 하려면 어떻게 하면 좋을까, 생각하는 힘을 길러 과제해결 능력을 향상시키기 위해서는 어떻게 하면 좋을까 등 많은 고민을 가지고 있다. 또 지금까지의 수업은 학생들이 교사의 설명을 듣고 그 시간에 배운 것을 이해하는 형태였다. 그 때문에 그 날 배운 내용이나 전날 배운 내용으로 테스트를 실시하면 정답률이 높아 일단 이해하고 있다고 판단했다. 그러나 시간이 지나서 단원 전체의 내용을 묻는 문제나 종합시험을 실시하면 정답률도 떨어지고 학생들이 배운 내용을 완전히 이해하고 있다고 말하기 어려운 경우가 많았다.

뭔가 좋은 학습 형태는 없을까 하고 생각하고 있을 무렵, 나루토 교육대학에 교원연수유학생으로 입학하게 되었다. 거기에서 나루토 교육대학의 사이토 교수가 개발한 등산학습법을 알게 되었다. 등산학습법은 '학습내용을 체계적·구조적으로 이해시킴과 동시에, 스스로 과제를 발견하고 스스로 과제를 해결하는 힘을 기르게 하는 학습법'이었다.

이 등산학습법은 다음과 같은 효과를 들 수 있다.

- 지금까지 학습한 내용, 즉 수업이나 교과서 등에서 수집한 지식이나 정보를 기능적으로 연결한다.
- 문제해결에 필요한 지식을 고구마 덩굴식으로 끄집어낼 수 있게 된다.
- 개개의 학습내용을 이해할 뿐만 아니라, 학습내용 전체의 구조가 보이게 되어 수학에 대한 관심과 의욕, 그리고 문제해결력을 향상시킨다.

실제로 나 자신도 수업에 등산학습법을 도입함으로써 조금씩이긴 하지만 전에 고민하고 있었던 문제가 해결되는 것처럼 생각되어, 유효한 학습법이라고 실감하고 있다.

뒷부분에서는 등산학습법 중에서 구조적 문제 만들기 학습법에 초점을 맞춘 실천 예를 기술한다.

## 2. 실시방법

구조적 문제 만들기 학습법의 실시순서는 다음과 같다. 단, 화살표의 이유 기입용지, 자기진단표도 활용했다.

### (1) 교사는 단원의 학습 초기에 학생들에게 학습구조차트(2매), 화살표의 이유 기입용지, 자기진단표를 나누어 준다.

#### ① 학습구조차트에 대하여

학습구조차트란 각 단원의 학습내용을 분석하고, 중요하다고 생각되는 학습요소를 10~15개 추출하여 개개의 학습요소의 상호 관계에 주목하여, 학습내용 전체의 체계적 구조를 네트워크 모양으로 그린 것이다.

#### ② 화살표의 이유 기입용지에 대하여

화살표의 이유 기입용지는 학습요소 사이에 그어진 화살표의 이유를 생각하여 기입하기 위한 용지이다. 화살표의 이유를 생각한다는 것은 학습요소 사이의 관련을 이해함과 동시에, 학습내용 전체의 구조적 관련을 이해한다는 점에서 매우 중요하다.

#### ③ 자기진단표에 대하여

자기진단표란 학생들에게 수업에 대한 이해도를 평가하고, 의문으로 생각했던 것, 더 깊이 조사해보고 싶은 것 등을 적는 용지이다. 새로운 과제를 발견하게 하는 데에 매우 중요하다.

### (2) 학생들은 학습구조차트의 여백에 수업에서 배운 지식이나 정보를 정리하여 기입한다. 그것과 동시에 화살표의 이유 기입용지, 자기진단표에 수업 중에 생긴 의문으로 생각했던 것이나 더 깊이 조사해보고 싶은 것을 기입한다.

#### ① 학습구조차트의 작성에 대하여

학습구조차트의 여백에 학습요소에 대한 용어의 설명, 공식, 예제 등을 수시로 기입하게 한다. 스스로 기입하게 함으로써 기초적·기본적인 학습내용을 확실하게 정착시킴과 동시에, 학습내용 전체를 통찰할 수 있게 한다.

② 화살표의 이유 기입용지의 사용에 대하여

화살표의 이유를 쓸 수 없는 학생들에게는 방과 후 개별지도를 실시한다.

③ 자기진단표의 사용에 대하여

자기진단표는 단순한 감상이 아니라 더 깊게 추구해보고 싶은 사항을 적도록 한다.

(3) 학생들은 나머지 한 장의 학습구조차트에 교과서의 예제 등을 참고로 해서, 스스로 생각한 문제와 해답을 적는다.

### 3. 실시결과

(1) 학습구조차트에 대하여

학생들은 교과서나 노트를 보면서 몇 번이고 다시 작성하여 학습내용을 정리한 것 같다.

그림 1의 사진은 학생이 학습구조차트의 여백에 중요한 어구나 공식을 적어 넣고 있는 모습이다.

그림 2는 실제로 학생이 학습구조차트에 중요한 어구, 공식, 예제 등을 적어 넣은 것이다.

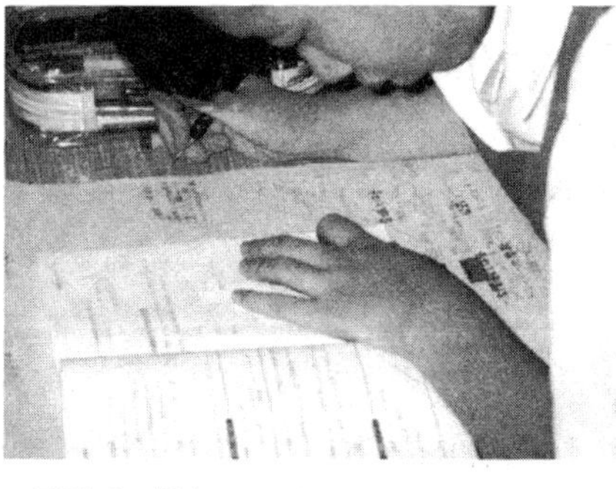

**그림 1 학습구조차트를 작성하는 모습**

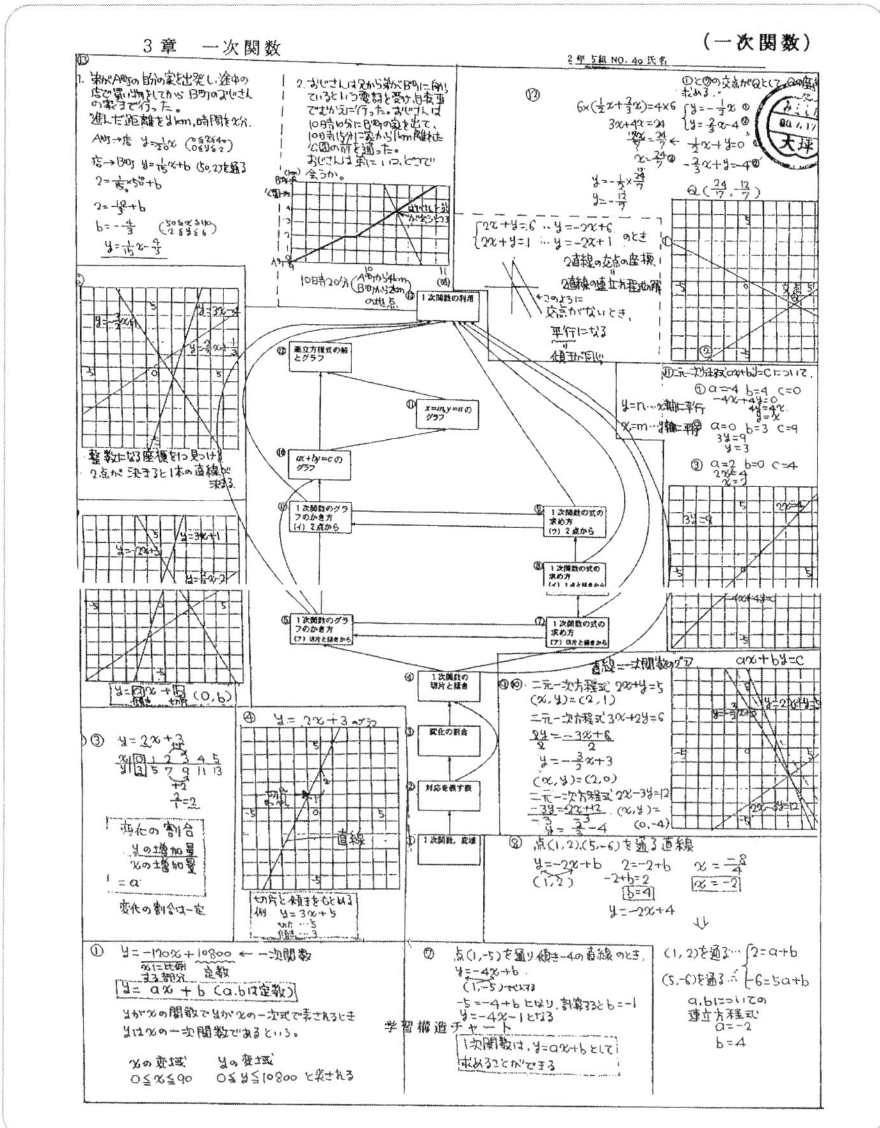


그림 2 학생들이 중요한 어구나 공식, 예제를 적은 학습구조차트

학습구조차트는 단원 종료 시점에서 다시 한번 수정 검토하는 것이 가능하기 때문에 복습에 편리하다. 또 단원의 종료 시점에서 가능한 한 학습구조차트를 보지 않고 개개의 학습요소의 의미나 다른 학습요소와의 관계, 전체의 구조적 관련을 작은 그룹별로 발표하고, 그 발표내용에 대해 토의하는 것으로 한층 더 학습내용을 심화시킬 수 있다.

## (2) 화살표의 이유 기입용지에 대하여

그림 3은 실제로 학생이 화살표의 이유 기입용지에 적어 넣은 것이다. 학생 각자가 자기 나름대로 이유를 생각하여 파악·이해한 것 같다.

3章　一次関数

2年　組　番　氏名

※学習構造チャートの矢線の理由を書きなさい。

| 矢線 | 矢線の理由 |
|---|---|
| ①→② | 1次関数は対応を表す表でも表せるから |
| ②→③ | xの増加量に対するyの増加量を変化の割合というから. |
| ②→④ | 表からaxが傾きでbが切片ということがわかるから. |
| ③→④ | 変化の割合が1次関数の傾きだから. |
| ④→⑤ | 1次関数のグラフの1つの書き方でa(傾き)とb(切片)がいるから。 |
| ④→⑦ | 切片と傾きが分かれば1次関数の式を求めることが出来るから |
| ④→⑬ | 1次関数の切片や,傾きが分かれば,1次関数の利用は答が出せるから |
| ⑤→⑥ | 1次関数のグラフのもう一つの書き方だから. |
| ⑤→⑦ | 1次関数のグラフが書ければ,切片と傾きから式を求めることができるから |
| ⑤→⑩ | 切片と傾きからのグラフをかくには2元1次方程式をyについて解けばいいから |
| ⑤→⑬ | 文章の中でa(傾き),b(切片)を探してグラフをかけば答えを出すことができるから. |
| ⑥→⑨ | 2点からのグラフを見てyについての式が2つでき連立方程式を使って解を出せるから |
| ⑥→⑩ | 2点からのグラフがかければ1次関数の利用では答えが出せるから. |
| ⑥→⑬ | 文章中から2点を見つけて書けば答が出せるから. |
| ⑦→⑤ | 切片と傾きから式が求められれば,切片と傾きからそのグラフが書けるから |
| ⑦→⑧ | 1次関数の式の求め方はもう一つの方法だから |
| ⑦→⑬ | 文章中からa(傾き),b(切片)にあたる部分を探せば式がわかるから |
| ⑧→⑨ | 1点と傾きから求めることができるなら2点からでもできるから |
| ⑧→⑬ | 傾きと1点にあたる部分を文章中から見つけ,切片と傾きを求めれば答えが出せるから. |
| ⑨→⑥ | 2点からの1次関数の式が分かれば2点からグラフがかけるから. |
| ⑨→⑬ | 2点にあたる部分を見つけて文章中から傾きと切片を求めれば答が出せるから. |
| ⑩→⑪ | 2元1次方程式のグラフでx=0,y=0のときx=m,y=nのグラフになるから. |
| ⑩→⑫ | どちらとも式をyについて解けば答が出せるから。 |
| ⑪→⑫ | 式をyについて解けば答えが出せるから. |
| ⑫→⑬ | 2元1次方程式を文章の中から2つ探し連立方程式にして解けば答えが出せるから. |

**그림 3 화살표의 이유 기입용지**

### (3) 자기진단표에 대하여

교과서의 내용에 대하여 더 깊게 알고 싶은 사항을 기대했지만, 수업에 대한 감상이 많았다.

그림 4는 실제로 학생이 수업에 대한 이해도를 평가하고, 의문으로 생각했던 것 등을 자기진단표에 적어 넣은 것이다.

또, 자기진단표는 학생들에 대한 평가가 상대평가로부터 절대평가로 바뀌는 과정에서, 학생들의 내면적인 평가를 할 때 사용할 수 있는 편리한 수단이기도 하다.

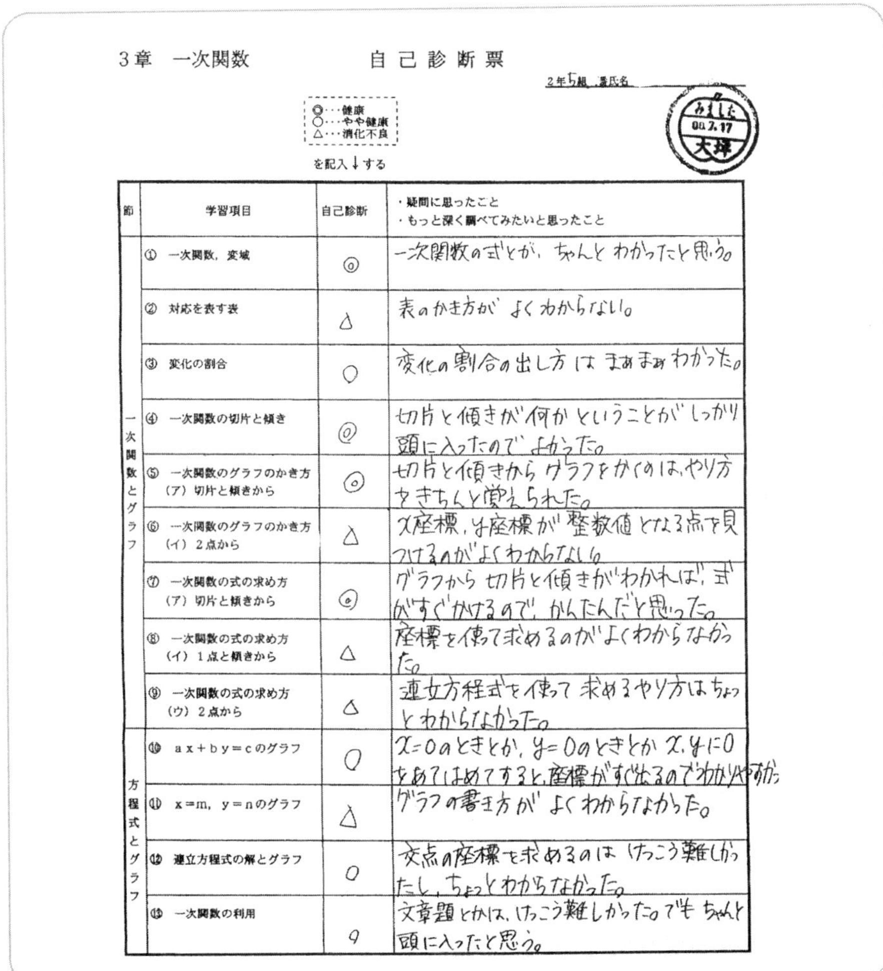

3章　一次関数　　自己診断票

2年5組　番氏名

◎…健康
○…やや健康
△…消化不良
を記入↓する

| 節 | 学習項目 | 自己診断 | ・疑問に思ったこと<br>・もっと深く調べてみたいと思ったこと |
|---|---|---|---|
| 一次関数とグラフ | ① 一次関数，変域 | ◎ | 一次関数の式とが、ちゃんとわかったと思う。 |
| | ② 対応を表す表 | △ | 表のかき方がよくわからない。 |
| | ③ 変化の割合 | ○ | 変化の割合の出し方はまあまあわかった。 |
| | ④ 一次関数の切片と傾き | ◎ | 切片と傾きが何かということがしっかり頭に入ったのでよかった。 |
| | ⑤ 一次関数のグラフのかき方（ア）切片と傾きから | ◎ | 切片と傾きからグラフをかくのは、やり方をきちんと覚えられた。 |
| | ⑥ 一次関数のグラフのかき方（イ）２点から | △ | x座標，y座標が整数値となる点を見つけるのがよくわからない。 |
| | ⑦ 一次関数の式の求め方（ア）切片と傾きから | ◎ | グラフから切片と傾きがわかれば、式がすぐかけるので、かんたんだと思った。 |
| | ⑧ 一次関数の式の求め方（イ）１点と傾きから | △ | 座標を使って求めるのがよくわからなかった。 |
| | ⑨ 一次関数の式の求め方（ウ）２点から | △ | 連立方程式を使って求めるやり方はちょっとわからなかった。 |
| 方程式とグラフ | ⑩ ax＋by＝cのグラフ | ○ | x=0のときとか、y=0のときとかx,yに0をあてはめてすると、座標がすぐ出るのでわかりやすかった |
| | ⑪ x＝m，y＝nのグラフ | △ | グラフの書き方がよくわからなかった。 |
| | ⑫ 連立方程式の解とグラフ | ○ | 交点の座標を求めるのはけっこう難しかったし、ちょっとわからなかった。 |
| | ⑬ 一次関数の利用 | ○ | 文章題とかは、けっこう難しかった。でもちゃんと頭に入ったと思う。 |

**그림 4 자기진단표**

### (4) 구조적 문제 만들기에 대하여

그림 5는 학생들이 학습구조차트의 여백에 쓴 문제 만들기이다. 그림으로도 알 수 있듯이, 아주 성의 있게 쓴 학생이 많았다. 문제 만들기 학습은 서툰 학생도 있었지만 문제해결에 자신감을 가진다든지, 학습내용을 정리할 때 효과적이라고 느낀 학생들이 많았다.

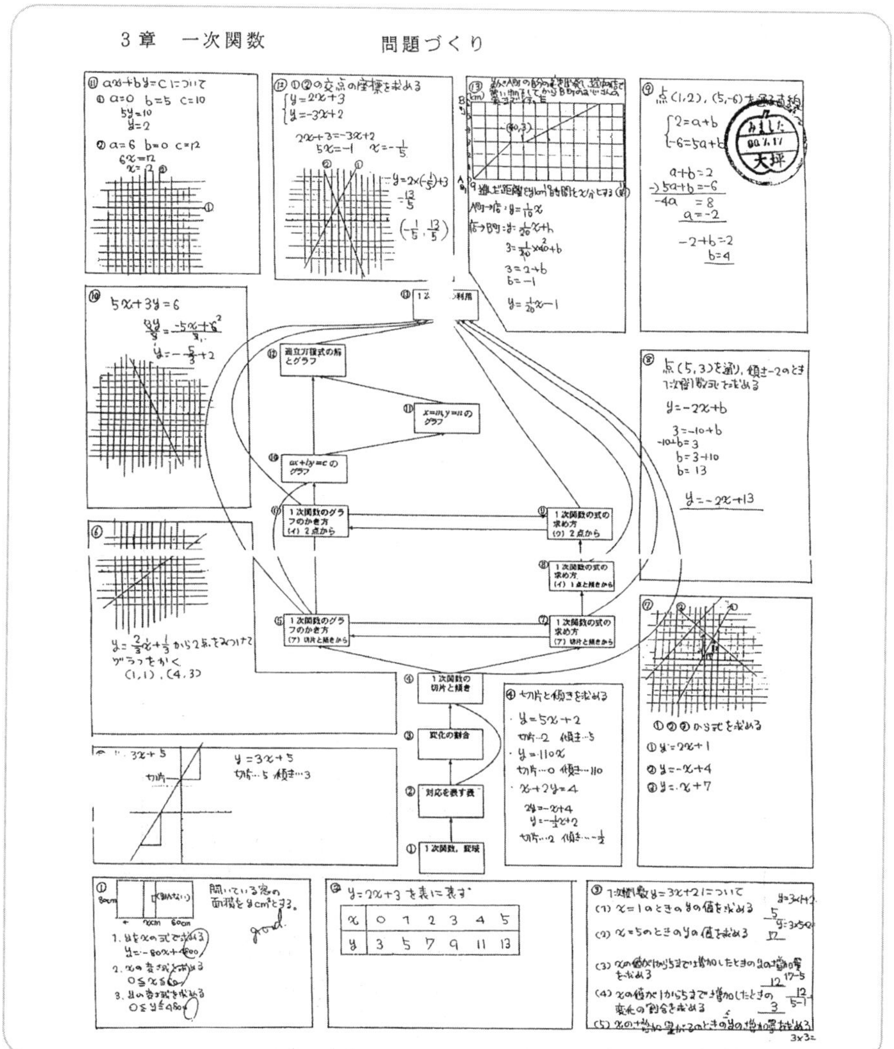


**그림 5　학습구조차트에 문제 만들기를 기입한 예**

## 4. 지도상의 유의점

다음과 같은 점에 주의하면서 활용하고 있다.

① 학습구조차트는 파일에 모아 두게 하고, 수업 중에는 반드시 가지고 오도록 지시한다. 1년간의 수업 종료 후 복습에 활용할 수 있다.
② 구조적 관계가 학습순서와 다른 경우에 주의한다. 특히 교과서에 나와 있는 순서가 구조적 관계와 같다고 생각하는 학생들이 있으므로 유의할 필요가 있다.
③ 수업 초기에 도화지에 확대한 학습구조차트를 학생들에게 보여주고, 학습요소번호를 학습순서 번호로 설명해 두면, 학생들은 다음에 학습할 내용을 미리 알 수 있다.
④ 여백에 공식이나 예제 등을 기입하는 것은 그 수업의 마지막 정리 단계에서 쓰게 하는 것이 좋지만, 여의치 않으면 과제로 한다.
⑤ 도중에 1~2회 제출하게 하여 학생들의 학습상태를 체크할 수 있다. 또 제출 시에 기입 방법이나 정리 방법에 대해 조언을 한다.
⑥ 복습의 요소가 많지만, 학력이 높은 학생들에 대해서는 여백에 기입하는 것을 예습으로 하게 할 수도 있으며, 더 의욕적으로 활동하게 할 수 있다.
⑦ 학력이 낮은 학생들에 대해서는 수업 도중, 또는 제출 후 개별적으로 불러 지도한다.
⑧ 그해 초의 수업 때, 학생들에게 이 학습구조차트의 사용법, 이 학습법의 의의를 설명하면 학생들은 의욕을 가지고 몰두할 수 있다.

## 5. 고찰

등산학습법에 관한 설문 결과에서는 학생의 75%가 도움이 되는 학습법이라고 답하고 있다. 그 이유로는 '학습내용 전체를 한 눈에 알 수 있고 복습에 편리하다.' 또는 '직접 쓰기 때문에 공식이나 용어를 잘 이해할 수 있고, 의문점도 나중에 확인할 수 있다.'는 의견이 많았다. 그리고 '스스로 생각하기 때문에 보통의 수업보다 머릿속에 잘 들어왔다.'는 감상도 있었다.

또, 수학을 잘 하는 학생들은 더 열심히 몰두하고, 잘 못하는 학생들은 예제를 바탕으로 정성껏 확인하면서 푸는 방법을 알아간다든지 하는 모습을 보여주어 반응이 좋았다. 특히, 정기고사 때가 되면 솔선해서 문제 만들기에 몰두하는 학생이 많이 보였다.

새로운 지도법을 도입함에 따라 학생들이 여러 가지 사고를 할 수 있었다. 또한 학생들의 흥미·관심, 집중력도 좋은 방향으로 바뀔 수 있었던 것 같다.

## 6. 마치면서

처음 학습구조차트를 이용한 학습법을 도입했을 때, 학생들의 반응은 그다지 좋지 않았다. 왜냐하면 이미 교사 주도형에 익숙한 학생들에게는 처음부터 자신이 무엇을 조사하고, 뭔가를 적어야 했는데, 정작 무엇이 중요한 것인지 판단할 수 없었기 때문이다. 그때 지금까지의 내 지도법이 얼마나 학생들에게 있어 이해하기 힘든 것이었는지 통감했다.

그러나 등산학습법을 이해한 후 학생들은 수학을 잘하고 못하고에 관계없이 스스로 솔선하여 활동하게 되었다. 수학을 잘 못하는 학생들은 학습구조차트에 내용을 적어 넣는 것 자체가 큰 고통이었지만, 방과 후 일대일로 지도하는 가운데 해소할 수 있었다. 학습을 진행하는 동안에 공부하는 포인트를 알게된 듯, 단원 후반이 되면서는 매끄럽게 적게 되었다.

등산학습법은 수학을 잘하고 못하고에 관계없이 어떤 학생에게도 적용할 수 있었으며, 매우 효율적이었다.

(오츠보 후토시)

# 등산학습법을 이용한 신문 만들기

## 1. 서론

나는 지금까지 학생들이 교과서의 연습문제나 그것과 유사한 문제는 풀 수 있지만, 푸는 방법에 대한 설명이나 풀기 위한 절차를 설명하지 못하거나 학습한 단원의 내용을 서술하지 못하는 경우를 종종 보았다. 그것은 개개의 학습항목의 내용을 이해하는 것에는 열심이지만, 학습내용의 계통성이나 개념구조는 파악하지 못하기 때문이라고 생각했다. 학생들에게 단원 전체의 학습내용의 계통성이나 개념구조를 잘 이해시키기 위해서 어떻게 하면 좋을까, 좋은 방법은 없을까 하고 생각하다가 등산학습법을 알게 되었다. '아, 바로 이거야!'라고 생각했던 순간, 지금까지 나의 눈앞에 자욱하던 안개가 한 순간에 사라져 버리는 것 같았다. 등산학습법은 4개의 학습 유형이 있다. 초기의 등산학습법, 구조적 문제 만들기 학습법, 이야기 만들기 학습법, 과제탐구형 등산학습법이 그것이다. 이 4개의 학습법을 통합해서, 학생들에게 「수학신문」을 작성하게 하고 그 내용을 발표·토론하게 함으로써 단원 전체의 계통성이나 개념구조를 이해시킬 수 있지 않을까라고 생각했다. 여기에서는 그런 생각에 기초한 중학교 2학년 일차함수 단원에서의 실천 예를 소개하고자 한다.

## 2. 단원 전체의 계통성·개념구조를 파악·이해하기 위한 노력

단원 전체는 복수의 학습항목으로 구성되어 있기 때문에, 학습항목 사이의 의미부여·관계짓기나 개개의 학습항목이 단원 전체에서 어떤 위치를 차지하고 있는가를 파악하게 하여 단원 전체의 계통성이나 개념구조를 이해하게 한다. 이를 위해 학습구조차트의 여백에 각 학습항목에 대한 정리, 공식, 문제 만들기를 기입하게 한다. 수업 중에는 학습구조차트에 있는 화살표의 이유를 생각하게 하여 학습항목 간의 의미부여·관계짓기를 확실히 파악하게 한다. 그리고 이 학습구조차트를 기초로 하여 「수학신문」을 작성하게 한다. 수학신문은 단원 전체의 학습내용의 줄거리, 정기고사 예상문제, 조사해보고 싶은 것, 이렇게 세 가지 항목으로 구성된다. 단원 전체의 줄거리를 말할 수 있기 위해서는 개개의 학습항목의 이해와 함께 학습항목 전체 및 학습항목 사이의 관계를 이해할 필요가 있다. 정기고사 예상문제를 만드는 데에는 단원 전체의 구조와 각 학습항목의 전형적인 예제를 알아둘 필요가 있다. 조사해보고 싶은 것을 기입하려면, 항상 학습내용을 의식하고 생각할 필요가 있다. 또한 신문 내용을 발표·토론하는 단계를 설정한다. 이 단계에서는 소규모 학습의 형태로 하여 단원 전체 학습내용의 줄거리를 신문을 보지 않고 말할 수 있도록 한다. 신문을 보지 않고 말할 수 없는 경우에는 학습항목은 공백으로, 화살표만 그어져 있는 학습구조차트를 보면서 '하위 학습항목으로부터 상위 학습항목으로'라는 순서에 맞추어 학습항목을 생각하게 한다. 또는 완성한 학습구조차트를 사용하여, 개개의 학습항목 사이의 관계나 학습항목이 단원 전체에 어떻게 위치하고 있는가를 생각하게 하는 등 학생이 줄거리를 말할 수 있도록 한다.

이러한 일련의 학습활동은 학생들의 구조적 사고를 활성화하고, 개념구조의 이해를 심화시킨다고 생각할 수 있다.

## 3. 실시방법

(1) **실시학년 등** : 2학년, 35명

(2) **지도단원** : 일차함수

(3) **지도계획** : 지도시간은 다음과 같이 14시간이다. 이 중 3시간은 정리 시간이다.

| 학습순서 | 학습항목 | 지도시수 |
|---|---|---|
| 1 | 일차함수와 변수 | 1 |
| 2 | 대응표 | 1 |
| 3 | 변화의 비율 | 1 |
| 4 | 일차함수의 그래프와 절편, 기울기 | 1 |
| 5 | 일차함수의 그래프 그리기 ① 절편과 기울기가 주어졌을 때 | 1 |
| 6 | 일차함수의 그래프 그리기 ② 지나는 두 점이 주어졌을 때 | 1 |
| 7 | 일차함수의 그래프에서 식 구하기 ① 절편과 기울기를 알 때 | 1 |

| | | |
|---|---|---|
| 8 | 일차함수의 그래프에서 식 구하기 ② 한 점과 기울기를 알 때 | 1 |
| 9 | 일차함수의 그래프에서 식 구하기 ③ 두 점을 알 때 | 1 |
| 10 | $ax+by=c$의 그래프 | 1 |
| 11 | $x=m$, $y=n$의 그래프 | 1 |
| 12 | 연립방정식의 해와 그래프 | 1 |
| 13 | 일차함수의 활용 | 1 |
| 14 | 수학신문 만들기 (정리) | 1 |

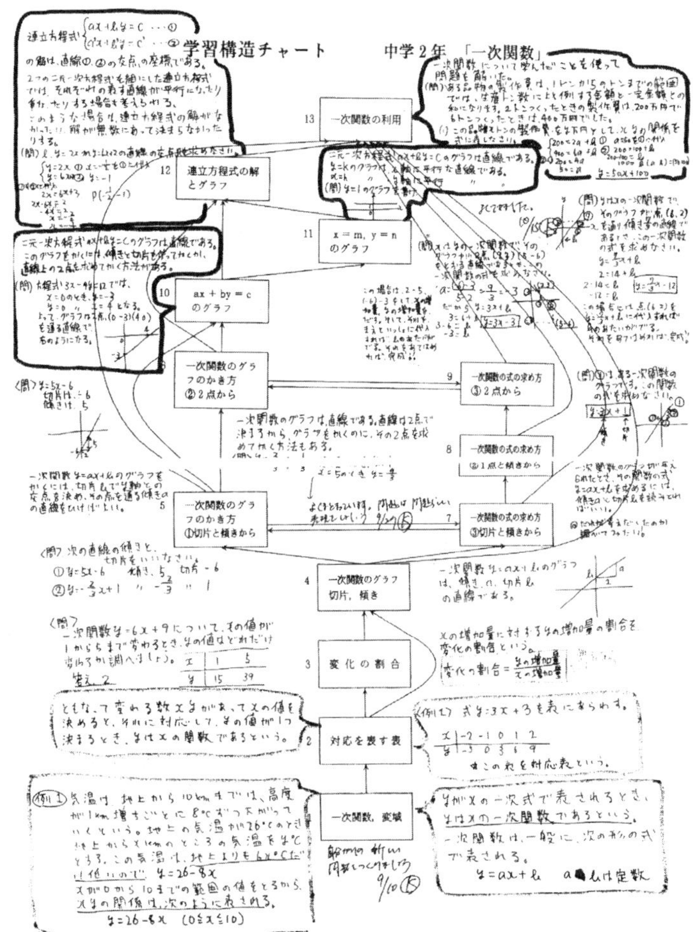


그림 1 각 학습내용의 정리, 문제 만들기를 기입한 학습구조차트

### (4) 실시순서

① 교사는 단원의 학습 초기에 학생들에게 학습구조차트와 수학신문 작성용지를 배포한다.
② 학생들은 학습구조차트의 여백에 학습내용의 정리나 예제를 적는다.

그림 1은 학생들이 학습항목마다 학습내용의 정리, 문제 만들기를 기입한 학습구조차트이다.

③ 교사는 단원의 학습 도중에 1~2회 학생들에게 학습구조차트를 제출하게 하여 체크한 뒤 되돌려준다.
④ 학생들은 단원의 학습이 종료된 시점에 학습구조차트의 내용을 참고하면서 수학신문 만들기를 한다.

수학신문의 왼쪽은 줄거리를 쓰는 부분, 오른쪽은 정기고사 예상문제와 더 깊게 조사해보고 싶은 내용을 적는 부분이다. 수학신문 만들기는 과제로 했다.

그림 2는 학생이 만든 수학신문이다. 매우 상세하게 적혀져 있다.

⑤ 단원의 학습이 종료된 시점의 정리단계(3시간)에서 만든 수학신문의 발표 및 수학신문을 참고하여 단원 전체의 줄거리 발표를 하게 한다.

3시간의 정리 시간 중 1차시에는 만든 수학신문을 발표하게 하고, 2, 3차시에는 줄거리를 발표·토론하게 했다. 수학신문 발표 및 줄거리 발표는 학급을 세 개의 소집단으로 나누어 학생 개개인에게 발표하게 하고, 모두 토론에 참가하게 하였다.

다음은 2차시 줄거리 발표 단계에서의 교사 T와 학생 A의 대화이다. 사전에 도화지에 쓴 학습구조차트를 준비했다.

T : 앞 시간에는 스스로 만든 수학신문의 내용을 발표해 보았습니다. 오늘은 신문을 보지 않고 학습내용 전체의 줄거리를 말해 보는 시간을 갖도록 하겠습니다. 모두 발표하기로 합시다. 먼저 말해 볼 사람 있습니까? A군 어떻습니까?

A : 신문을 보면서는 말할 수 있는데요. … 아무것도 보지 않고는 역시 무리입니다.

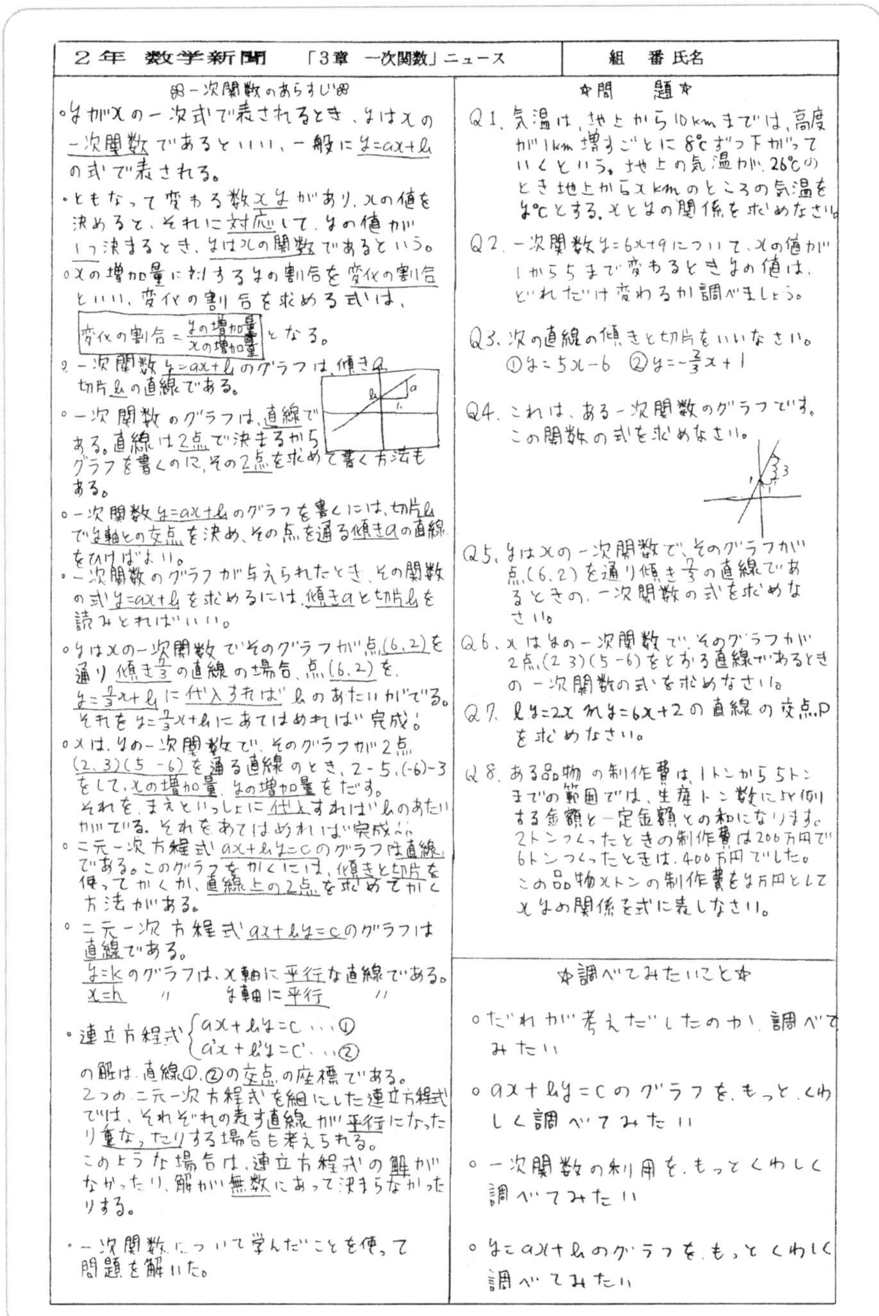

2年 数学新聞 「3章 一次関数」ニュース | 組 番氏名

☆一次関数のあらすじ☆

○yがxの一次式で表されるとき、yはxの一次関数であるといい、一般にy=ax+bの式で表される。

・ともなって変わる数x、yがあり、xの値を決めると、それに対応して、yの値が1つ決まるとき、yはxの関数であるという。

○xの増加量に対するyの割合を変化の割合といい、変化の割合を求める式は、

変化の割合＝yの増加量/xの増加量 となる。

○一次関数y=ax+bのグラフは、傾きa、切片bの直線である。

○一次関数のグラフは、直線である。直線は2点で決まるからグラフを書くのに、その2点を求めて書く方法もある。

○一次関数y=ax+bのグラフを書くには、切片bでy軸との交点を決め、その点を通る傾きaの直線をひけばよい。

○一次関数のグラフが与えられたとき、その関数の式y=ax+bを求めるには、傾きaと切片bを読みとればいい。

○yはxの一次関数でそのグラフが点(6, 2)を通り傾き2/3の直線の場合、点(6, 2)を、y=2/3x+bに代入すれば、bのあたいがでる。それをy=2/3x+bにあてはめれば完成。

○xはyの一次関数で、そのグラフが2点(2, 3)(5, -6)を通る直線のとき、2-5、(-6)-3をして、xの増加量、yの増加量をだす。それを、まえといっしょに代入すればbのあたいがでる。それをあてはめれば完成。

○二元一次方程式ax+by=cのグラフは直線である。このグラフをかくには、傾きと切片を使ってかくか、直線上の2点を求めてかく方法がある。

○二元一次方程式ax+by=cのグラフは直線である。
y=kのグラフは、x軸に平行な直線である。
x=h 〃 y軸に平行 〃

・連立方程式 {ax+by=c …① a'x+b'y=c' …② の解は、直線①、②の交点の座標である。
2つの二元一次方程式を組にした連立方程式では、それぞれの表す直線が平行になったり重なったりする場合も考えられる。
このような場合は、連立方程式の解がなかったり、解が無数にあって決まらなかったりする。

・一次関数について学んだことを使って問題を解いた。

☆問題☆

Q1. 気温は、地上から10kmまでは、高度が1km増すごとに6℃ずつ下がっていくという。地上の気温が26℃のとき地上からxkmのところの気温をy℃とする。xとyの関係を求めなさい。

Q2. 一次関数y=6x+9について、xの値が1から5まで変わるときyの値は、どれだけ変わるか調べましょう。

Q3. 次の直線の傾きと切片をいいなさい。
① y=5x-6 ② y=-2/3x+1

Q4. これは、ある一次関数のグラフです。この関数の式を求めなさい。

Q5. yはxの一次関数で、そのグラフが点(6, 2)を通り傾き2/3の直線であるときの、一次関数の式を求めなさい。

Q6. xはyの一次関数で、そのグラフが2点(2, 3)(5, -6)をとおる直線であるときの一次関数の式を求めなさい。

Q7. ℓ y=2x れ y=6x+2の直線の交点Pを求めなさい。

Q8. ある品物の制作費は、1トンから5トンまでの範囲では、生産トン数に比例する金額と一定金額との和になります。2トンつくったときの制作費は200万円で6トンつくったときは、400万円でした。この品物xトンの制作費をy万円としてxとyの関係を式に表しなさい。

☆調べてみたいこと☆

○だれが考えだしたのか、調べてみたい

○ax+by=cのグラフを、もっとくわしく調べてみたい

○一次関数の利用を、もっとくわしく調べてみたい

○y=ax+bのグラフを、もっとくわしく調べてみたい

그림 2 학생이 작성한 수학신문

T : 괜찮습니다. 처음에는 학습구조차트를 봐도 좋아요.

A : 그럼 해보겠습니다.

우선, 처음에 일차함수의 정의와 변역에 대해서 배웠습니다. 다음으로 일차함수의 그래프를 그리기 위한 대응표를 만들었습니다. 이 표에서 $x$가 1씩 증가할 때 $y$의 증가량이 변화의 비율이라는 것을 배웠습니다. 변화의 비율이란 $y$의 증가량을 $x$의 증가량으로 나눈 것입니다. 그리고 … 어, 뭐였지?

T : 기울기와 변화의 비율은 어떤 관계가 있습니까?

A : 일차함수의 기울기와 변화의 비율은 같습니다.

T : 네, 참 잘했습니다. 이 항목에서는 무엇을 배웠습니까?

A : 일차함수 $y=ax+b$의 $a$를 기울기, $b$를 절편이라고 부르며, 변화의 비율은 $a$와 일치합니다. 기억났습니다.

T : 줄거리의 4분의 1까지 왔습니다. 자, 힘내세요.

A : 또 모르겠습니다.

T : 그럼 대응표를 만든 것은 무엇 때문이었습니까?

A : 그래프를 그리기 위해서 ….

T : 일차함수의 그래프가 직선이 된다는 것을 알고 나서, 처음에 그래프를 그릴 때, 어떻게 해서 그렸습니까?

A : 절편과 기울기에서 … 아, 맞다. 이것으로 4번 항목과 5번 항목이 이어졌습니다. 역시 ….

T : 계속 진행해 봅시다. 그리는 방법은 몇 가지 있습니까?

A : 아, 알겠다. 그래프를 그리는 방법은 두 가지가 있고, 절편과 기울기가 주어졌을 때 그리는 방법과 지나는 두 점이 주어졌을 때 그리는 방법이 있습니다. 식을 구하는 방법은 절편과 기울기를 알 때 …. 어, 어떻게 말해야 할지 모르겠습니다.

T : 그리는 방법은 두 가지이고, 그렇다면 식을 구하는 방법은 몇 가지입니까?

A : 역시, 그렇게 말하면 됩니까? 식을 구하는 방법은 세 가지이고, 절편과 기울기를 알 때, 지나는 한 점과 기울기를 알 때, 그리고 지나는 두 점을 알 때 구할 수 있습니다.

T : 참 잘했습니다. 그런데 7, 8, 9 항목은 어떤 관계가 있는지 알겠습니까?

A : 한 점과 기울기에서의 특별한 한 점을 절편으로 두면, 7과 8 항목은 관계 지어집니다. 두 점에서 구하는 방법은 연립방정식을 이용해도 풀 수 있지만, 두 점에서 기울기를 구하고 그 기울기와 한 점으로부터 식을 구할 수 있기 때문에 8과 9 항목도 관계가 있다고 생각합니다.

T : 잘 이해하고 있습니다. 대단하군요. 계속해 주세요.

A : 이제 잘 알겠습니다. 항목 사이의 관계를 알면 줄거리를 말할 수 있게 되는군요. 다음으로 $ax+by=c$의 그래프를 그리는 방법을 배웠습니다. 그리는 방법은 $y=ax+b$ 꼴로 고쳐서 기울기와 절편으로부터 그리는 방법이 있고, 또 두 점으로부터 그리는 방법이 있습니다. 다음으로는 $x=m$과 $y=n$의 그래프에 대해 배웠습니다. 다음은 연립방정식의 해와 ⋯.

T : $x=m$과 $y=n$인 부분을 더욱 상세히 말해 보세요.

A : 죄송합니다. 설명이 충분하지 못했습니다. $x=m$의 그래프는 $y$축에 평행한 직선이고, $y=n$의 그래프는 $x$축에 평행한 직선입니다.

T : 이제 조금만 더 하면 줄거리가 끝납니다. 힘내세요.

A : 두 그래프 교점의 좌표는 그 그래프 식의 연립방정식 해와 똑같습니다. 그리고 마지막은 일차함수를 이용하여 응용문제를 풀었습니다.

T : 줄거리를 말할 수 있었군요. 잘 이해하고 있다고 생각합니다. 모두들 A군에게 박수를 쳐 주세요.

A : 학습구조차트가 있으면 전체 학습내용을 잘 알 수 있고, 줄거리를 말하기도 쉽습니다. 학습구조차트를 썼기 때문에 줄거리를 말할 수 있었고, 학습내용 전체를 알 수 있었으며, 뭔가 자신감이 붙는 것 같은 느낌이 들었습니다. 도중에 우물거렸을 때 선생님께서 가르쳐주시고 도와주시고 격려해주신 덕분입니다. 감사합니다.

T : 다음에는 학습구조차트를 보지 않고도 말해 봅시다.

A : 예? 그것은 좀⋯. 학습구조차트가 없으면 힘들 것 같습니다.

T : 괜찮습니다. 학습구조차트를 머릿속에 그리면서 이야기하면 잘 할 수 있습니다. 자, 힘내세요.

A군은 아무것도 보지 않고 줄거리를 말로 표현할 수 있었다.

T : 대단합니다. 아무것도 보지 않고 말할 수 있었습니다. 여러분 A군에게 다시 한 번 더 박수를 쳐 줍시다. 그런데 줄거리를 말하고 있을 때 학습구조

차트의 이미지가 머릿속에 떠올랐나요?

A : 학습구조차트를 항상 머릿속에 두고, 항목과 화살표를 더듬어가면서 말했습니다. 다시 한 번 학습구조차트의 위력을 느꼈습니다. 일차함수에 대해서 자신감이 생겼습니다. 감사합니다.

그림 3은 학습구조차트를 보면서 줄거리를 말하고 있는 장면이다. 그림 4는 아무것도 보지 않고 줄거리를 말하고 있는 장면이다.

그림 5는 신문 만들기 학습법의 순서를 정리한 것이다.

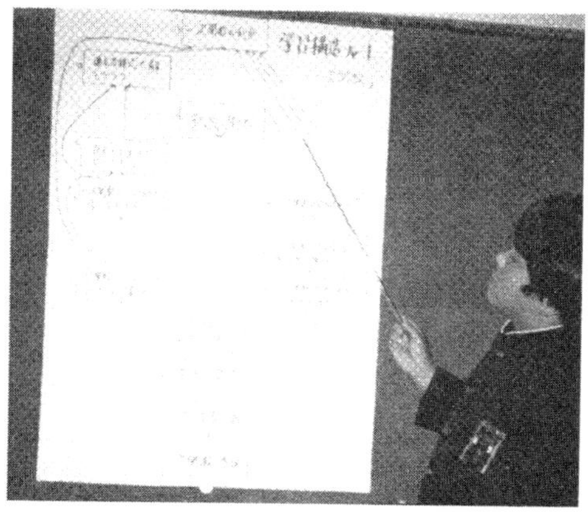

**그림 3**

**그림 4**

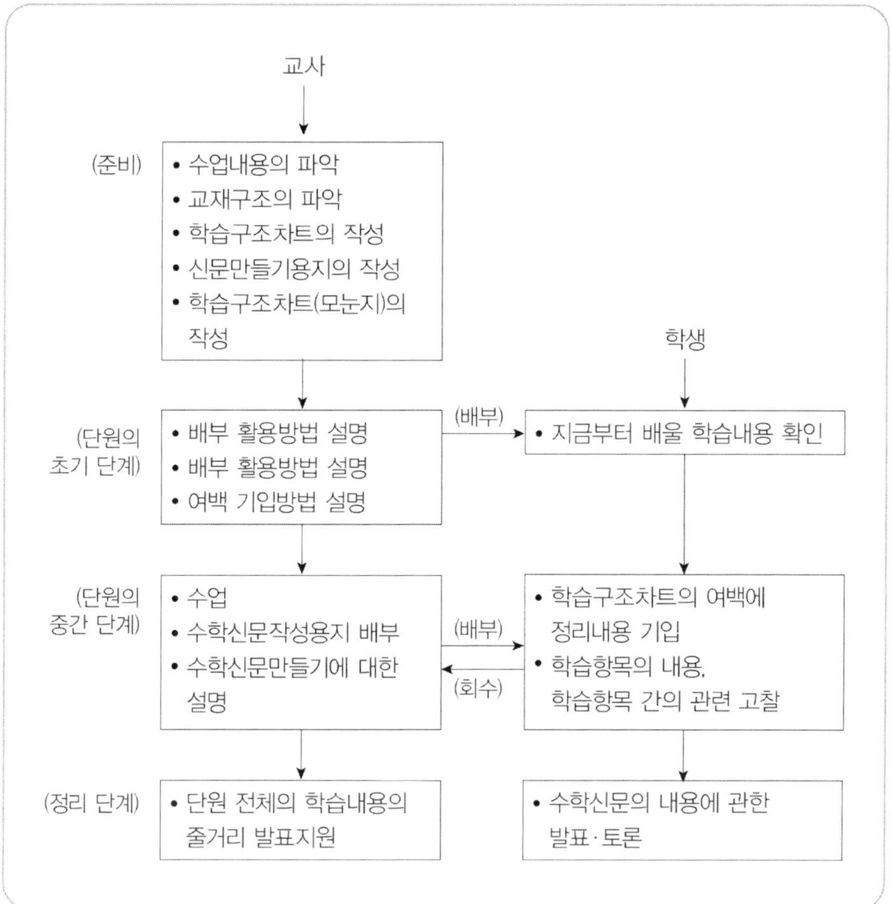


**그림 5 신문 만들기의 길잡이**

## 4. 수업의 고찰

일차함수의 학습이 끝나고 나서 신문 만들기 학습법에 대한 감상을 학생들에게 써 보게 했는데, 그 내용은 다음과 같다.

- 학습항목마다 정리한 학습구조차트는 중요하다는 것을 알았고, 복습할 때 매우 도움이 되었다.
- 학습항목마다 정리한 학습구조차트를 나중에 다시 읽어보면 중요한 것만 써 놓았기 때문에 교과서를 읽는 것보다 알기 쉬웠다.
- 문제 만들기에서 문제를 스스로 만들고 답을 구해보니 이상한 답이 나와서

몇 번이나 다시 만들었다. 한 개의 문제를 만드는 데 시간이 많이 걸려서 매우 힘들었지만, 스스로 문제를 만들어서 몇 번이나 풀었기 때문에 잘 이해할 수 있었다. 항목마다 만들었기 때문에 그 항목의 내용을 잘 알 수 있었다.

- 신문을 만들어 보니 전체를 통찰하고 설명할 수 있어서 전후 관계를 잘 알 수 있었다.
- 선생님께서 아무것도 보지 않고 줄거리를 말해보라고 했을 때, 절대로 할 수 없다고 생각했지만, 학습구조차트를 보고 항목 사이의 관계, 화살표의 의미 등을 생각하면서 줄거리를 말하고 있는 동안에 보지 않고도 말할 수 있게 되었다.
- 신문 만들기 학습법은 매우 도움이 되는 방법이라고 생각했다.

### 5. 끝으로

수학신문은 방과 후나 가정에서 작성하게 하였다. 신문을 만드는 데에 3~4시간이 걸렸던 것 같다. 방과 후 시간도 줄거리를 다시 생각한다든지, 예상문제를 만드는 데에 맞춰져 있었다. 문제를 몇 번이나 다시 만들거나 하는 학생도 여럿 있었다. 또 가정에서 작성한 학생들 중에는 밤늦게까지 만들었다고 하는 학생들도 여럿 있었다. 열심히 신문을 만드는 모습을 보고 있으면, 배운 지식을 재구성하고 새로운 지식이나 정보를 생성함에 따라 단원 전체의 개념구조를 파악하고, 학습내용을 더욱 깊이 이해하고 있다는 것을 알 수 있었다. 지금까지 구조적 문제 만들기나 이야기 만들기 학습법을 실시하면 의욕, 관심, 자신감, 학력 등도 향상시킬 수 있다고 하는 것이 확인되고 있지만, 다시 한 번 이것을 실감할 수 있었다. 지금까지의 수업에서는 학생들은 단원 전체의 학습내용의 줄거리를 말할 수 없었지만, 학습구조차트를 활용해서 줄거리를 말할 수 있게 되었다.

등산학습법을 이용한 신문 만들기 학습법은 단원 전체의 계통성이나 학습내용의 이해를 심화시키는 데 매우 유효했다.

(후지타 아키코)

2학년. 삼각형과 사각형
3학년. 원

# 과제탐구형 등산학습법

## 1. 서론

중학교 학습지도요령의 목표에는 "기본적인 평면도형의 성질에 대해서 관찰, 조작이나 실험을 통해 이해를 심화시킴과 동시에, 도형의 성질을 고찰하는 데 수학적인 추론의 의의와 방법을 이해하고, 추론 과정을 정확하게 표현하는 능력을 기른다."라고 기술되어 있다. 그러나 도형 영역의 수업에서는 관찰, 조작이나 실험을 도입하더라도 학생들은 이해하기 꽤 어려워하는 것 같다. 그 이유의 하나로 도형 영역의 단원은 개념구조가 복잡하게 관계되어 있고, 학습을 진행하는 동안에 내용이 혼돈스럽게 되어 버리는 것을 생각할 수 있다.

그래서 개개의 학습요소를 명확하게 파악하게 하고, 단원 전체의 개념구조를 확실히 이해시키기 위해 과제탐구형 등산학습법을 도입하기로 했다. 이 학습법은 지식이나 정보의 기능적인 네트워크를 형성하고, 스스로 과제를 발견하며, 그 해결활동을 통해 창의성을 향상시키는 것을 목표로 하고 있어, 도형 개념의 지식을 명확히 파악할 수 있는 것이다.

## 2. 실시방법

### (1) 교사의 사전준비

교사는 수업에 앞서 세 개의 학습교재인 학습구조차트, 화살표의 이유 기입용지, 자기진단표를 작성한다.

#### ① 학습구조차트의 작성에 대해서

학습구조차트란 해당 단원의 학습내용을 분석하고, 중요하다고 생각되는 학습요소를 10~15개 추출하여, 개개의 학습요소 사이의 구조적 관련성을 생각하고 학습내용 전체의 체계적 구조를 네트워크 모양으로 그린 것이다. 학습구조차트는 부록의 학습구조차트를 참고하여 작성했다. 학습구조차트를 그리면서 느낀 것은 '삼각형과 사각형'이나 '원'과 같은 도형 영역의 단원은 '수와 식'이나 '수량관계'의 영역에 비해서 학습항목의 관계가 복잡하게 관계되어 있고, 개념구조가 어렵게 되어 있다는 것이다. 그만큼 학습구조차트를 주어 그 여백에 학습요소에 대한 용어의 설명, 공식, 예제 등을 적게 함으로써 개개의 학습항목에 대한 지식을 명확하게 하여, 기초적인 학습사항을 확실히 정착시킬 수 있지 않을까 하는 기대가 컸다.

② 화살표의 이유 기입용지의 작성에 대해서

화살표의 이유 기입용지는 학습요소 사이에 그어진 화살표의 이유를 생각하여 기입하는 용지이다. 학습구조차트의 학습요소 사이의 관계를 더듬어가며 작성했다. 학습요소명은 학습구조차트의 학습요소와 같다.

화살표의 이유 기입용지를 쓰게 함으로써 학습항목 사이의 관계의 이해를 심화시키게 함과 동시에, 학습내용의 계통성, 논리성, 학습항목의 계층적 위치짓기를 명확하게 이해시킬 수 있는 것은 아닐까라고 생각했다. 학생들에게 나누어주기 전에 실제로 나 자신도 써 보았지만, 막상 쓰려고 하니 처음에는 좀처럼 쓸 수 없었다. 별로 생각했던 적이 없었기 때문이다. 그만큼 이 활동은 중요하다고 생각했다.

③ 자기진단표의 작성에 대하여

자기진단표란 수업에 대한 자기평가와 의문스러웠던 것, 더 깊이 조사해보고 싶은 것을 기록하기 위한 용지이다. 학습요소명은 학습구조차트의 항목과 같다.

평상시 수업에서 학생들은 학습내용을 이해하는 것만으로도 힘들어 하기 때문에 그것들을 더욱 깊이 생각할 여유가 없다. 학습에서는 학습내용을 이해하는 것뿐만 아니라, 학습내용을 더욱 깊이 추구하는 태도가 중요하다. 자기진단표를 사용함으로 수업에 대한 자기평가와 동시에 스스로 새로운 과제를 발견하고, 학습에 대한 의욕을 한층 더 향상시킬 수 있지 않을까 하는 기대가 컸다.

### (2) 지도순서

사이토는 과제탐구형 등산학습법이 이전에 제안한 정보(지식)창조형 학습 모델과 일치한다고 기술하고 있다. 그래서 정보(지식)창조형 학습 모델의 각 단계에 따라서 지도순서를 기술한다.

순서 1 : 정보(지식)의 수집·선택 단계

교사는 단원의 학습 초기에 학습구조차트, 화살표의 이유 기입용지, 자기진단표를 학생들에게 나누어준다. 학생들은 매시간의 수업에서 기초적·기본적인 학습항목을 수집·선택한다.

순서 2 : 정보(지식)의 정리·조직화 단계

학생들은 수집·선택한 지식이나 정보를 학습구조차트의 여백에 정리하여 적는다. 또한 화살표의 이유 기입용지에는 각 학습요소 사이의 관계를 쓴다. 자기진단표에는 수업 중에 생각한 의문이나 더 깊이 조사해보고 싶은 것 등을 기입한다. 수업에서는 학습구조차트, 화살표의 이유 기입용지, 자기진단표의 작성 방법을 설명하고, 이후의 것은 가정학습으로 한다. 교사는 주 1회 점검하고 격려한다.

순서 3 : 정보(지식)의 활용·창조 단계(약 2시간) – 과제탐구학습

단원종료 후, 교사는 자기진단표를 회수하고, 자기진단표의 내용에서 공통의 과제를 가지고 있는 학생들을 하나의 그룹으로 하여, 그 과제들을 협력해서 해결하게 한다. 여기에서는 과제에 대한 새로운 지식이나 정보를 창조하게 한다. 그룹 수는 8~10개로 한다.

순서 4 : 정보의 전달 단계(1시간)

각 그룹마다 조사한 내용을 전체 학생 앞에서 발표·토의하게 한다. 이 경우, 어떻게 하면 자신의 생각이나 과제해결 과정을 다른 학생들에게 바르게 전달할 수 있는가 등 프레젠테이션 방법을 생각하게 한다. 발표를 듣고 있는 학생들은 평가용지에 각 그룹의 평가나 의견 등을 적고, 발표가 끝나면 그 그룹에게 건넨다. 그림 1은 모두 협

력하여 조사한 내용을 큰 종이에 정리하고 있는 장면이다.

**그림 1** 3. 2학년 '삼각형과 사각형'에서의 사례

## 3. 2학년 '삼각형과 사각형'에서의 사례

### (1) 학생이 기입한 학습교재

그림 1은 학생이 학습내용을 정리한 학습구조차트이다. 학습구조차트에는 정의, 예제와 증명 등이 제대로 정리되어 있었다. 몇 번이나 생각하여 정리하고 있다는 것을 알 수 있었다.

그림 2는 학생이 적은 화살표의 이유 기입용지이다. 매우 어렵기 때문에 쓸 수 없어 공백도 있지 않을까라고 생각했는데, 모든 항목에 대하여 적혀 있었다. 휴식 시간이나 방과 후를 이용하여 학생들은 자주 질문을 하러 왔다.

그림 3은 학생이 작성한 자기진단표이다. 감상적인 내용도 있었지만, 상당히 수학적인 내용을 추구한 것도 많았다. 학생의 솔직한 의문이나 교과서의 내용을 더 깊이 추구하려고 하고 있는 기분을 읽어낼 수가 있었다. 또, 교사가 수업에서 주의해서 가르쳐야 할 사항을 많이 가르쳐주고 있다는 기분이 들었다.

### (2) 정보(지식)의 활용·창조 단계에서의 수업 전개(약 2시간) – 과제해결학습

교사는 자기진단표로부터 공통과제 8개를 택하여 각각에 대한 과제해결학습을 하도록 했다. 아래는 각 그룹의 과제이다.

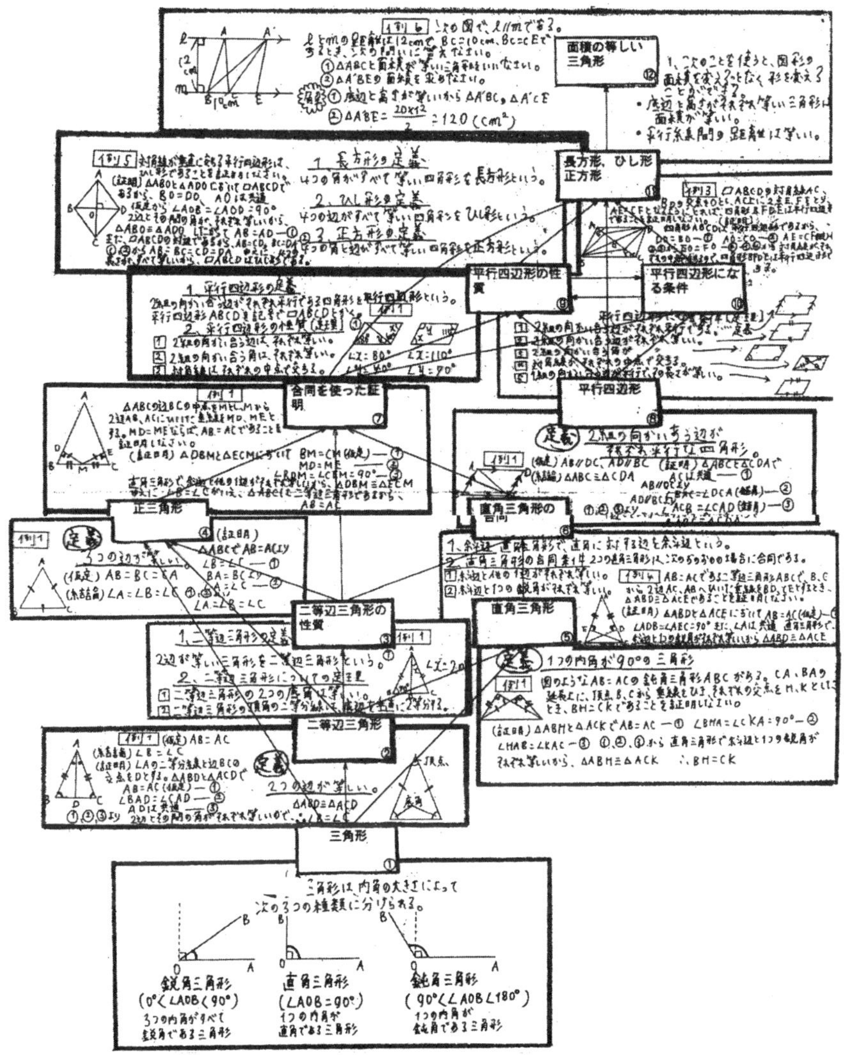


그림 1 학생이 작성한 학습구조차트 (삼각형과 사각형)

6章　三角形と四角形　　　　　　　　2年＿＿組＿＿番 氏名＿＿＿＿＿＿＿＿

※学習構造チャートの矢線の理由を書きなさい。

| 矢線 | 矢線の理由 |
|---|---|
| ①→② | 二等辺三角形は、三角形の仲間だから。 |
| ①→④ | 正三角形は、三角形の仲間だから。 |
| ①→⑤ | 直角三角形は、三角形の仲間だから。 |
| ②→③ | 二等辺三角形の性質のことだから。 |
| ②→④ | 二等辺三角形と同じように2つの辺が等しいから。 |
| ②→⑤ | 二等辺三角形のように2つの辺が等しいから。 |
| ③→④ | 二等辺三角形と正三角形は同じ三角形の仲間だから。 |
| ③→⑥ | 二等辺三角形の性質を使うから。 |
| ③→⑦ | 合同を使って証明できるから。 |
| ④→⑦ | 合同を使って証明できるから。 |
| ⑤→⑥ | 直角三角形の合同を考えるから。 |
| ⑥→⑦ | 合同を使って証明できるから。 |
| ⑦→⑨ | 合同を使った証明をするときに、平行四辺形の性質も必要だから。 |
| ⑦→⑩ | 合同を使った証明をするときに、平行四辺形になる条件が必要だから。 |
| ⑦→⑪ | 証明を使って、長方形・ひし形・正方形の性質を考えるから。 |
| ⑧→⑨ | 平行四辺形の性質のことをいっているから。 |
| ⑧→⑩ | 平行四辺形の条件のことを説明しているから。 |
| ⑧→⑪ | 長方形・ひし形・正方形はすべて平行四辺形の仲間だから。 |
| ⑨→⑩ | 同じ平行四辺形のことがらだから。 |
| ⑨→⑪ | 平行四辺形の性質と長方形・ひし形・正方形の性質は同じだから。 |
| ⑩→⑨ | 平行四辺形の性質が平行四辺形になる条件に入っているから。 |
| ⑩→⑪ | 長方形・ひし形・正方形になる条件は、平行四辺形になる条件にあてはまるから。 |
| ⑪→⑫ | 長方形・ひし形・正方形を使って、面積の等しい三角形を求められるから。 |

그림 2 학생이 기입한 화살표의 이유 기입용지 (삼각형과 사각형)

2年＿＿組＿＿番 氏名＿＿＿＿＿＿＿＿

数学カルテ

○ 良好
△ まあまあ
× 消化不良

| | 学習項目 | 自己診断 | 疑問に思ったこと，もっと深く調べてみたいこと |
|---|---|---|---|
| 1 三角形 | ①三角形 | ○ | 外角はそれととなり合わない内角をたしたものとなぜ等しくなるのか？内角はなぜ180°か？ |
| | ②二等辺三角形 | ○ | 底角がなぜ等しくなるのか？ |
| | ③二等辺三角形の性質 | ○ | 2つの性質以外に何かないか調べてみたい。 |
| | ④正三角形 | ○ | ほかの三角形と同じ性質があるか調べてみたい。 |
| | ⑤直角三角形 | △ | △(45° 45°)のとき、二等辺三角形なのかそれとも直角三角形なのか？ |
| | ⑥直角三角形の合同 | ○ | 本当に直角三角形の合同条件は2つしかないのか？ |
| | ⑦合同を使った証明 | △ | 合同を使ってどんな図形を証明できるのか？ |
| 2 平行四辺形 | ⑧平行四辺形 | ○ | なぜ錯角、同位角が等しくなるのか？ |
| | ⑨平行四辺形の性質 | △ | 平行四辺形の性質以外に見つけて、それがあてはまると、それも条件に入ってしまうのか？ |
| | ⑩平行四辺形になる条件 | △ | ▱こんな形以外に条件があてはまったら、それは平行四辺形になるのか？ |
| | ⑪長方形，ひし形，正方形 | ○ | ひし形はなぜかたむいているのか？ |
| | ⑫面積の等しい三角形 | △ | 四角形を三角形に等積変形するのを習ったけど、五角形や三角形はどうなるのか調べてみたい。 |

그림 3 학생이 작성한 자가진단표 (삼각형과 사각형)

① 합동 기호는 왜 '≡'로 나타내는 걸까? 넓이가 같다면 왜 '=' 기호를 사용하는 걸까?
② 정삼각형을 두 개 이상 조합하면 어떤 모양이 생길까? 직각삼각형을 두 개 이상 조합하면 어떤 모양이 생길까?
③ 사각형의 분류 방법은 교과서 이외에 없는 것일까?
④ 삼각형의 내각의 합은 왜 180°일까? 어떤 다각형이라도 외각의 합은 왜 360°가 되는 것일까?
⑤ 모양이 변해도 넓이가 변하지 않는 도형을 그리려면 어떻게 하면 될까?
⑥ 사각형에 어떤 조건을 주면 평행사변형이나 직사각형, 마름모, 정사각형이 될까?
⑦ 평행사변형이 되는 조건은 전부 몇 개일까?
⑧ 직사각형, 마름모, 정사각형은 각각 평행사변형이 가지고 있는 성질에 모두 맞아떨어지는가?

각 그룹(그룹당 3~5명)은 수업 2시간 이외에 휴식 시간이나 방과 후 등의 시간을 사용하여 토의하면서 정리하였다.

그룹 활동에 있어서는 다른 교사의 도움을 받았다. 한 사람의 교사가 지도할 수 있는 것은 2~3그룹이다. 교사는 각 그룹 학생들의 질문에 대해서 조언을 해주고, 학생들이 주체적으로 활동하도록 했다.

과제탐구학습법에서는 다음과 같은 그룹 활동을 볼 수 있었다.

- 도서관에 가서 인터넷이나 자료를 찾아 정리한 그룹
- 실물이나 실제로 실험하여 정리한 그룹
- 모델 등을 작성하고 그것을 근거로 정리한 그룹
- 교사(타 교과의 교사도 포함)와 서로 이야기하여 생각을 정리한 그룹
- 학생들끼리 서로 이야기하여 생각을 정리한 그룹

학생들은 마지막 시간에 정리한 내용을 도화지, TP용지 등에 적어 발표했다. 발표 그룹 이외의 학생들은 발표를 듣고 몰랐던 것, 의문으로 생각했던 것을 질문했다.

이 단계에서, 학생들은 개인이나 그룹에서 축적한 지식이나 정보를 다른 학생들로부터 승인받음으로써 수학에 대한 자신감이나 흥미·관심을 높일 수 있었다. 또, 수학의 이론적인 의사소통능력을 기르는 장(場)으로도 적합했다.

### (3) 과제탐구형 학습에 대한 감상

- 조사하는 동안 점점 과제의 답을 알 수 있었다.
- 단지 연습문제를 푸는 것뿐만 아니라, 무엇인가에 의문을 갖고 조사하고, 생각하는 것은 좋은 것이라고 생각했다.
- 여러 가지 방법이 없을까 스스로 시험해보고, 도형을 여러 가지 면에서 주의 깊게 관찰할 수 있게 되었다.
- 반 전원이 열심히 하여 무사히 발표가 끝났을 때, 성취감을 느꼈다.
- 여러 가지 생각을 들을 수 있어 좋았다.
- 스스로 조사하는 것이 재미있었다.
- 삼각형과 사각형을 자세히 알 수 있었다.
- 이 학습을 하고 나서 책을 보고 조사하는 것에 매우 흥미가 생겼다.

## 4. 3학년 '원'에서의 사례

2002년부터 실시된 학습지도요령에서는 원 내용의 반 정도가 고등학교로 올라갔다. 여기에서의 사례는 학습지도요령이 개정되기 직전에 실시한 것이다. 따라서 다루고 있는 내용의 범위는 현행과 다소 다르지만, 실시방법은 같다.

### (1) 학생들이 기입한 학습교재

그림 4는 학생이 학습내용을 정리한 학습구조차트이다. 그림 5는 학생이 쓴 화살표의 이유 기입용지이다. 그림 6은 학생이 기입한 자기진단표이다. 기술내용에 대해서는 2학년 '삼각형과 사각형'의 사례에서와 마찬가지로, 제법 학습내용을 사고·검토하는 모습을 볼 수 있었다.

### (2) 정보의 활용·창조 단계에서의 수업전개(약 2시간) – 과제해결학습

교사는 자기진단표로부터 공통과제를 10개 택해서, 각각에 대해 과제해결학습을 실시하였다. 이하는 각 그룹의 과제이다.

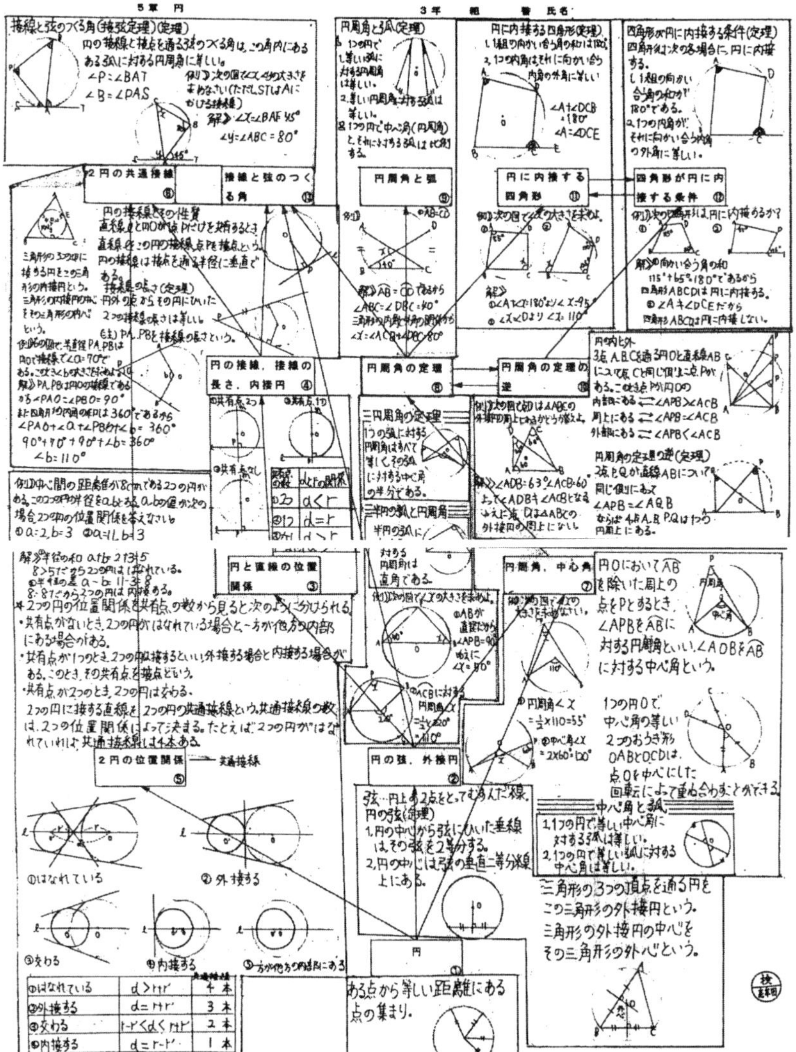

그림 4 학생이 작성한 학습구조차트 (원)

5章　円　　　　3年＿＿組＿＿番 氏名＿＿＿＿＿＿＿＿

| | |
|---|---|
| ①→② | 円周上の2点を通る線分が弦だから |
| ①→⑤ | 中心がわかるから |
| ①→⑦ | 中心角や円周角に対するのが、円周上の部分の弧だから |
| ②→③ | 円の中心から弦にひいた垂線は、その弦を2等分することから |
| ②→⑦ | 円周角をつくる2辺が弦だから |
| ②→⑬ | 弦がわかるから |
| ③→④ | 円の接線が、その接線を通る半径に垂直だから |
| ④→⑥ | 円の接線がわかるから |
| ④→⑬ | 接線が弦とつくる角の一辺になるから |
| ⑤→⑥ | 共通接線の数が、2つの円の位置関係によって決まるから |
| ⑦→⑧ | 1つの円で等しい弧に対する中心角は等しいから |
| ⑧→⑨ | 1つの弧に対する円周角はすべて等しいから |
| ⑧→⑩ | 円周角の定理と逆の関係だから |
| ⑩→⑧ | 円周角の定理の逆の逆だから |
| ⑩→⑫ | 同じ側にある2角が同じならば、4点は内接するから |
| ⑪→⑫ | 四角形が円に内接しているから |
| ⑫→⑪ | 円に内接する四角形の定理がわかるから |

그림 5 학생이 작성한 화살표의 이유 기입용지

3年＿＿組＿＿番，氏名＿＿＿＿＿＿＿＿

## 自己診断票

○ 良好
△ まあまあ
× 消化不良

| | 学習項目 | 自己診断 | 疑問に思ったこと，もっと深く調べてみたいこと |
|---|---|---|---|
| 1 円の性質 | ①円． | ○ | 円周率とはなんだ？また、どうやって決められたのか |
| | ②円の弦，外接円 | ○ | 外心の特徴などもっと調べてみたい。 |
| | ③円と直線の位置関係 | ○ | 接線以外の線に名前はないのか |
| | ④円の接線，接線の長さ，内接円 | △ | 内心と外心が同じになることはあるか？ |
| | ⑤2円の位置関係 | △ | 同じ大きさの2円の場合一方が他方の内部にあるとはならないのか。 |
| | ⑥2円の共通接線 | ○ | 円が近づいていくと、共通接線の数が減っていくのはなぜだろう。 |
| 2 円周角 | ⑦円周角，中心角 | △ |  この角はなんだろう。 |
| | ⑧円周角の定理 | ○ | 弧に対する円周角は等しい。でも弧の長さは等しいのか。 |
| | ⑨円周角と弧 | △ | 弧以外で円周角がわかれば決まるものはあるのか。 |
| | ⑩円周角の定理の逆 | △ | 接線の長さの定理にも逆はあるのか。 |
| 3 円に内接する四角形 | ⑪円に内接する四角形 | ○ | 五角形や六角形が円に内接したらどうなるのか |
| | ⑫四角形が円に内接する条件 | ○ | この四角形のかき方を調べたい。このほかに条件はないのか |
| | ⑬接線と弦のつくる角 | △ | ほかの多角形でもそれは言えるのか |

그림 6 학생이 작성한 자기진단표 (원)

① 내심과 외심이 일치하는 경우도 있을까? 있다고 하면 어떤 도형에서일까?
② 원은 몇 각형일까? 원과 같은 것에 어떤 것이 있을까?
③ 두 원이 가까이 가면, 공통접선의 수가 줄어드는 것은 왜일까?
④ 한 개의 원에서 원주각이 같을 때, 부채꼴의 넓이는 어떻게 될까? 또, 현의 길이는 어떻게 될까?
⑤ 원주율($\pi$)은 어떻게 구하는 걸까?
⑥ 내심, 외심 이외에 삼각형의 중심은 어떤 것이 있을까?
⑦ 원에 내접하는 오각형(육각형…)의 성질은 무엇인가?
⑧ 원이 사각형에 내접할 때, 사각형에는 어떤 조건이 필요한가?
⑨ 오각형의 내접원은 어떻게 하면 그릴 수 있을까?
⑩ 세 원의 위치관계는 어떤 것이 있을까?

### (3) 과제탐구형 학습에 대한 감상

- 탐구로 인해 매우 즐거웠고, 수학에 대한 의욕도 높아졌다.
- 원에 대해 상세히 알 수 있었던 것이 좋았다.
- 스스로 하니까, 성취감과 의욕이 생긴다.
- 서로 가르쳐 주어 생각이 점점 깊어졌던 것이 좋았다.
- 수업에서보다 더 깊은 지식을 얻은 것 같다.
- 스스로 새로운 것을 발견한다는 것이 기뻤다.
- 응용력이 생겼다고 생각한다.
- 의문의 중요성을 알았다.
- 처음에는 될 리가 없다고 포기하였으나, 그림 등을 그리고, 깊이 생각하면서 발견하는 것이 재미있었다.
- 친구의 의견이나 발견한 것을 들어보니 매우 도움이 되었다.
- 지금까지는 의문으로 생각해도 조사해본 적이 없기 때문에, 이번 학습법은 매우 좋았다.

## 5. 끝으로

학생들이 학습태도나 감상문 등을 적은 것을 보면, 학습구조차트나 화살표의 이유 기입용지, 자기진단표를 쓰게 하고 과제탐구학습을 하게 함으로써 이전보다 '삼각형과 사각형'이나 '원'에 대한 기초적·기본적인 내용이나 개념구조를 확실하게 정착시키고, 이해하게 할 수 있었던 것 같다. 또 자기진단표를 읽어 보면, 학습내용을 더 깊이 추구해 가려고 하는 태도가 습득되기 시작하고 있음을 알 수 있었다.

이 학습법을 수업 시간에만 실천하는 것에 그치지 않도록, 발표한 내용을 교실 등에 게시하고, 학습구조차트는 전 단원을 파일에 넣어 보관하게 하고 있다.

(시무타 케이치)

# 창의성 카드를 이용한 구조적 문제 만들기 학습법

## 1. 서론

변화가 격심한 지금의 사회에서는 습득한 지식·정보에 새로운 가치를 창출할 수 있는 창의성을 가진 인재의 육성이 요구된다. 창조의 과정에서 생각하면 지식·정보를 체계적·구조적으로 정리하고, 활용할 수 있도록 하는 것이 창의성의 기반이라고 생각된다.

여기에서는 창의성을 발휘하기 위한 기반을 만드는 방법으로, 창의성(Creation Source) 카드를 이용한 구조적 문제 만들기 학습법을 기술한다.

## 2. 창의성 카드를 이용한 구조적 문제 만들기 학습법의 의의

### (1) 창의성 육성에 대하여

창의적 사고는 일반적으로 수렴적 사고와 발산적 사고의 통합이라고 말할 수 있다. 창조를 할 때에는 기초적·기본적인 지식·정보를 습득하고, 그것을 목적에 따라 세분화한다든지, 조합한다든지, 정치화한다든지 할 필요가 있다. 이때 지식이나 정보는 원래 모양을 보존한 채로 단순하게 조합되어지는 것이 아니라, 일단 단위정보로 분해되고 단위정보 안에서 필요한 것만 조합되어 새로운 시스템으로 재구성된다.

창의성 육성의 과정에 있어서 다음 세 가지가 중요하다.

첫 번째, 구조적 사고를 활성화시켜 확실하게 된 지식·정보의 네트워크를 만들게 하는 것이다.

학습내용에 대해 확실한 네트워크를 만들게 하기 위해서는 학습항목 상호 관계, 절차적 지식, 전체와 부분과의 관계 등을 충분히 생각하게 하여 학습내용 전체를 구조적으로 이해하게 하는 것이 중요하다.

두 번째, 가치 체계에 따라 자기가 가진 지식·정보의 네트워크로부터 필요한 부분을 분리해서 끄집어내는 것이다.

세 번째, 끄집어낸 부분적인 지식이나 정보를 결합하고 체계화하게 하는 것이다.

구조적 사고를 활성화하는 것은 학습내용의 이해를 심화시키기 위해서도, 창의성을 육성하기 위해서도 매우 중요하다.

### (2) 구조적 문제 만들기 학습에 대하여

문제 만들기는 학생의 주체성을 높이는 데 효과가 있으며, 그 과정을 통해 창의적인 활동을 기대할 수 있다.

사이토는 지금까지의 작문이나 문제 만들기 방법을 더욱 발전시켜, 학습내용을 구조적·체계적으로 파악·이해하기 위한 방법으로, 구조적 문제 만들기 학습법을 제안하고 있다. 구조적 문제 만들기 학습법은 학습구조차트를 활용하여 학습내용을 구조적으로 파악하게 하고, 그것을 기초로 해서 발전적인 문제를 만들어보게 하는 방법이며, 개개의 학습항목의 내용, 학습항목 상호 간의 관계, 단원 전체의 관계를 이해시켜 구조적 사고를 활성화시키는 것을 목적으로 하고 있다. 사이토는 구조적 문제 만들기 학습의 이점으로 '학습을 효율적으로 진행하고, 학습내용의 이해를 심화시킬 수 있다.', '개개의 학습항목의 이해를 심화시킬 뿐만 아니라 다른 학습항목과의 차이나 관계, 전체에 있어서의 해당 학습항목의 위치짓기 등을 명확하게 파악하게 하고, 제대로 된 스키마를 형성할 수 있다', '학습내용을 구조적·체계적으로 사고하는 습관을 익힐 수 있다.' 등을 들고 있다. 이러한 이점들은 구조적 문제 만들기 학습이 학생들에게 지식이나 정보의 유기적인 연결을 형성하게 하는데 매우 유효한 방법이라는 것을 시사하고 있다.

구조적 문제 만들기 학습으로, 더욱이 지식·정보를 활용·창조하는 단계를 추가하는 것으로, 더 나은 창의성 발휘의 기반을 만드는 것이 가능하게 된다고 생각된다. 수집한 지식·정보를 효율적으로 정리하고, 더 탐색하기 쉬운 모양으로 보존하는 능력을 높이는 것은 그것을 유효하게 활용하기 위한 기반이 된다.

따라서 구조적 문제 만들기 학습에 창의성 카드를 도입한 새로운 방법을 생각했다. 이 방법은 학습내용을 체계적·구조적으로 이해하는 능력과 습득한 지식·정보를 유효하게 활용하는 능력 모두를 한층 더 신장시킬 수 있는 학습법이다.

### (3) 창의성 카드의 구성에 대하여

창의성 카드는 지식·정보의 수집·정리, 조직화, 활용·창조 등을 목적으로 하고 있으며, 다음 내용을 기본으로 하여 구성한다.

① 수업에서 배운 것의 정리
② 사용 목적
③ 그 항목과 연결되어 있는 이전에 배운 내용
④ 문제 만들기

①의 '수업에서 배운 것의 정리'는 우리의 일상 수업을 생각해볼 때, 수업의 내용을 이해하기 위해서는 자신의 언어로 정리하는 것이 무엇보다 중요하기 때문에 설정한 것이다. ②의 '사용 목적'은 학생들이 학습내용을 패턴화해서 파악하는 경향이 있기 때문에, 학습내용의 의미나 그것을 어떤 단계에서 사용할 수 있는가 등을 생각하게 하기 위하여 설정하였다. ③의 '그 항목과 연결되어 있는 이전에 배운 내용'은 학생들이 학습내용을 이해하지 못하거나, 융합문제·종합문제에 대해 잘 모르거나 하는 것은 학습내용의 전후 관계나 전체와의 관련성을 명확하게 알지 못하는 것에서 기인하는 경우가 많기 때문에, 학습내용의 관련성에 대한 이해를 심화시키기 위하여 설정하였다. ④의 '문제 만들기'는 지식·정보를 활용하게 하여 확실한 스키마를 형성하게 한다든지, 창의적인 사고를 활성화하게 한다든지 하기 위하여 설정하였다.

또, 모든 카드를 한 장의 학습구조차트에 붙여 두도록 하면, 학습내용의 관련짓기·검색·활용 등이 쉬워질 것이다.

그림 1은 중학교 2학년 '이차방정식'에서 학생이 사용한 기본적인 구성내용의 창의성 카드이다.

### (4) 창의성 카드를 이용한 구조적 문제 만들기의 유의점에 대하여

체계적·구조적으로 생각하는 힘이나 창의성이 중요하다고 해도, 그냥 막연하게 '생각하세요.'라고 하는 것만으로는 학생들의 학습에 대한 동기 부여나 방향 설정에 도움이 되지 않는다. 학생들을 지도할 때에는 무엇을 익히게 할 것인가를 확실히 하여, 학생들의 학습이 목적하는 방향으로 나아갈 수 있는 방법을 강

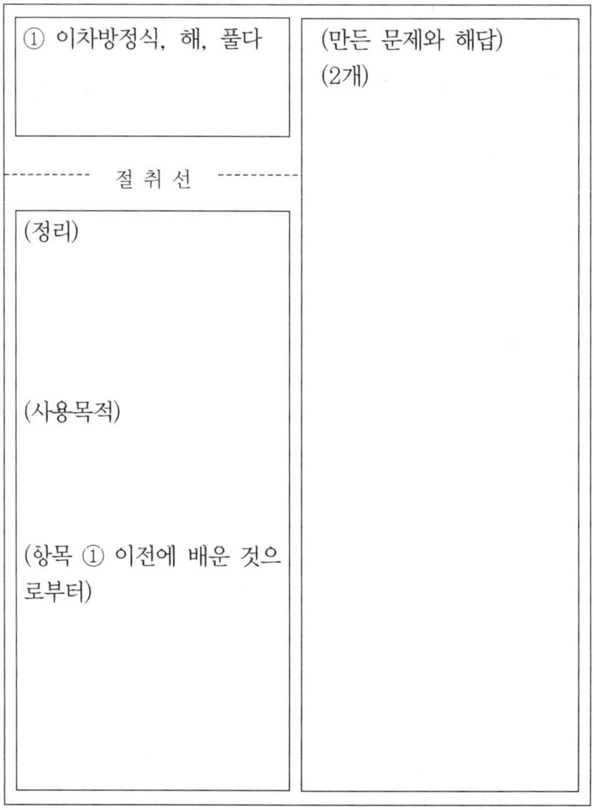


**그림 1 창의성 카드**

구할 필요가 있다.

이 학습법을 실시하는 데, 다음과 같은 점을 중요시했다.

① 단원 전체의 학습내용을 구조적·체계적으로 파악·이해하기 위한 방법으로 학습구조차트를 활용하게 한다.

② 새로운 지식·정보를 효율적으로 정리하게 하고, 창의적으로 활용하게 하기 위한 방법으로 창의성 카드를 활용하게 한다.

③ 학습항목 사이의 연결을 의식하게 하여, 스스로 '의미 부여', '관련짓기'를 하게 하는 방법으로써, 학습구조차트에 그려져 있는 화살표의 이유를 생각하게 한다.

④ 자신의 생각을 반성한다든지 더 다듬든지 하면서, 단원 전체의 학습내용에 대해서 발표·토의를 하게 한다.

①~④의 활동은 학생들에게 학습내용에 대해서 스스로 의미를 부여하게 하거나 가치를 판단하게 하여 학습내용 전체를 체계적·구조적으로 정리하고, 필요할 때에 활용할 수 있는 상태로 해두는 역할을 하고 있다.

## 3. 창의성 카드를 이용한 구조적 문제 만들기 학습법

다음으로 이 학습법의 구체적인 순서를 기술한다.

### (1) 교사의 사전 준비

교사는 단원의 수업을 시작하기 전에 미리 다음 세 가지의 학습교재를 작성한다.

① 학습구조차트
② 창의성 카드
③ 화살표의 이유 기입용지

#### (가) 학습구조차트에 대해서

학습구조차트란 단원의 학습내용 중에서 중요한 학습항목을 추출하고, 구조적 관련을 화살표로 나타낸 그림이다.

학생이 어떤 학습단원의 기본이 되는 개념을 이해하기 위해서는 각 학습항목 사이에 있는 관계를 바탕으로, 공통 성질이나 일반적 성질을 시행착오를 거쳐 발견해낼 필요가 있다. 학습구조차트는 단원 전체의 체계적·구조적 관계를 파악하기 쉽도록 해 주고, 그 성질들을 발견해내는 데 도움이 된다.

그림 2는 중학교 3학년 '이차방정식'의 학습구조차트를 나타낸다. 여기에는 학생이 작성한 창의성 카드가 붙여져 있다.

#### (나) 창의성 카드에 대해서

지식이나 정보는 그 근거가 되는 본질적인 것을 파악하고, 스스로 가치나 의미를 부여함으로써 배운 지식이나 정보가 자유롭게 활용될 수 있는 상태가 된다. 창의성 카드는 지식·정보의 수집·정리, 조직화, 활용·창조 등을 효과적으로 수행하기 위하여 활용한다. 창의성 카드는 학습구조차트의 학습항목의 수만큼 준비한다.

이차방정식

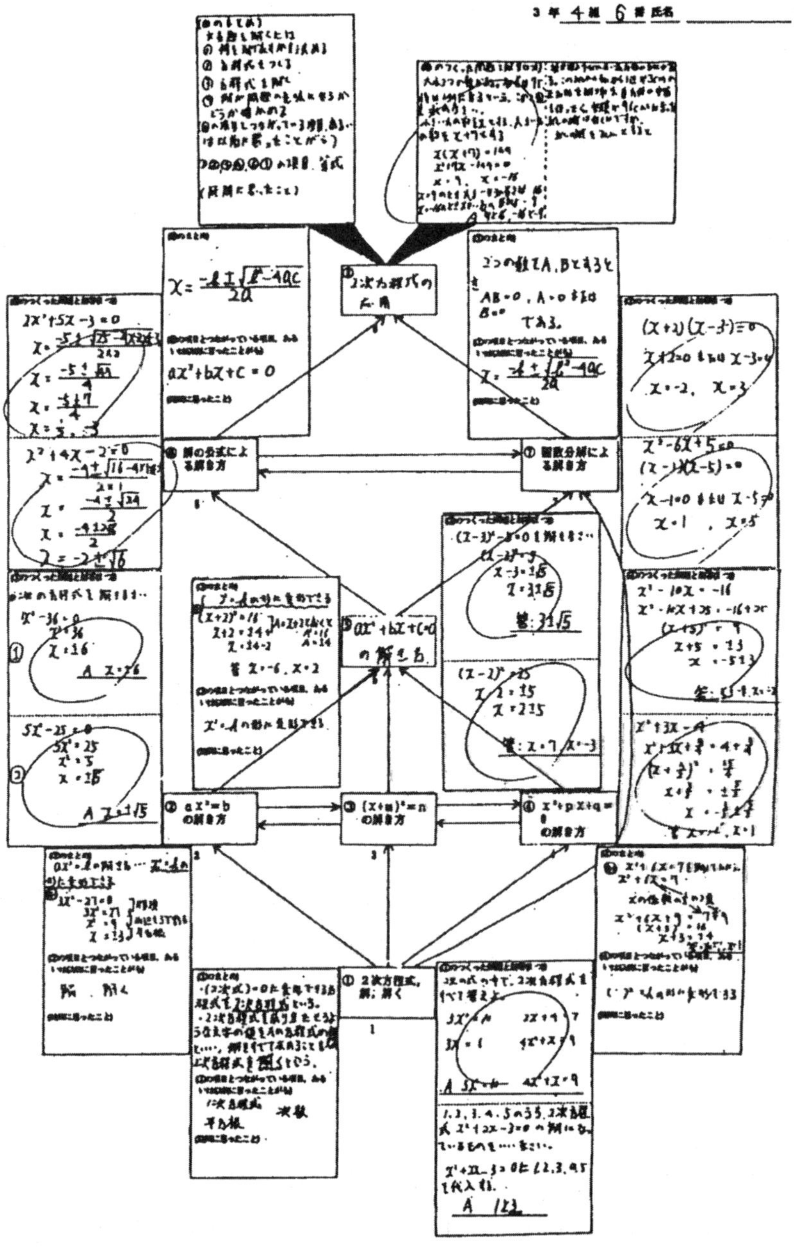

그림 2 창의성 카드를 부착한 '이차방정식'의 학습구조차트

(다) 화살표의 이유 기입용지에 대하여

화살표의 이유 기입용지는 학습항목 사이에 어떤 관계가 있는가를 쓰게 하는 용지이다. 학습항목들끼리 비교하고 전후관계나 공통 성질 등을 이해하게 하여, 유기적인 지식·정보의 네트워크를 만들게 하기 위하여 활용한다. 그림 3은 화살표의 이유 기입용지를 나타낸다.

3年 3組 11番 氏名

矢線の理由表

（3章 2次方程式）

| 矢線 | 矢線の理由 |
|---|---|
| 1→2 | $ax^2=b$ の解を求める解き方 |
| 1→3 | $(x+m)^2=n$ の解を求める解き方 |
| 1→4 | $x^2+px+q=0$ の解を求める解き方 |
| 1→7 | 因数分解で解く |
| 2→3 | 2乗をはずいて とくところが同じだから |
| 2→5 | xのところがないだけ。 |
| 3→2 | Aにおきかえてみたら解き方が同じ。 |
| 3→4 | $(x+m)^2=n$ の形をとちゅうでつかうから。 |
| 3→5 | $x^2+px+q=0$ の形で変形した。 |
| 4→3 | $(x+m)^2=n$ の形をとちゅうでつかうから。 |
| 4→5 | 同じような感じ |
| 5→6 | 解の公式でとく |
| 5→7 | 因数分解でとく |
| 6→7 | 解の公式でも因数分解でも解けるやりかたがある。 |
| 6→8 | 解の公式を応用問題で使うから |
| 7→6 | 解の公式でも因数分解でも解けるやり方がある。 |
| 7→8 | 因数分解を応用問題で使うから |

그림 3 완성된 화살표의 이유 기입용지

### (2) 지도순서

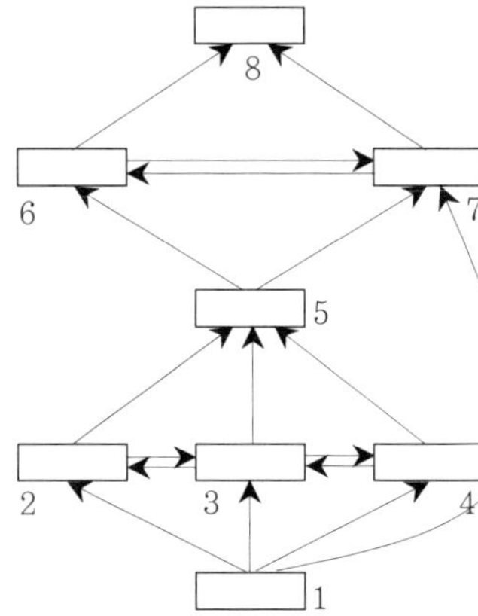


그림 4 미완성의 학습구조차트

① 교사는 새로운 단원의 초기에 미완성의 학습구조차트, 창의성 카드, 화살표의 이유 기입용지를 학생들에게 배포한다. 미완성의 학습구조차트란 그림 4처럼 학습항목을 공백으로 둔, 학습항목 칸과 화살표만으로 된 차트를 가리킨다.

② 학생은 창의성 카드의 각 항목을 정리하여 기입하고, 스스로 만든 문제와 그 해답을 기입한다. 카드의 기입은 과제로 한다.

③ 교사는 학생이 만든 문제와 그 해답을 체크한다.

④ 교사는 카드가 3, 4장 모인 시점에서, 학생들에게 학습항목 사이의 인과관계나 상하관계 등을 생각하면서 카드를 계층적으로 배열하게 하고, 학습항목 사이의 관련성에 따라 학습구조차트의 학습항목 칸을 메우게 한다.

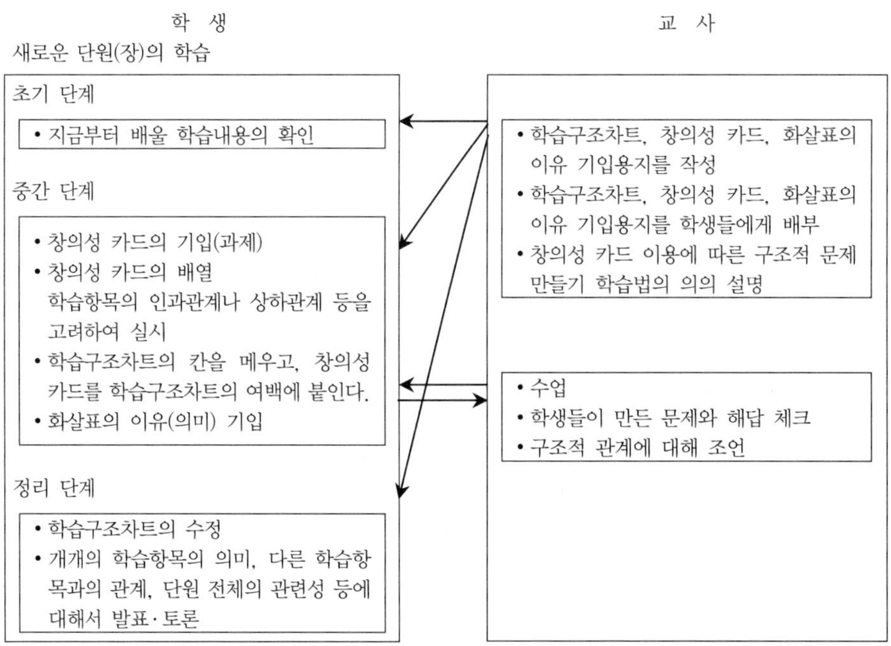


그림 5 창의성 카드를 이용한 구조적 문제 만들기 학습법의 길잡이

창의성 카드는 학습구조차트의 여백에 붙이게 한다. 학생들은 이때 생각한 것을 화살표의 이유 기입용지에 적는다.

⑤ 학생들은 학습의 정리 단계에서 개개의 학습항목의 의미, 다른 학습항목과의 관계, 전체 관계를 서로 발표하고 토론한다.

그림 5는 이러한 지도 순서들을 나타낸다. 이들 순서에 따른 학습법을 '창의성 카드를 이용한 구조적 문제 만들기 학습법'으로 부르기로 한다. 창의성 카드를 이용한 구조적 문제 만들기 학습법은 새로운 지식이나 정보를 생산하기 위한 기반이 되는 자원을 효율적·효과적으로 저장·축적하게 하고, 익힌 지식·정보를 활용하는 능력을 높이는 것을 목적으로 하고 있다. 또 지도할 때, 다음과 같은 점에 주의하면 효과적이다.

① 단원의 첫 수업시간에 학생들에게 이 학습법의 의의를 간단하게 설명할 것. 학생 자신이 이 학습법의 의의를 이해하게 되면 관심이 증가하고, 학습 효과도 올라간다.

② 창의성 카드에 내용을 정리한다든지 문제를 만든다든지 할 때, 항상 전에 배운 내용과 어떤 관계가 있는지 비교하면서 생각하도록 지도할 것. 비교하다 보면 공통점이나 차이점이 발견되고, 학습요소 사이의 관계가 명확해진다. 전체적인 관계를 이해해야 비로소 자유롭게 지식을 분해한다든지 결합한다든지 하는 것이 가능해진다.

③ 정리나 사용하는 목적 등을 카드에 적거나 문제를 만드는 것은 과제로 할 것. 숙제로 하게 되면 시간에 여유가 있고, 비교 등의 작업도 자신의 페이스에 맞춰 할 수 있다. 학생의 사고력을 높이는 데에도 효과가 있다.

④ 도중에 학습구조차트를 1~2회 제출하게 할 것. 이때 기입 방법이나 정리 방법에 대해서 조언을 해주면 학생들은 더욱 의욕적으로 임하게 된다.

⑤ 발표·토론 시간에는 학습내용을 구조적으로 파악하면서 문맥화하도록 지도할 것.

⑥ 창의성 카드의 기본적인 구성내용은 제2장 3절에서 기술한 ①에서 ④까지로 하지만, 단원의 학습내용이나 학생의 학습체 대한 진척상황에 따라, 학생의 실태에 맞춰 그 내용을 변경하는 것이 바람직하다.

## 4. 창의성 카드를 이용한 구조적 문제 만들기 학습법의 실천상황과 분석·평가

중학교 3학년 '이차방정식'의 학습에 대해서 기술한다. 중학교 3학년 '이차방정식'에서 사용한 창의성 카드는 그림 6에 나타나 있는 것처럼, 제2장 3절에서 기술한 창의성 카드의 기본적인 구성내용에서 '사용목적'을 빼고, '의문으로 생각한 것'을 추가했다. 중학교에서의 '이차방정식' 단원은 이차방정식의 해법이 중심적인 학습내용이기 때문에, 중학생이 모든 항목에 대해 각각 사용하는 목적을 찾아내는 것은 어렵다고 생각된다. 따라서 이 단원에서는 자신이 학습한 내용을 되돌아보고 몰랐던 것이나 더 깊이 알고 싶은 것 등을 명확히 할 수 있도록 '의문으로 생각했던 것'으로 변경했다.

### (1) 실시상황

#### ① 창의성 카드의 이용에 대해서

모든 학생이 수업 내용을 자신의 말로 다시 바꾸어 정리하였다. 그림을 그리거나 중요한 부분에 색을 바꾸어 기입하거나, 나중에 보기 쉽도록 효율적으로 정리하였다. 그 항목과 연결되는 이전에 배운 사항에서는 현재 배우고 있는 단원과의 관계 이외에 다른 단원과의 관계에도 눈을 돌려 생각하는 학생들도 많았다. 문제 만들기에서는 수업 중의 예제나 교과서의 문제 등에서 그 학습항목과 관련된 문제를 찾아서 조건이나 문장을 바꾼다든지 하여 문제를 만들고 있었다. 이때, 이전에 만든 문제와 비교하여 공통 부분과 다른 부분을 생각하였다. 그 내용들로부터 학생들은 각 학습항목에 대해서 충분히 사고하고 이해를 심화하고 있다는 것을 알 수 있었다.

의문스럽게 생각했던 것에 대해서는 있다면 기입하도록 했다. 구체적으로 의문이 거론되고 있는 학습항목은 많지 않았다. 또 의문을 거론하고 있는 경우에도 그 내용은 계산 방법에 관한 것에 한정되어 있었다. '이차방정식' 단원은 이차방정식의 해법과 그 활용방법을 이해하는 것이 주된 학습내용이다. 실제 계산문제를 형식적·능률적으로 처리할 수 있게 되는 것을 핵심목표로 둔 단원이다. 이를 위해서 학생들이 일상생활이나 문제해결장면 등과 연결지어 생각하기 어려운 학습항목이 많이 있다. 그것이 의문스럽게 생각한 점이 별로 없었던 요인이라고 생각된다.

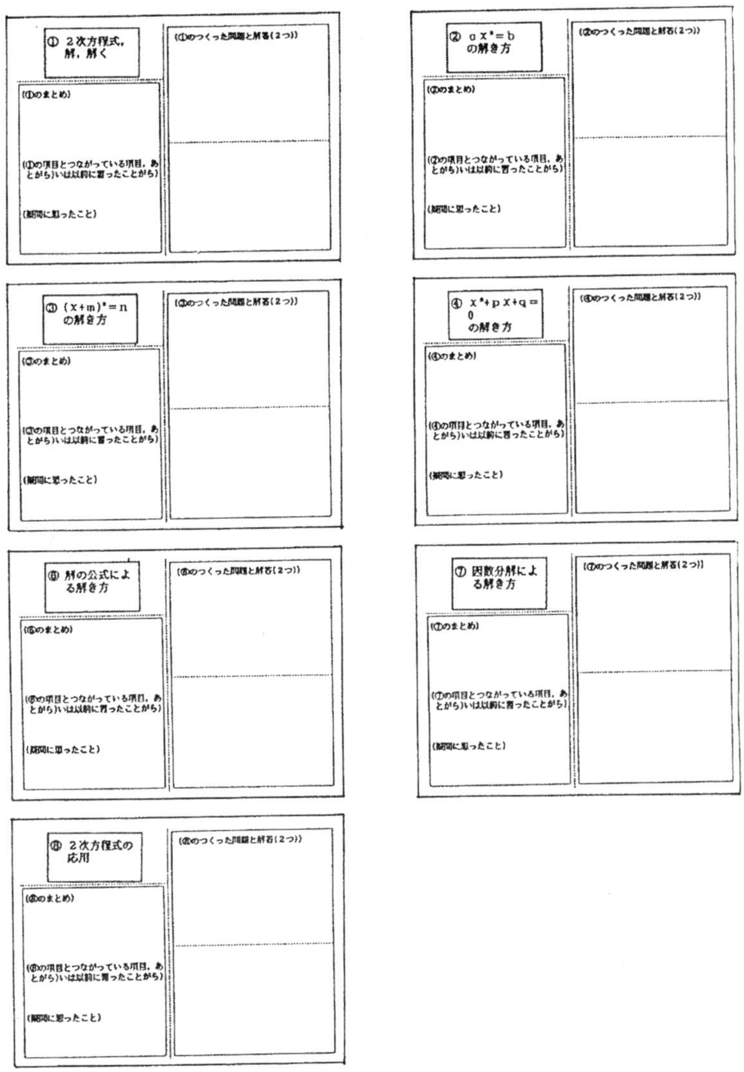


**그림 6 중학교 3학년 이차방정식의 창의성 카드**

② 화살표의 이유에 대한 학생들의 반응

학생들은 스스로 정리한 창의성 카드를 참고하면서 학습항목 사이의 연결에 대해 의미부여·관계짓기를 하고 있었다. 기입한 화살표의 이유로부터는 학생들이 학습항목들을 유기적으로 연결짓고 단원 전체의 계통성에 대하여 파악하고 있다는 것을 미루어 짐작할 수 있었다.

③ 발표·토론에 대한 학생들의 반응

단원 학습의 정리단계에서는 개개의 학습항목의 의미, 다른 학습항목과의 관련, 단원 전체의 구조적 관련을 서로 발표·토론하게 하는 커뮤니케이션 학습을 2시간 실시했다.

첫 시간은 자신의 발표내용에 대해 확신을 가질 수 없었는지 불안해하는 듯한 학생도 있었다. 그러나 친구의 의견을 듣거나 의견을 교환하는 동안에 자신의 생각을 수정하거나 살을 덧붙여 2시간째에는 대부분의 학생이 단원 전체의 학습내용을 논리적으로 구성하고 문맥화하여 당당하게 설명할 수 있게 되었다. 그 모습으로부터 단원 전체의 학습내용에 대한 이해가 심화되고, 자신감이 높아졌다는 것을 짐작할 수 있었다.

④ 창의성 카드를 이용한 구조적 문제 만들기 학습법에 대한 학생들의 감상

- 지금까지 정리를 잘 못했는데 이 학습법을 배우고 잘 정리할 수 있게 되었다.
- 이 학습을 시작하고 시험 준비에 매우 도움이 되었다.
- 차트는 지금 자신이 어떤 방법을 사용하여 풀고 있는지 확실히 보여주기 때문에 편리하다고 생각한다. 스스로 정리하는 것이 중요하다고 생각한다.
- 차트를 작성할 때에는 짜증이 나고 귀찮았는데, 정리해서 발표해 보니까 도움이 되는 차트라고 생각하게 되었다.
- 이 학습법을 실시한 후는 문제를 풀 때에 매우 도움이 되고 있다.
- 이 학습법은 좀 어려웠지만, 매우 재미있었다. 앞으로도 계속 하고 싶다.

이 감상문들로부터 학생들은 학습한 내용을 확실히 이해할 수 있게 되었고, 더욱이 학습에 대한 관심이나 자신감을 고양시켜 의욕적으로 학습에 몰두하게 되었다는 것을 알 수 있었다.

### (2) 분석·평가

창의성 카드를 이용한 구조적 문제 만들기 학습법에 대해서는 학생들의 80~95%가 "학습내용 전체의 흐름을 알 수 있게 되었다.", "학습항목들의 관계를 알 수 있게 되었다.", "계산문제를 풀 수 있게 되었다.", "학습내용의 정리방법을 알 수 있게 되었다", "문제와 문제의 차이점을 알 수 있게 되었다."라고 반응하고 있는 것으로 보아 그 유효성을 짐작할 수 있었다.

창의성을 육성하는 데에는 기초적·기본적인 내용을 확실히 정착시킨 후, 기존의 지식을 세분화하여, 목적에 맞게 필요한 지식을 재구성하는 것이 중요하다.

창의성 카드를 이용한 구조적 문제 만들기 학습법은 학생들의 창의성의 기반을 육성하기 위한 효과적인 방법이라고 할 수 있다.

(아키타 미요)

# 부록

# 부록 1 일본 학습지도요령에 따른 학습구조차트

초등학교 1학년 [ 몇 번째 ]

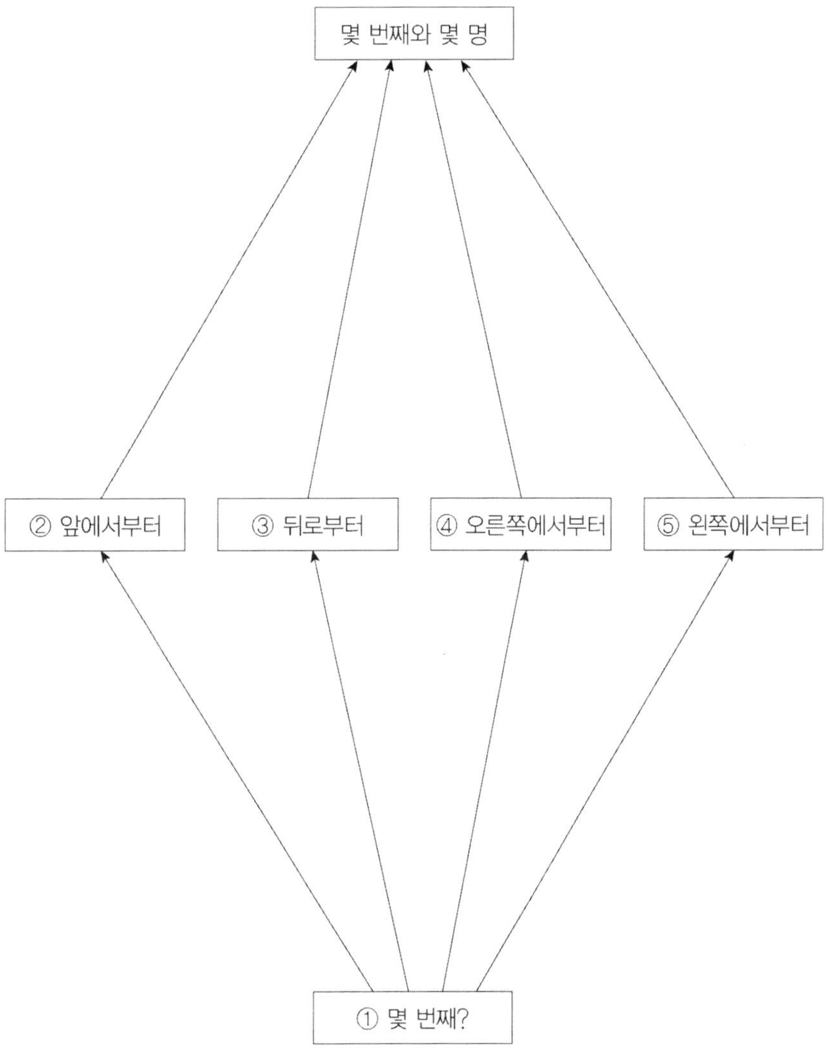

초등학교 1학년 [ 여러 가지 모양 ]

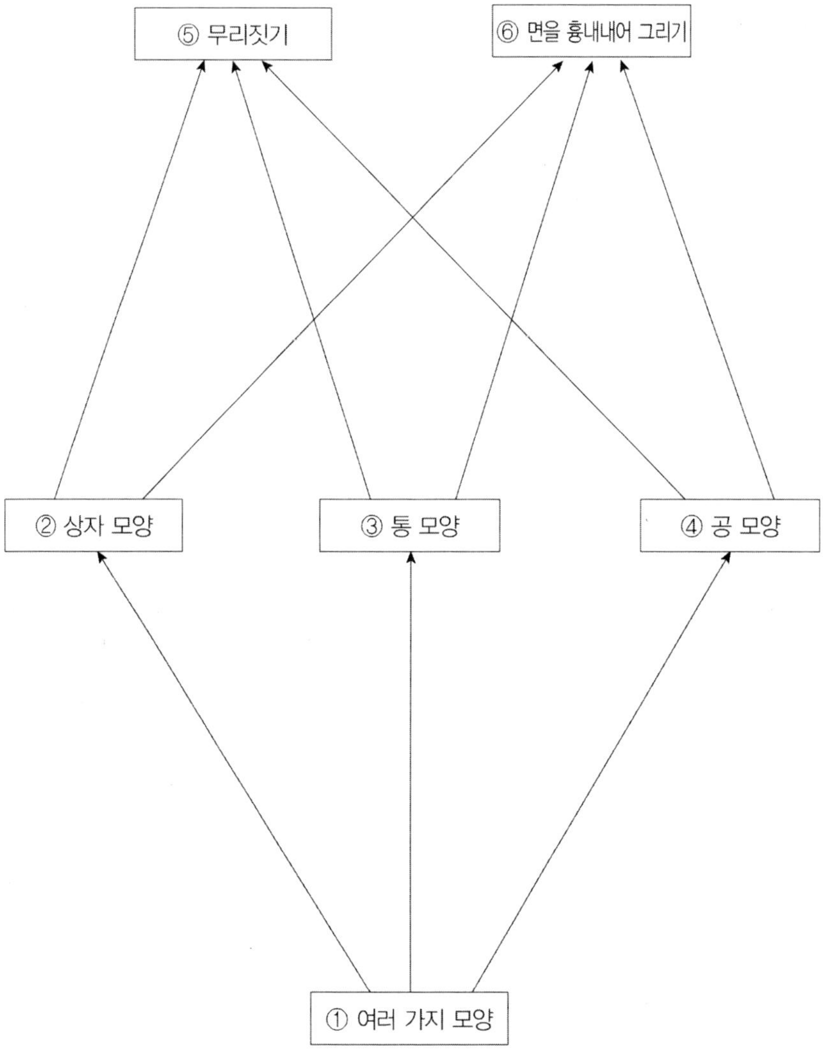

초등학교 1학년 [ 20까지의 수 ]

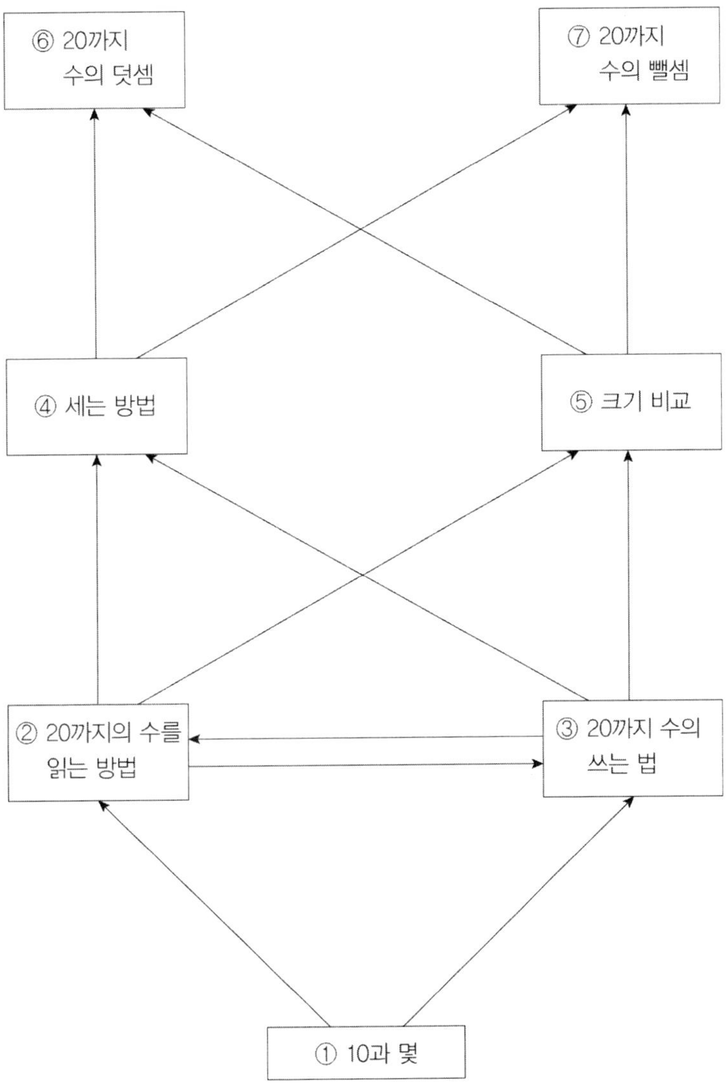

초등학교 1학년 [ 더할까 뺄까? ]

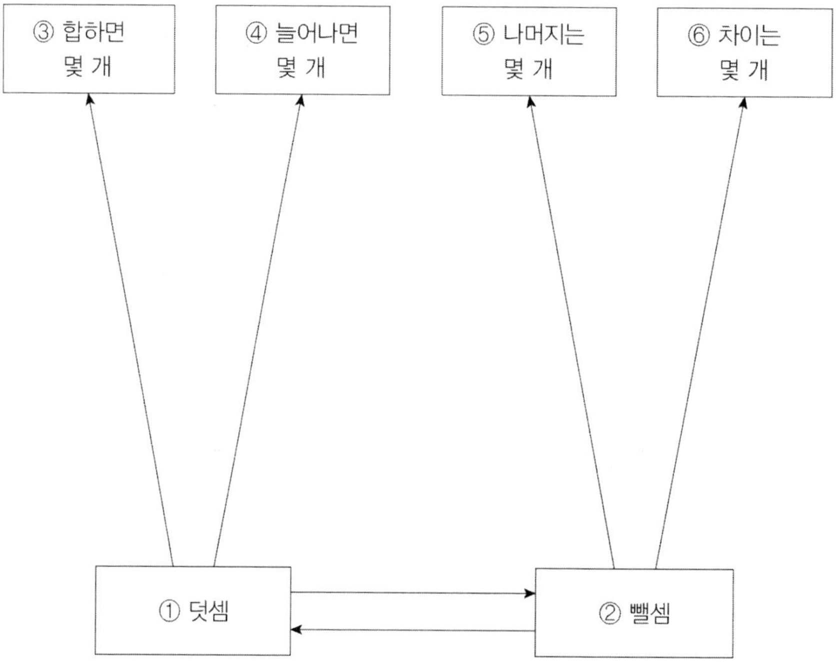

초등학교 2학년 [ 1000까지의 수 ]

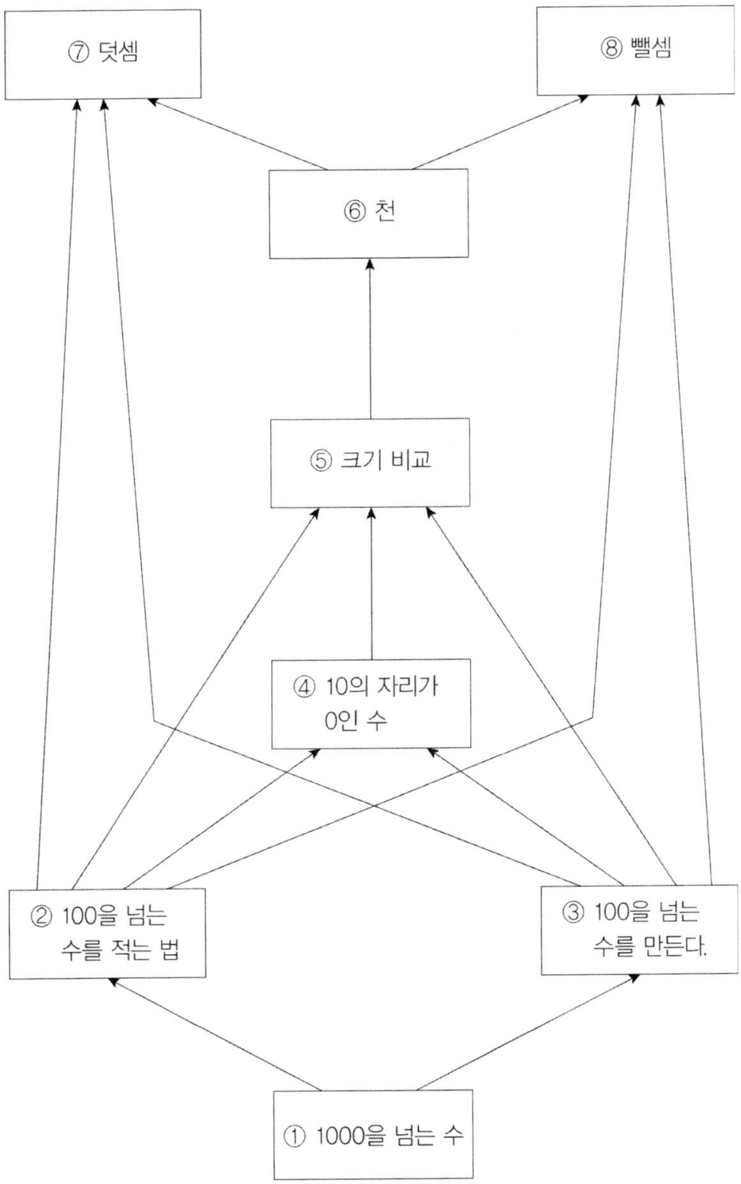

초등학교 2학년 [ 두 자리 수의 덧셈과 뺄셈 ]

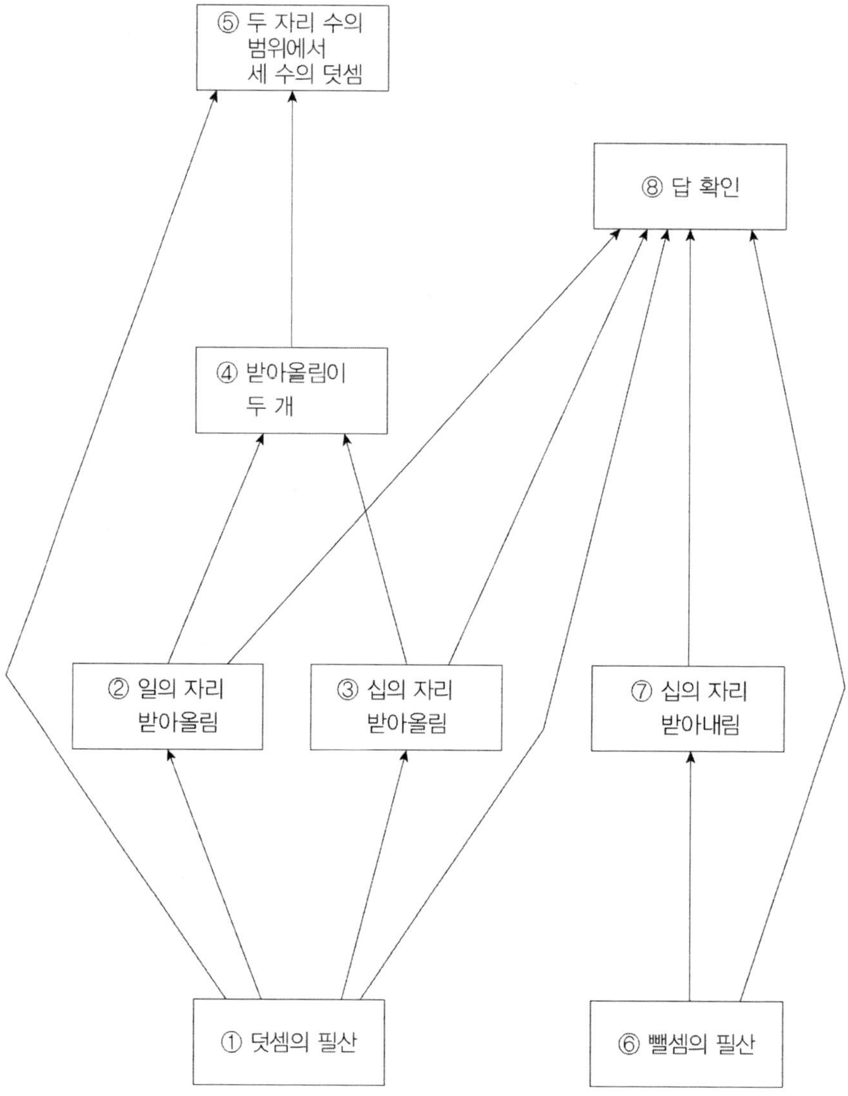

초등학교 2학년 [ 식과 계산의 순서 ]

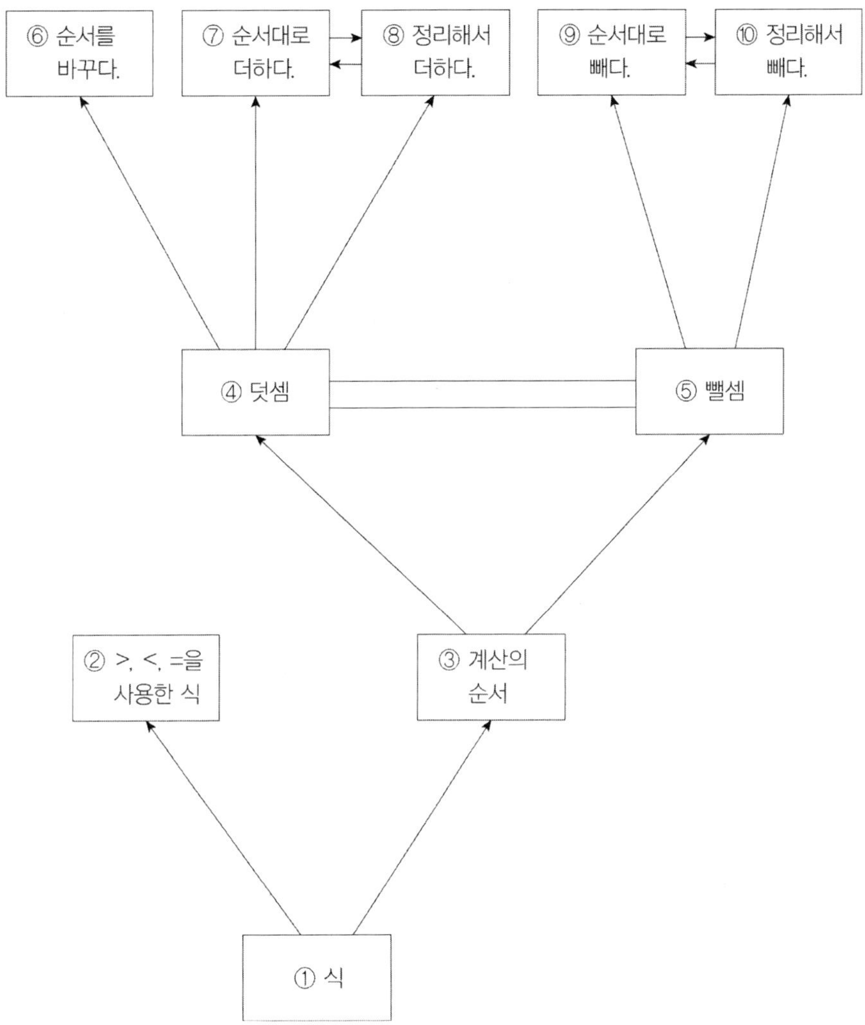

초등학교 2학년 [ 세 자리 수의 덧셈과 뺄셈 ]

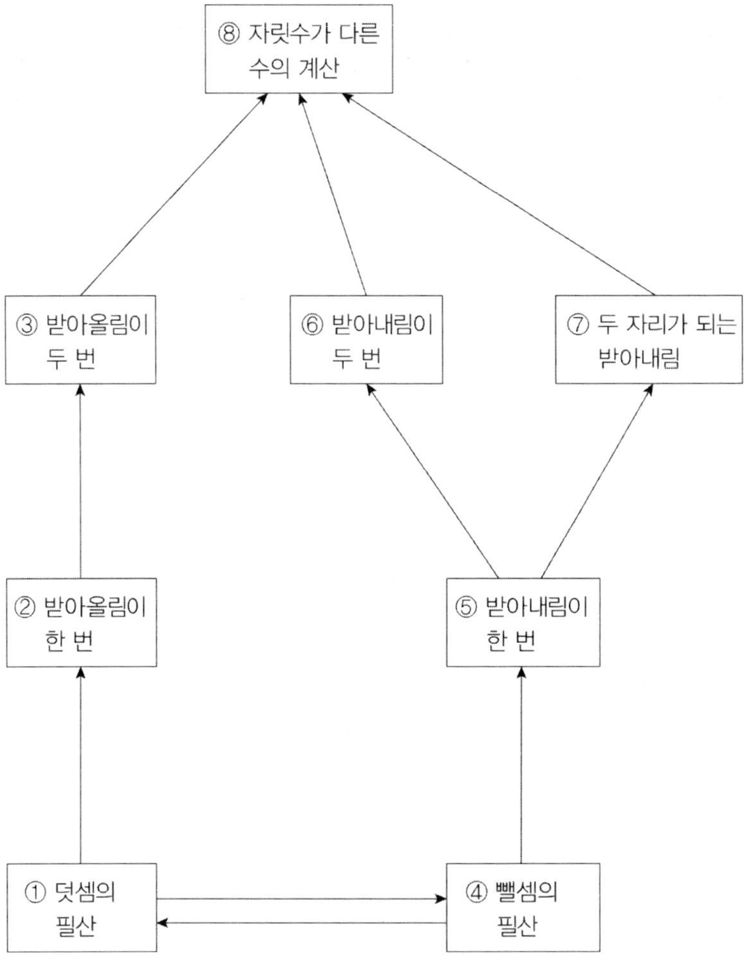

## 초등학교 3학년 [ 나눗셈 ]

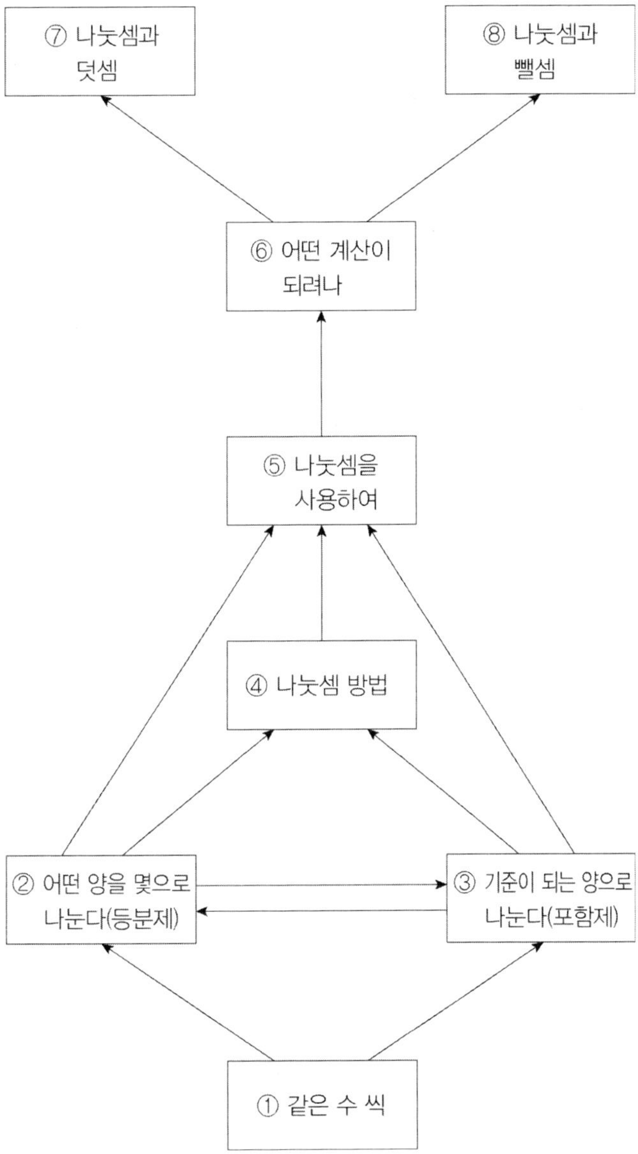
⑦ 나눗셈과 덧셈
⑧ 나눗셈과 뺄셈
⑥ 어떤 계산이 되려나
⑤ 나눗셈을 사용하여
④ 나눗셈 방법
② 어떤 양을 몇으로 나눈다(등분제)
③ 기준이 되는 양으로 나눈다(포함제)
① 같은 수 씩

초등학교 3학년 [ 표와 그래프 ]

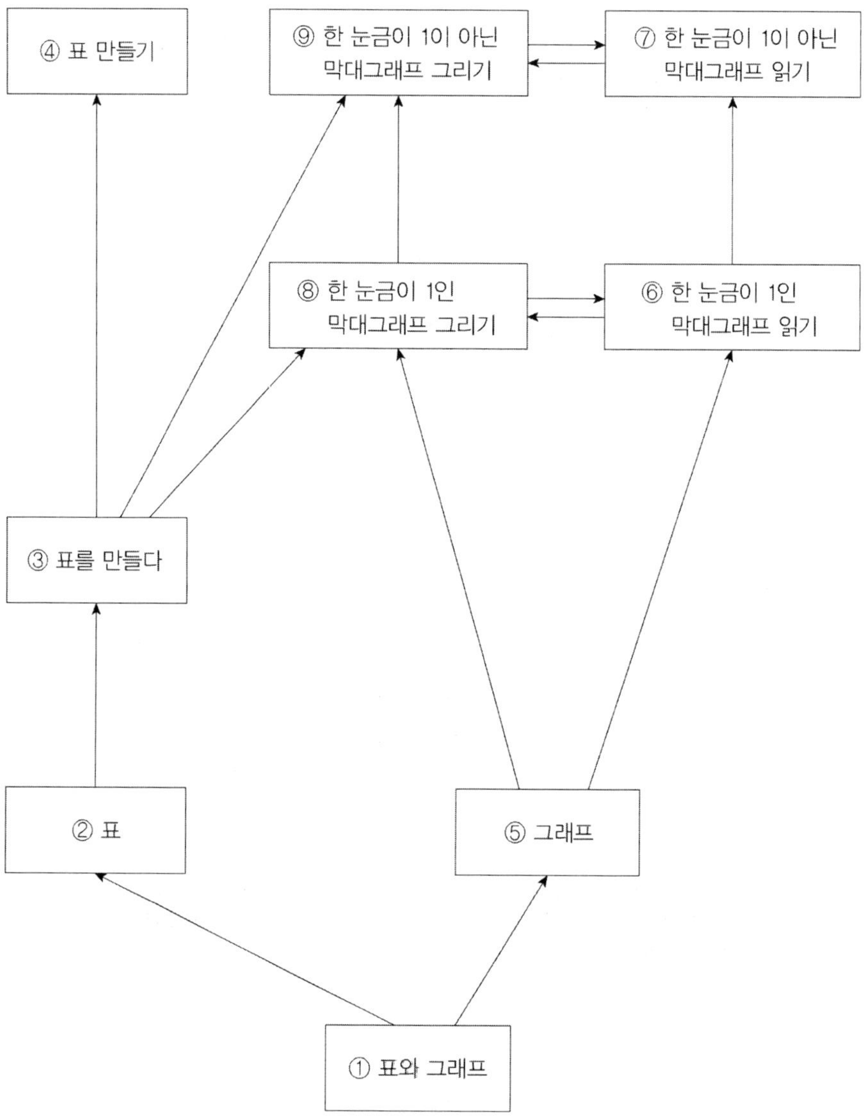

초등학교 3학년 [ 삼각형 ]

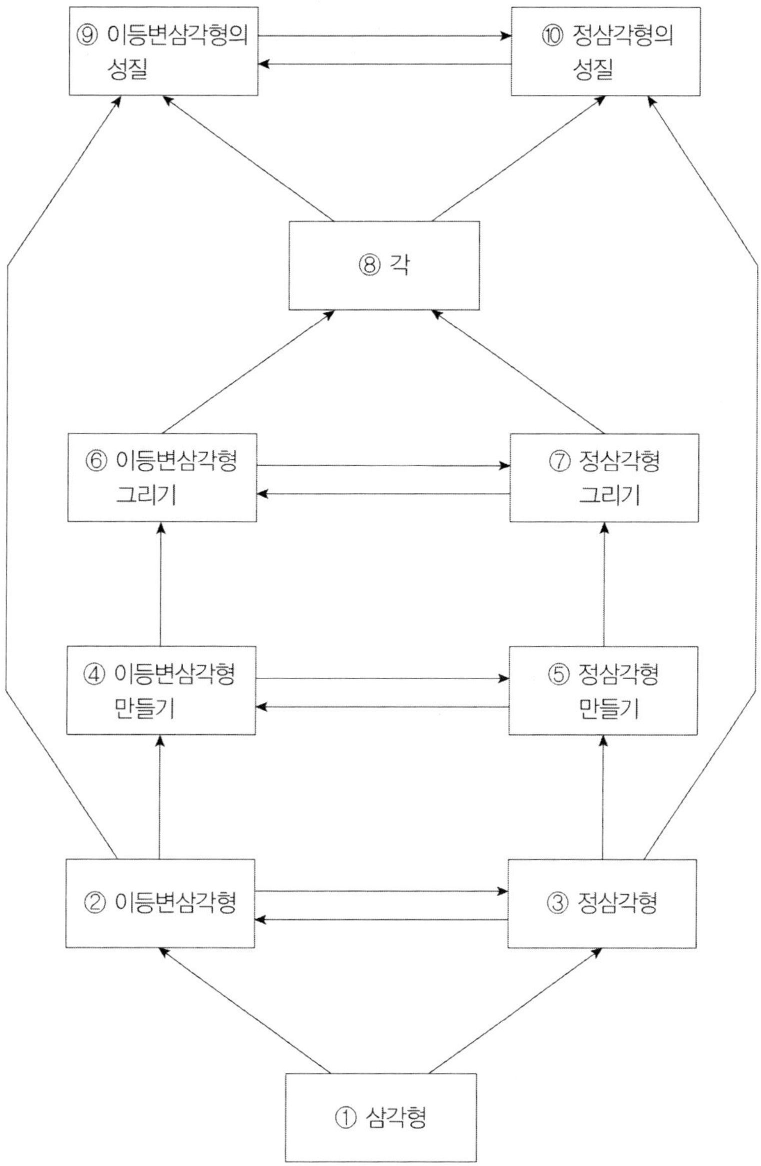
⑨ 이등변삼각형의 성질
⑩ 정삼각형의 성질
⑧ 각
⑥ 이등변삼각형 그리기
⑦ 정삼각형 그리기
④ 이등변삼각형 만들기
⑤ 정삼각형 만들기
② 이등변삼각형
③ 정삼각형
① 삼각형

초등학교 3학년 [ 소수 ]

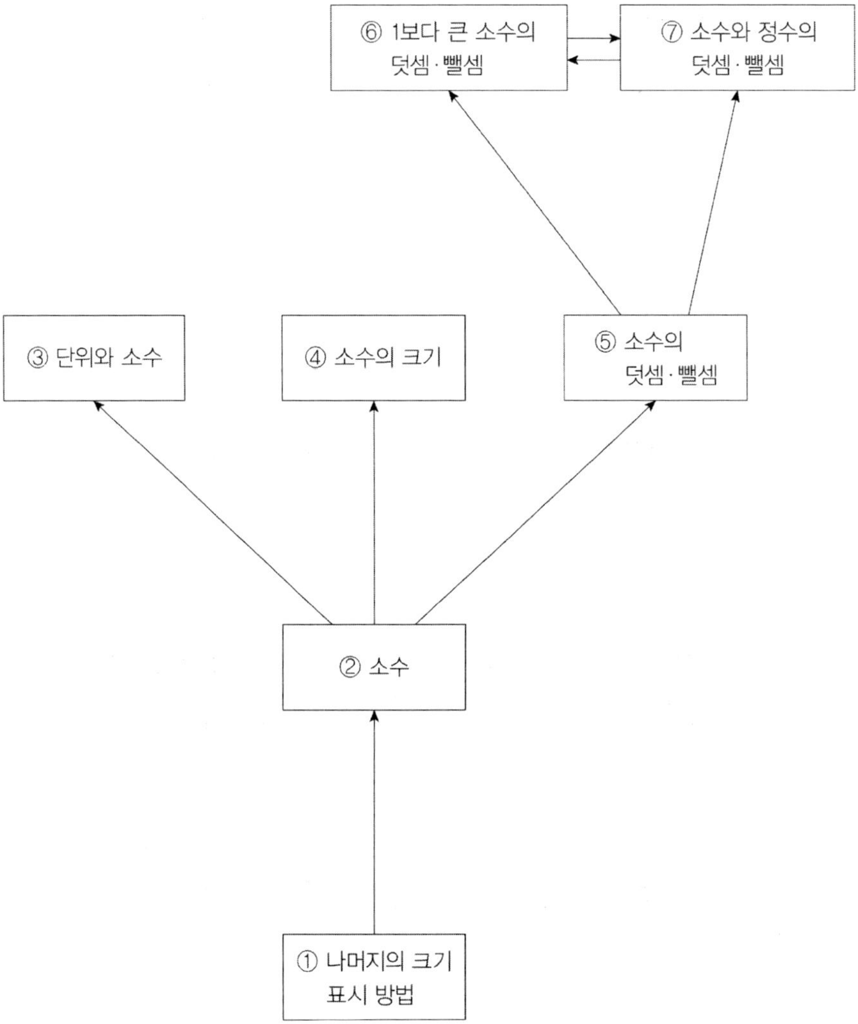
⑥ 1보다 큰 소수의 덧셈·뺄셈
⑦ 소수와 정수의 덧셈·뺄셈
③ 단위와 소수
④ 소수의 크기
⑤ 소수의 덧셈·뺄셈
② 소수
① 나머지의 크기 표시 방법

초등학교 4학년 [ 각 ]

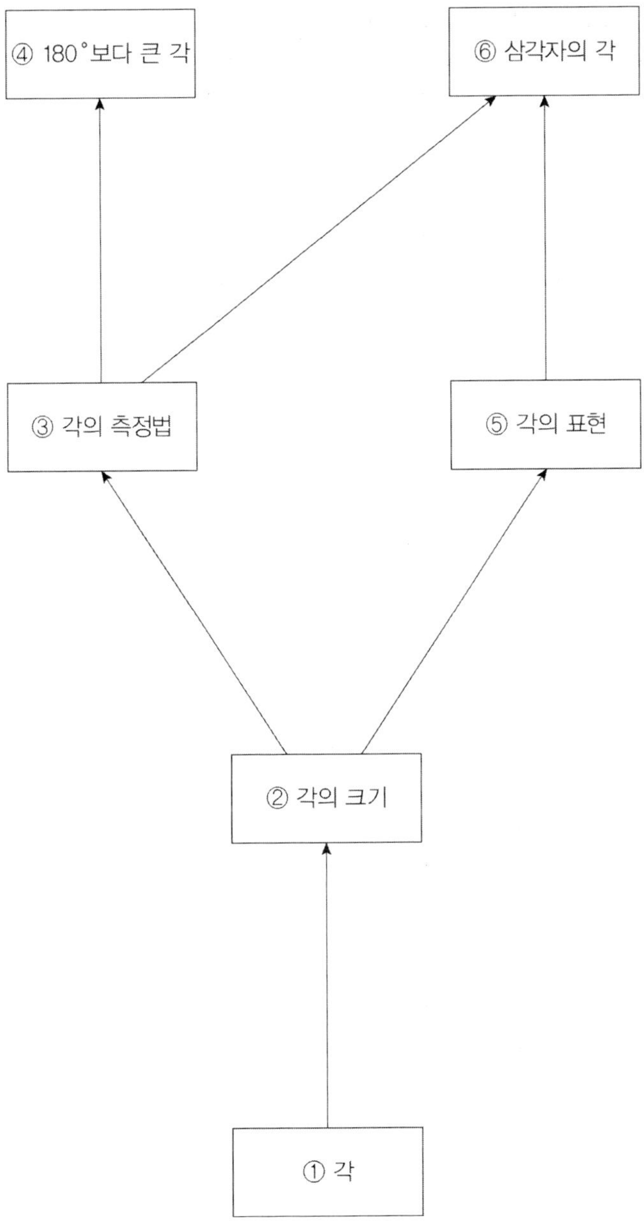

초등학교 4학년 [ 넓이 ]

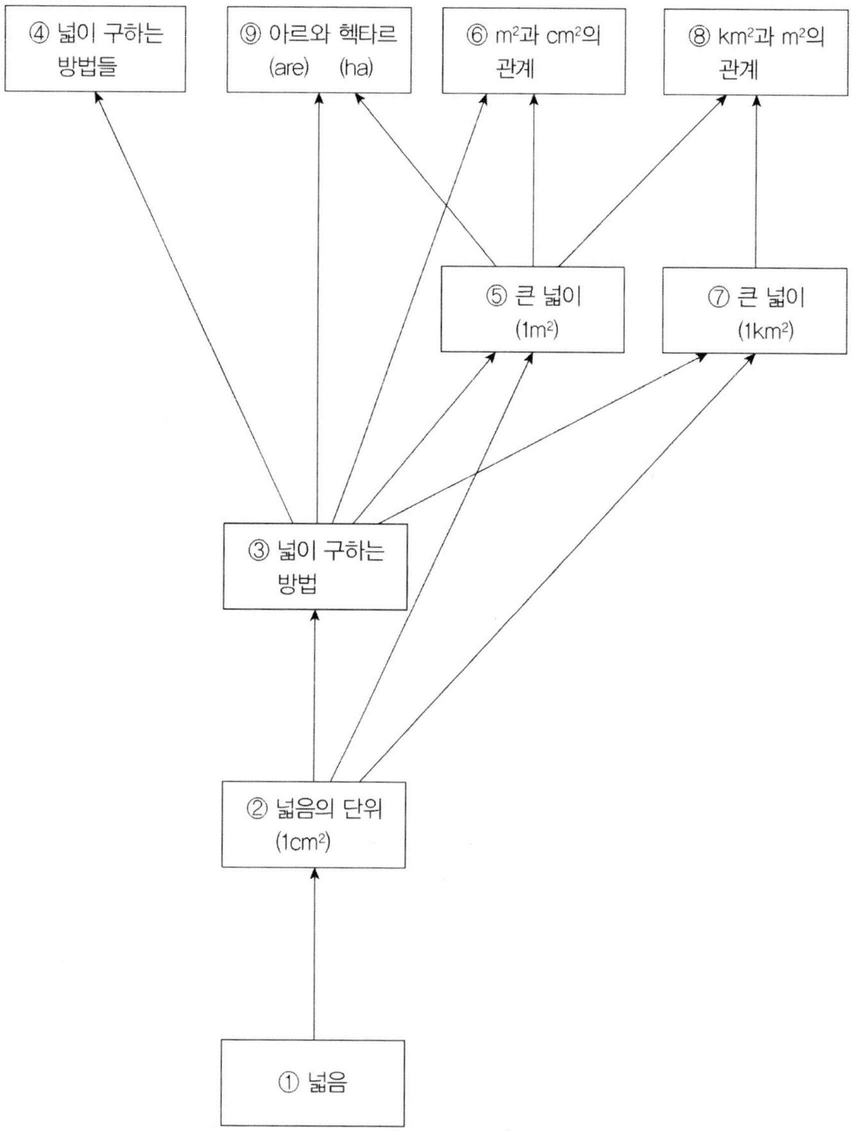
④ 넓이 구하는 방법들
⑨ 아르와 헥타르 (are) (ha)
⑥ m²과 cm²의 관계
⑧ km²과 m²의 관계
⑤ 큰 넓이 (1m²)
⑦ 큰 넓이 (1km²)
③ 넓이 구하는 방법
② 넓음의 단위 (1cm²)
① 넓음

## 초등학교 4학년 [ 소수의 곱셈과 나눗셈 ]

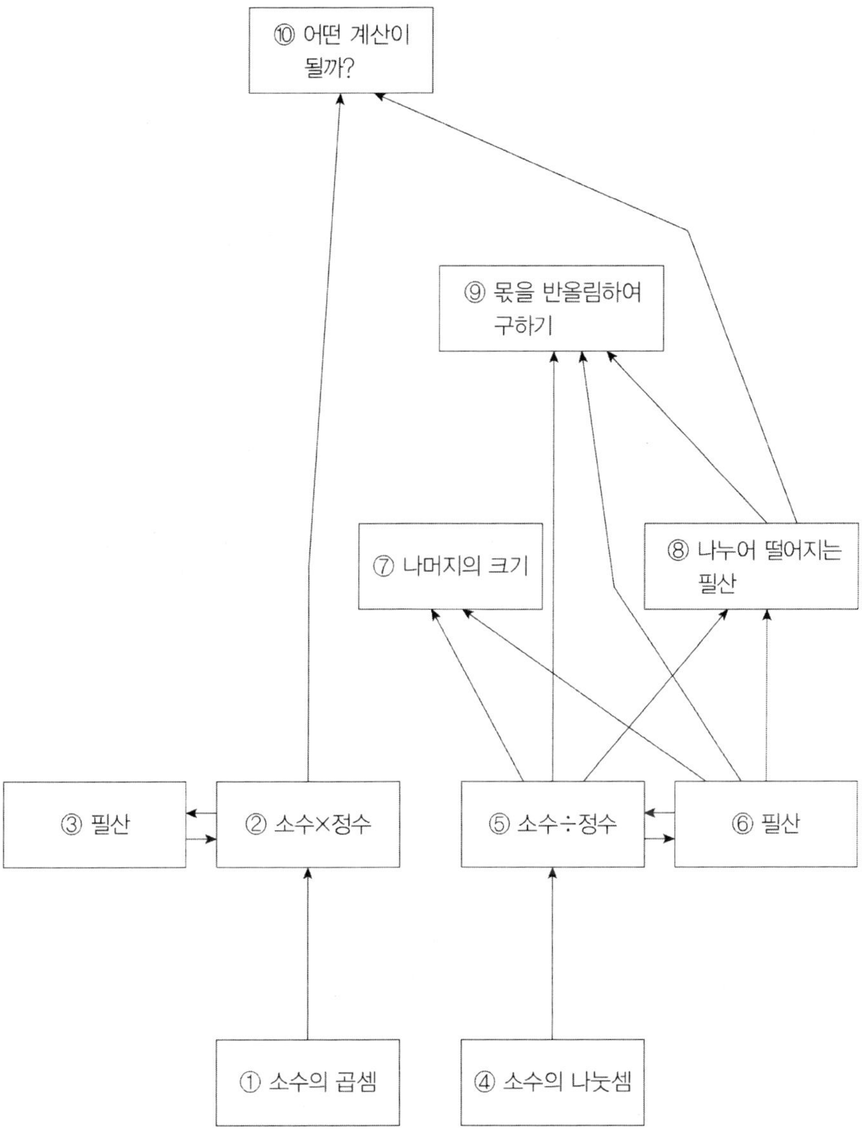

## 초등학교 4학년 [ 분수 ]

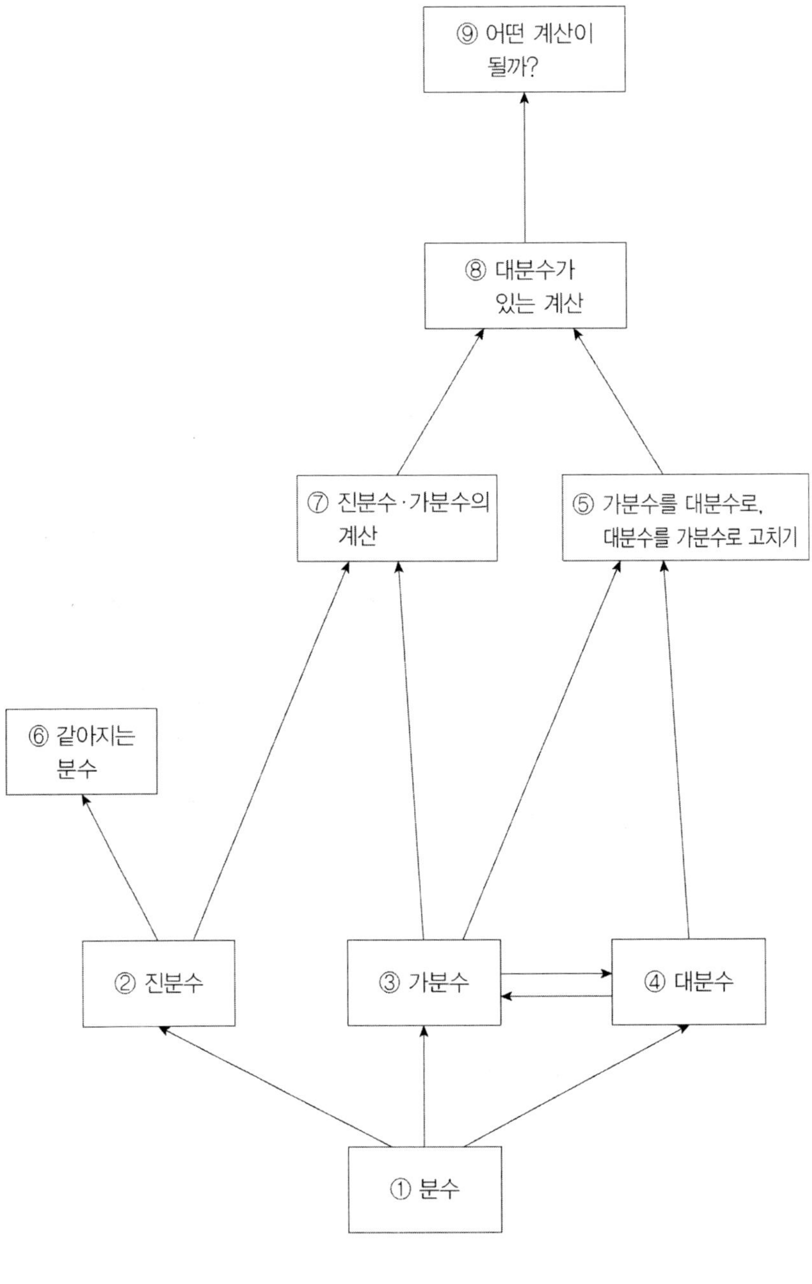
⑨ 어떤 계산이 될까?
⑧ 대분수가 있는 계산
⑦ 진분수·가분수의 계산
⑤ 가분수를 대분수로, 대분수를 가분수로 고치기
⑥ 같아지는 분수
② 진분수
③ 가분수
④ 대분수
① 분수

## 초등학교 5학년 [ 부피 ]

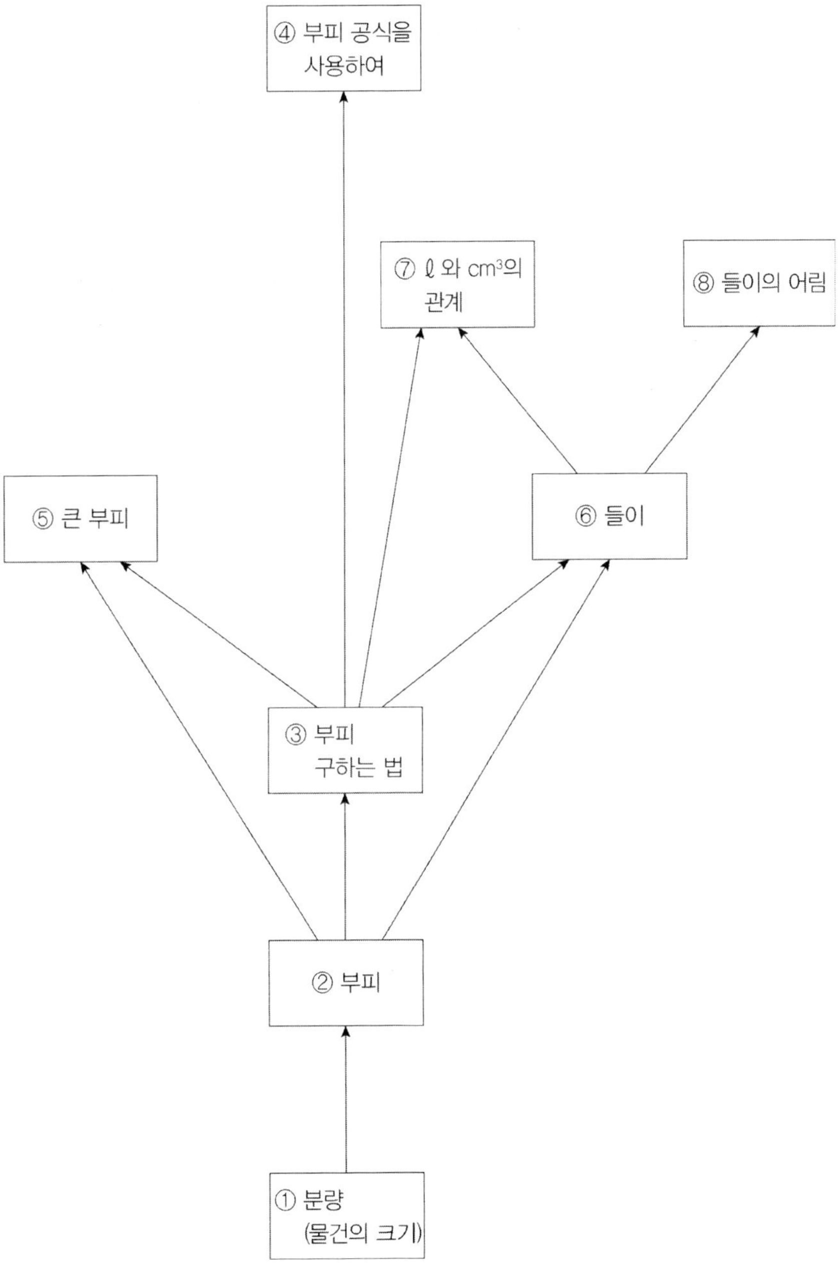
④ 부피 공식을 사용하여
⑦ ℓ 와 cm³의 관계
⑧ 들이의 어림
⑤ 큰 부피
⑥ 들이
③ 부피 구하는 법
② 부피
① 분량 (물건의 크기)

초등학교 5학년 [ 소수의 나눗셈 ]

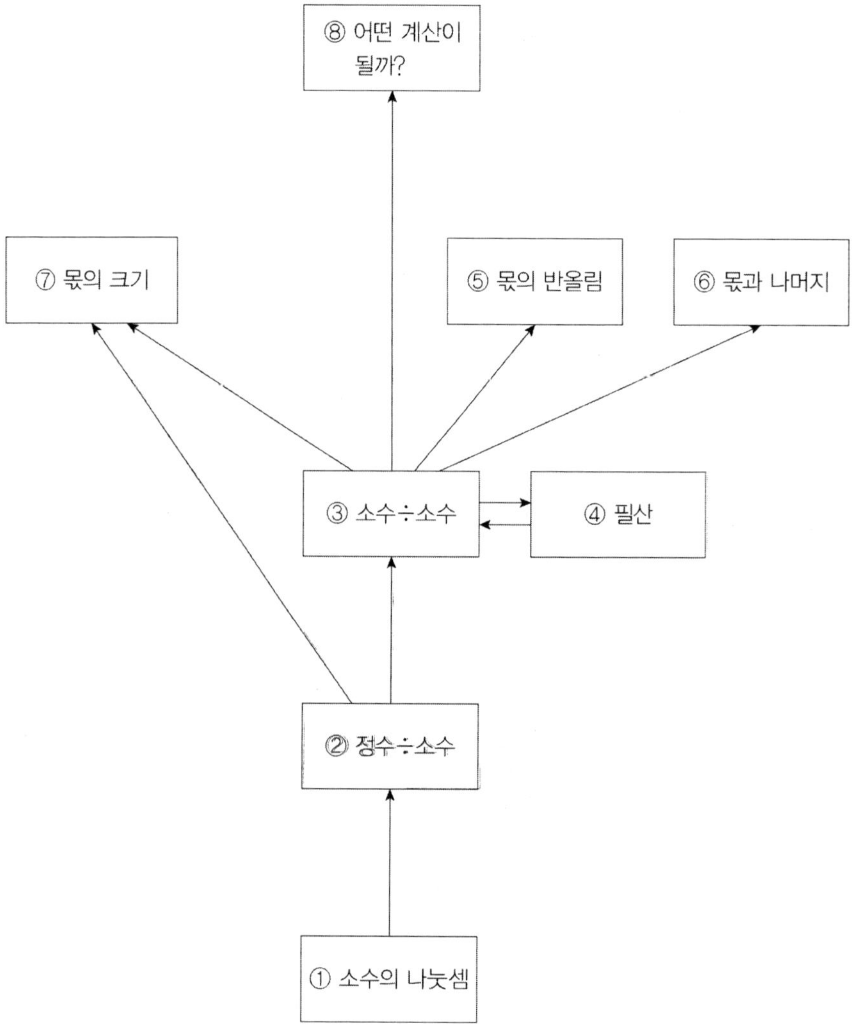

## 초등학교 5학년 [ 단위량 당 ]

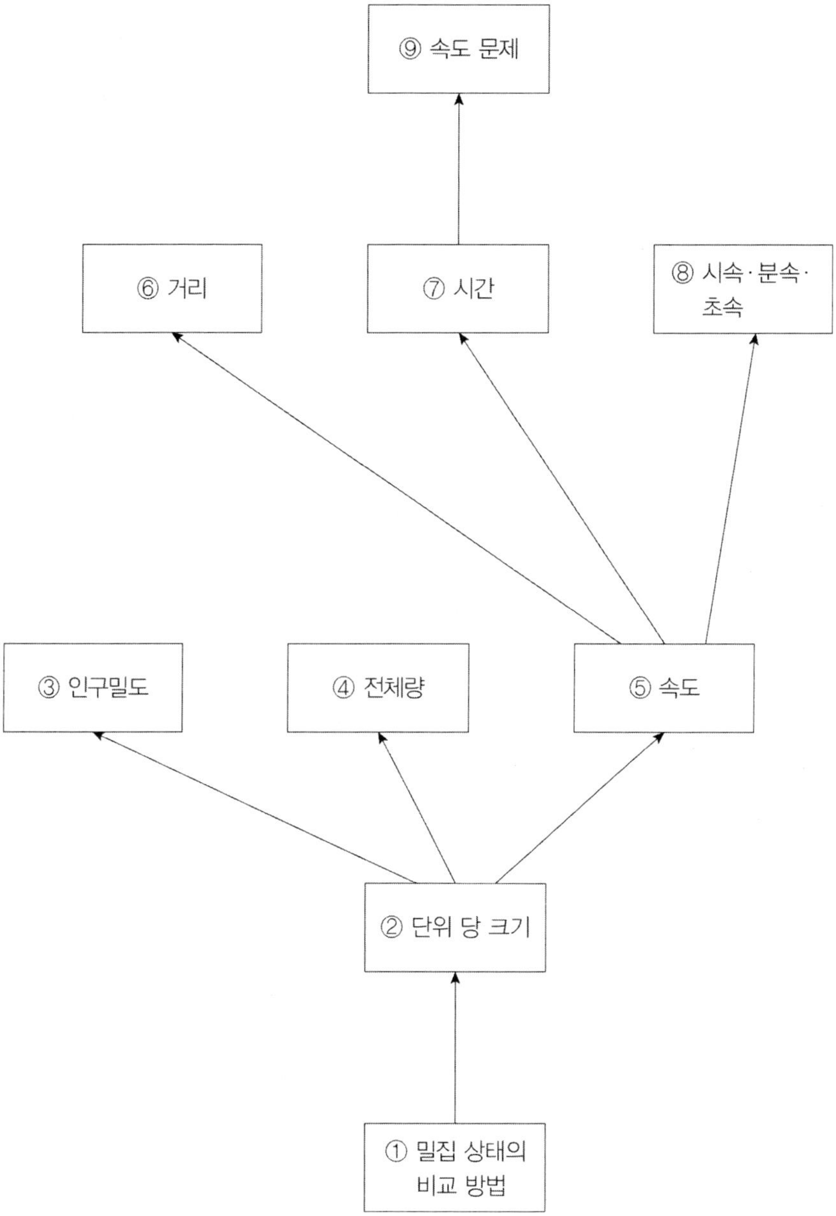

초등학교 5학년 [ 원과 정다각형 ]

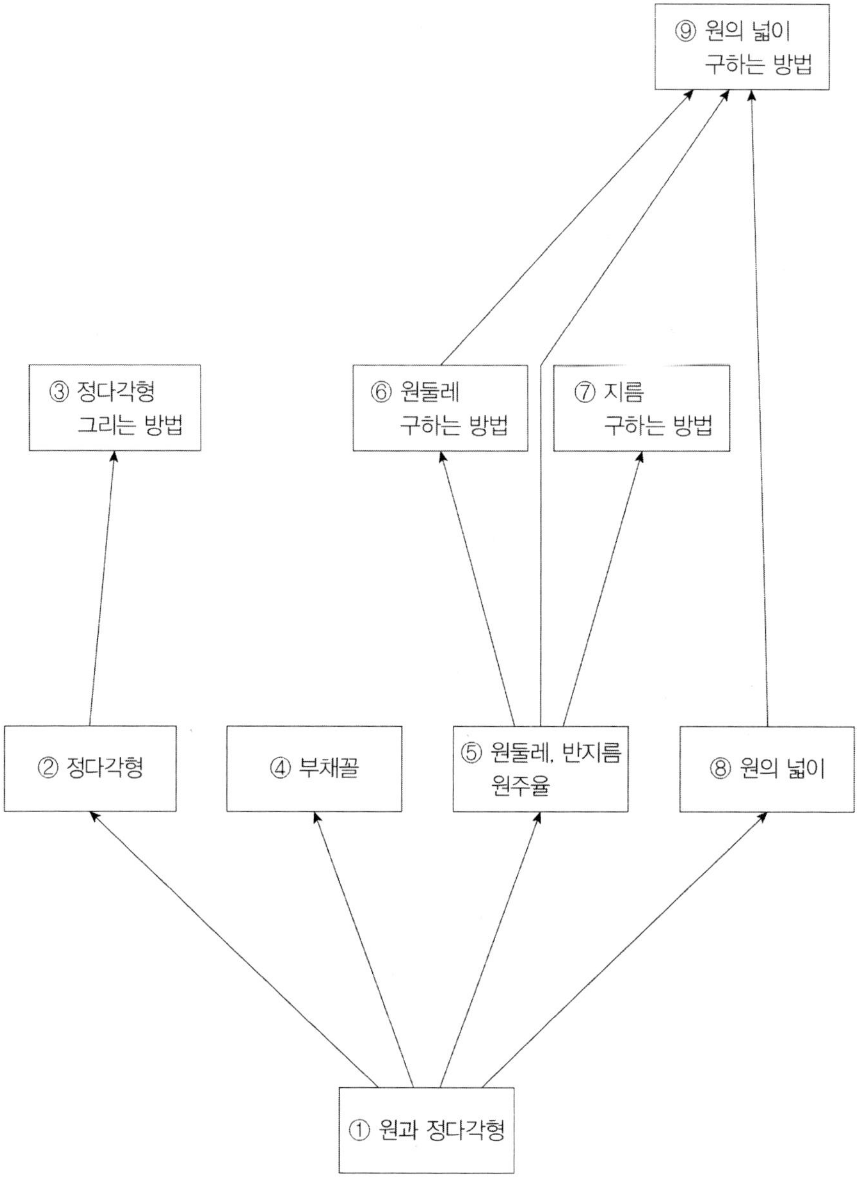

초등학교 6학년 [ 대칭 도형 ]

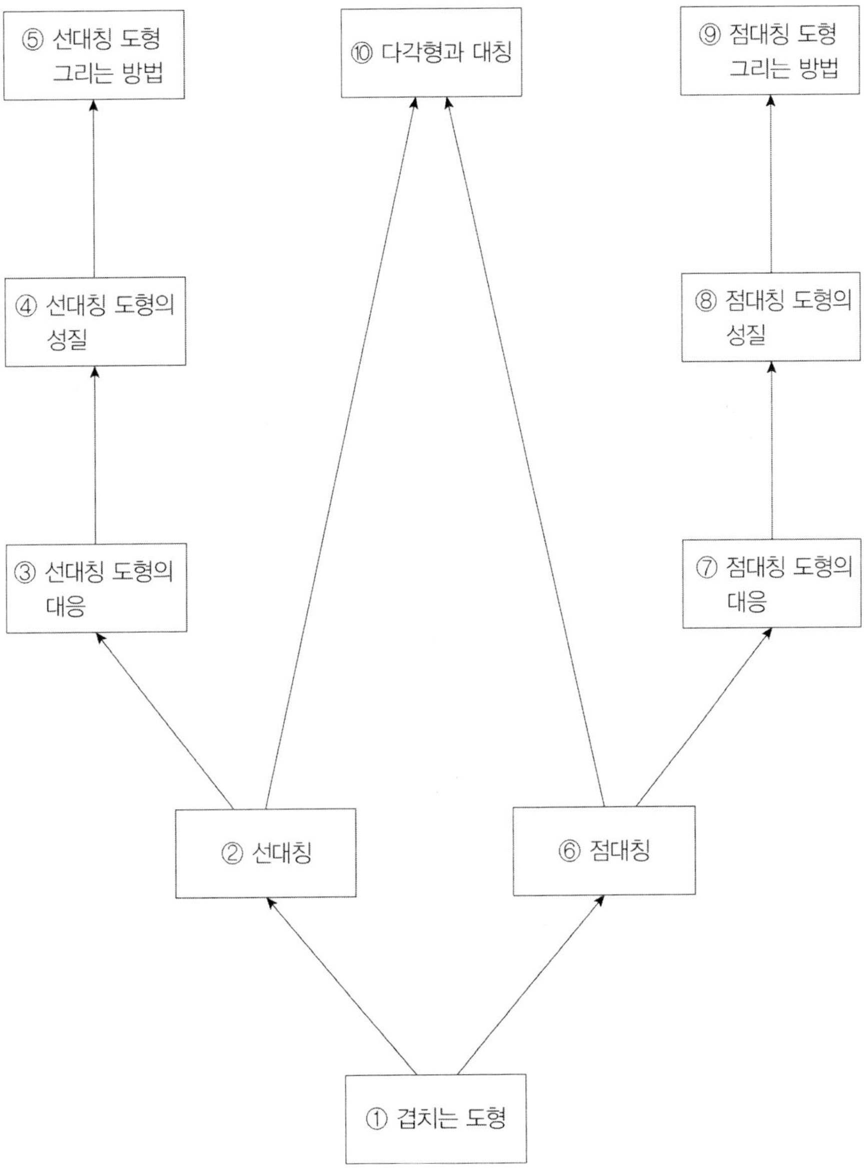

초등학교 6학년 [ 도형의 확대와 축소 ]

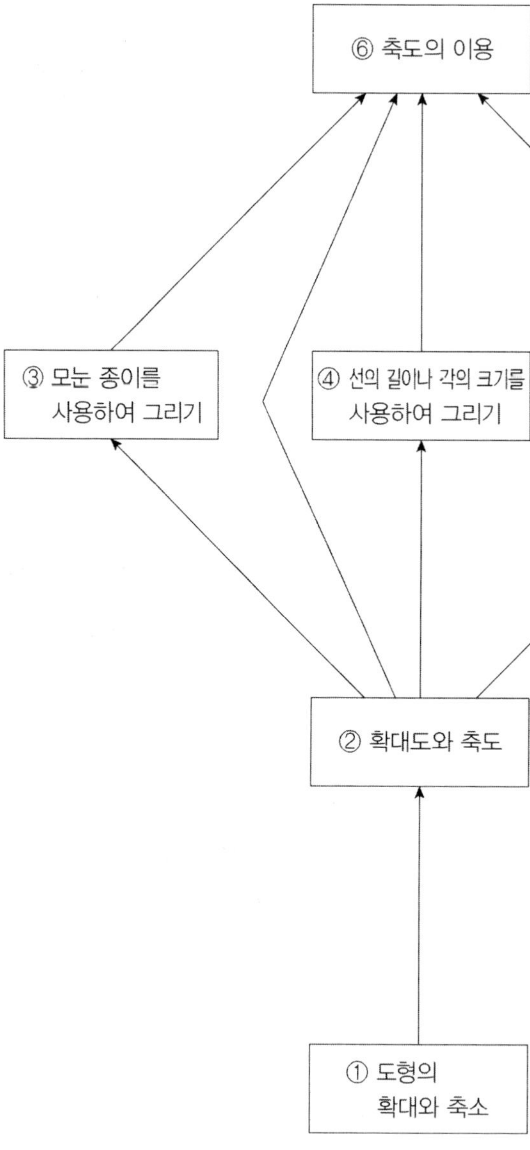

## 초등학교 6학년 [ 비례와 반비례 ]

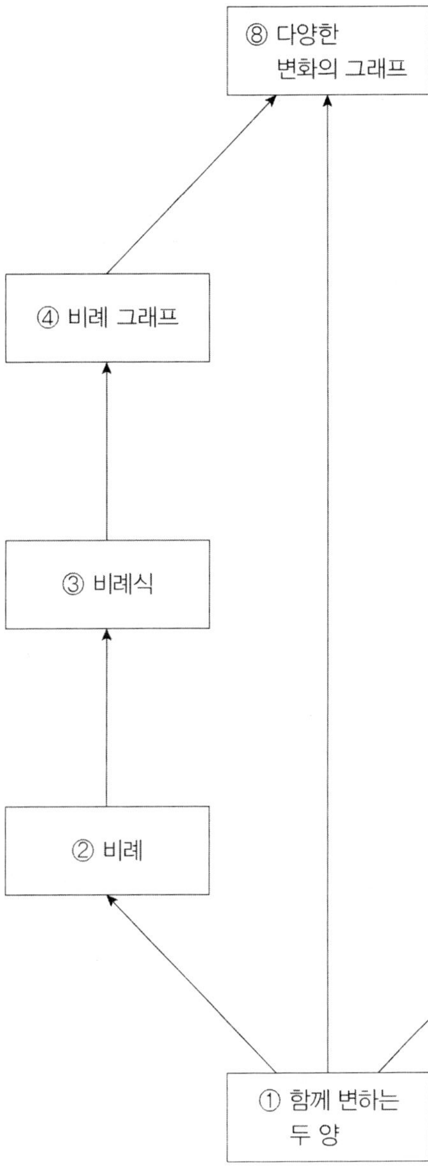

## 초등학교 6학년 [ 입체 ]

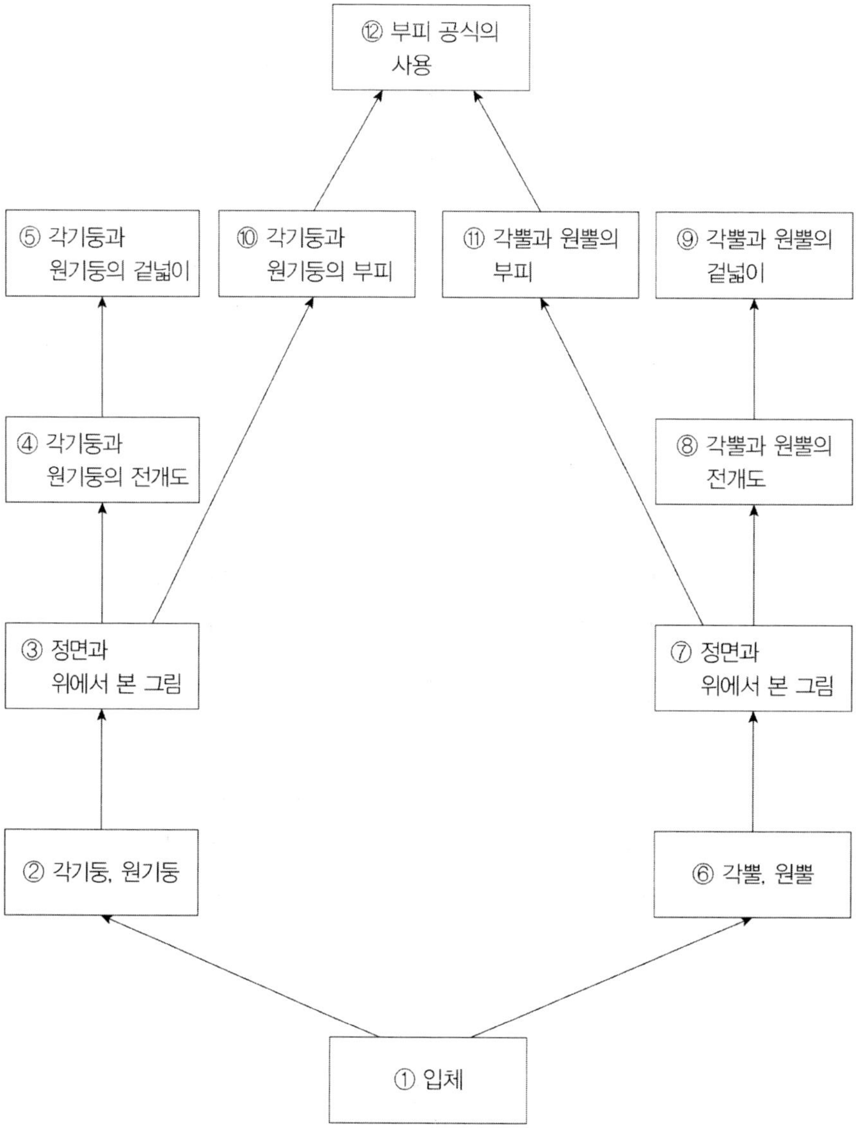
⑫ 부피 공식의 사용
⑤ 각기둥과 원기둥의 겉넓이
⑩ 각기둥과 원기둥의 부피
⑪ 각뿔과 원뿔의 부피
⑨ 각뿔과 원뿔의 겉넓이
④ 각기둥과 원기둥의 전개도
⑧ 각뿔과 원뿔의 전개도
③ 정면과 위에서 본 그림
⑦ 정면과 위에서 본 그림
② 각기둥, 원기둥
⑥ 각뿔, 원뿔
① 입체

## 중학교 수학 1학년 [양수·음수]

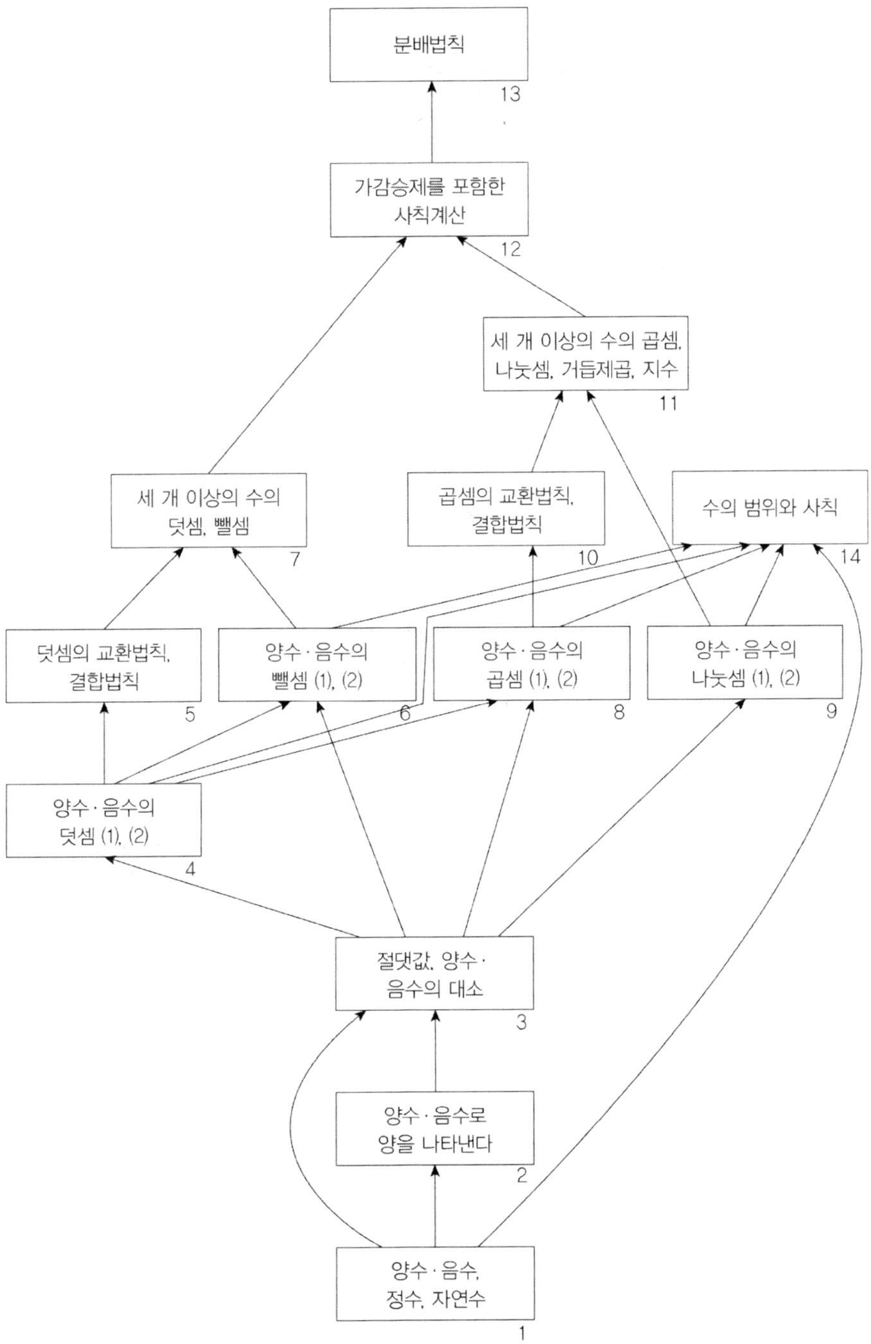

## 중학교 수학 1학년 [ 문자와 식 ]

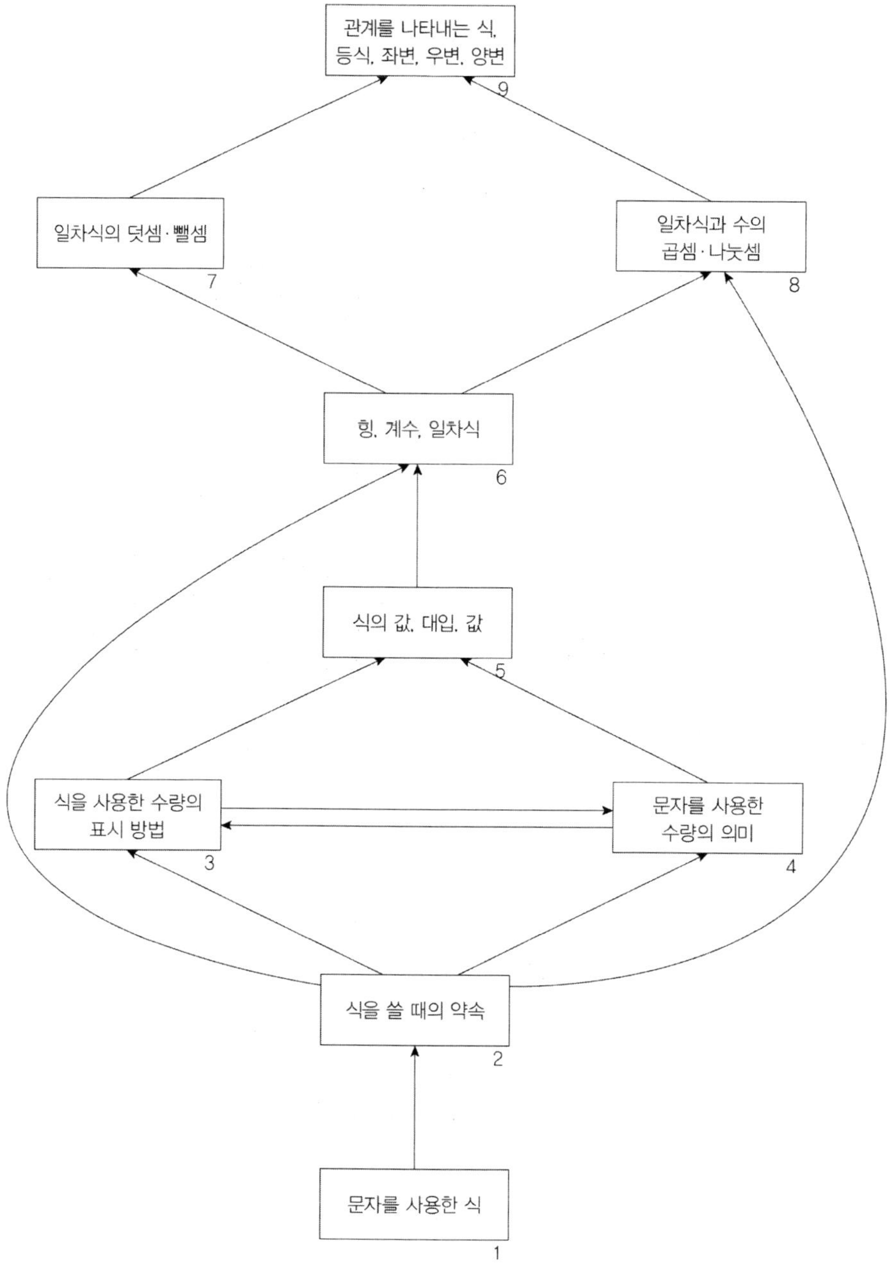

## 중학교 수학 1학년 [ 방정식 ]

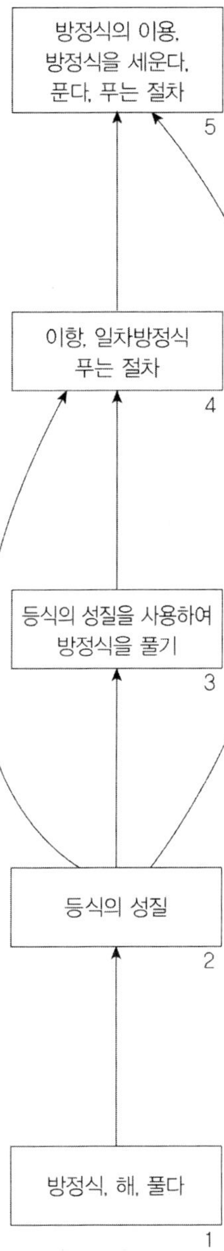

중학교 수학 1학년 [ 비례와 반비례 ]

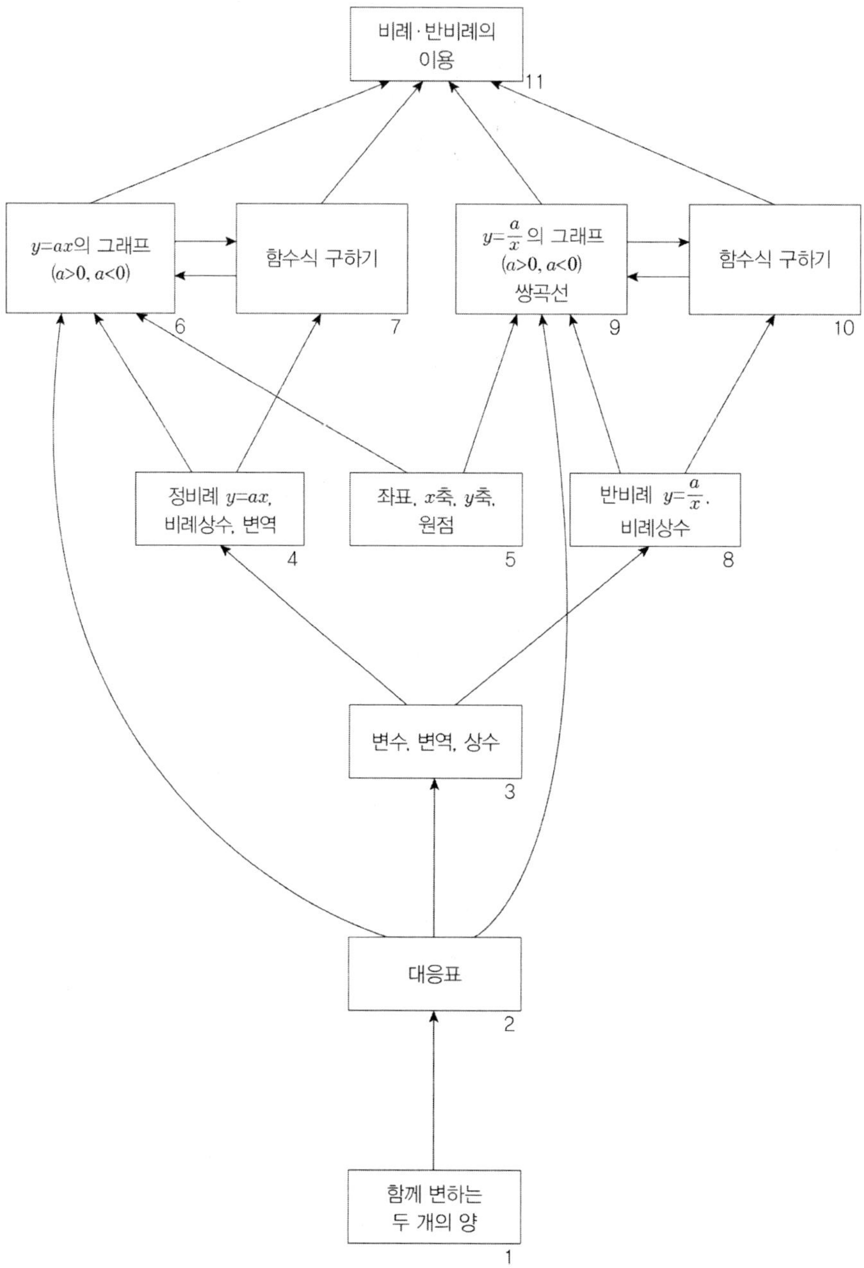

## 중학교 수학 1학년 [ 평면도형(전체) ]

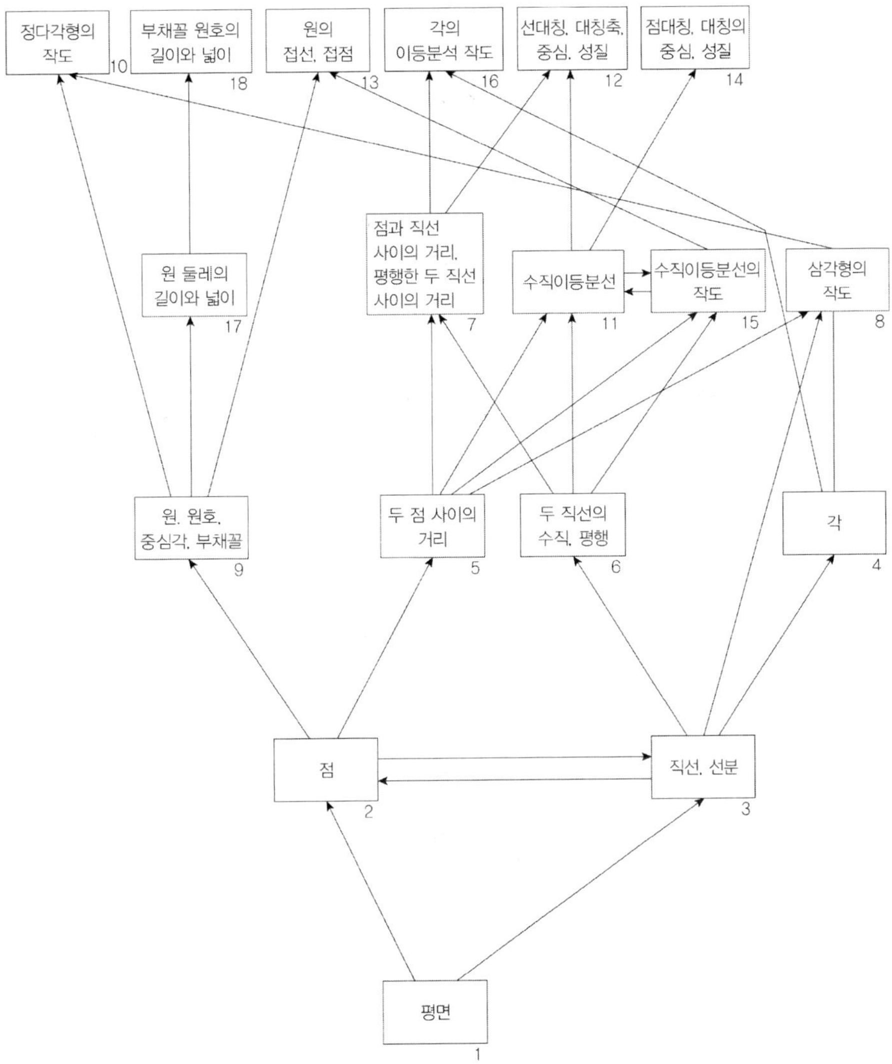

중학교 수학 1학년 [ 공간도형 ]

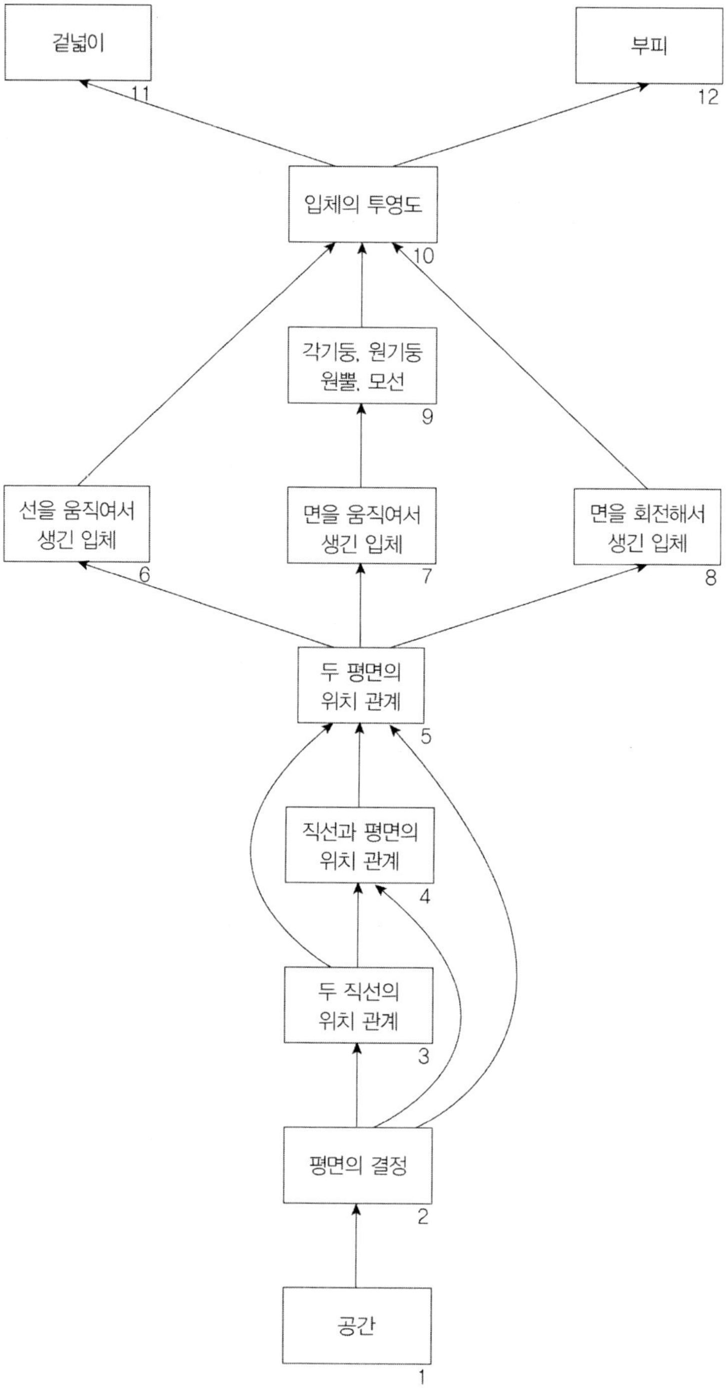

중학교 수학 2학년 [ 식의 계산 ]

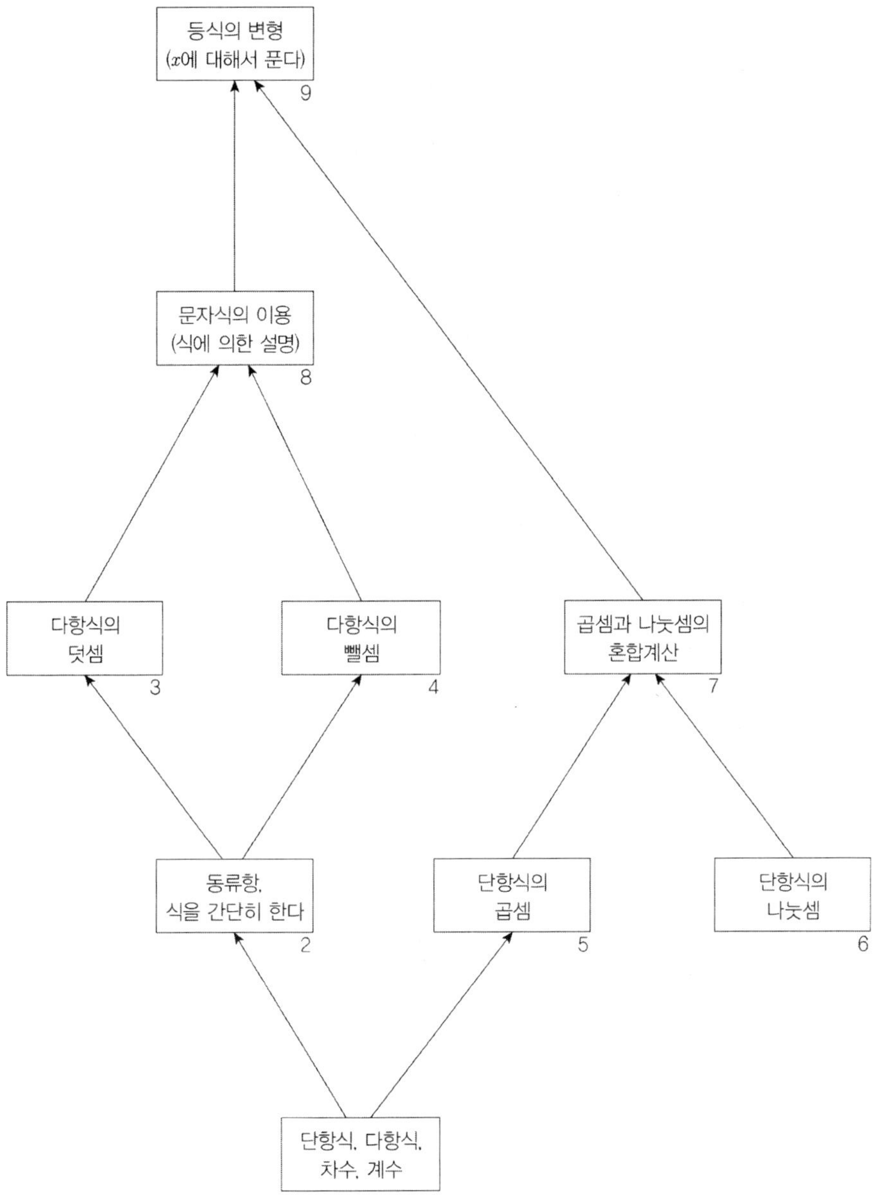

중학교 수학 2학년 [ 연립방정식 ]

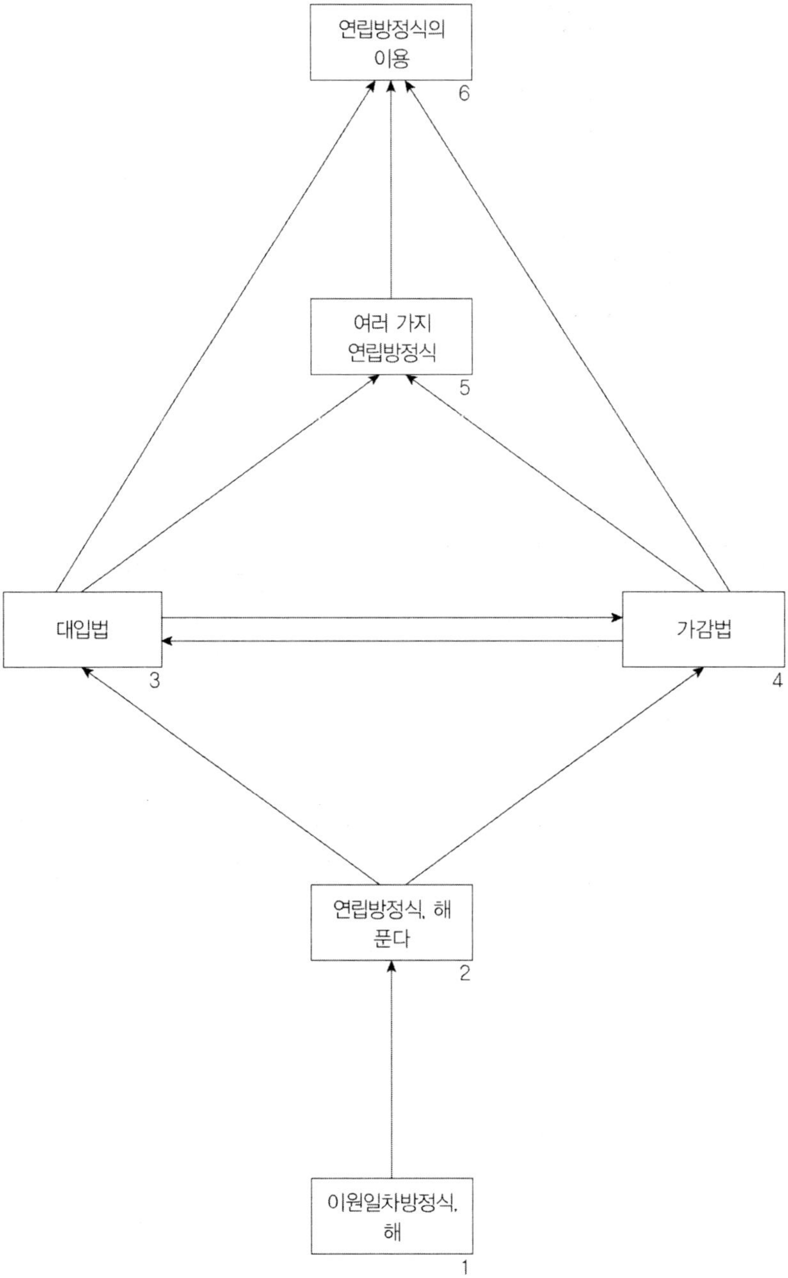

## 중학교 수학 2학년 [ 일차함수 ]

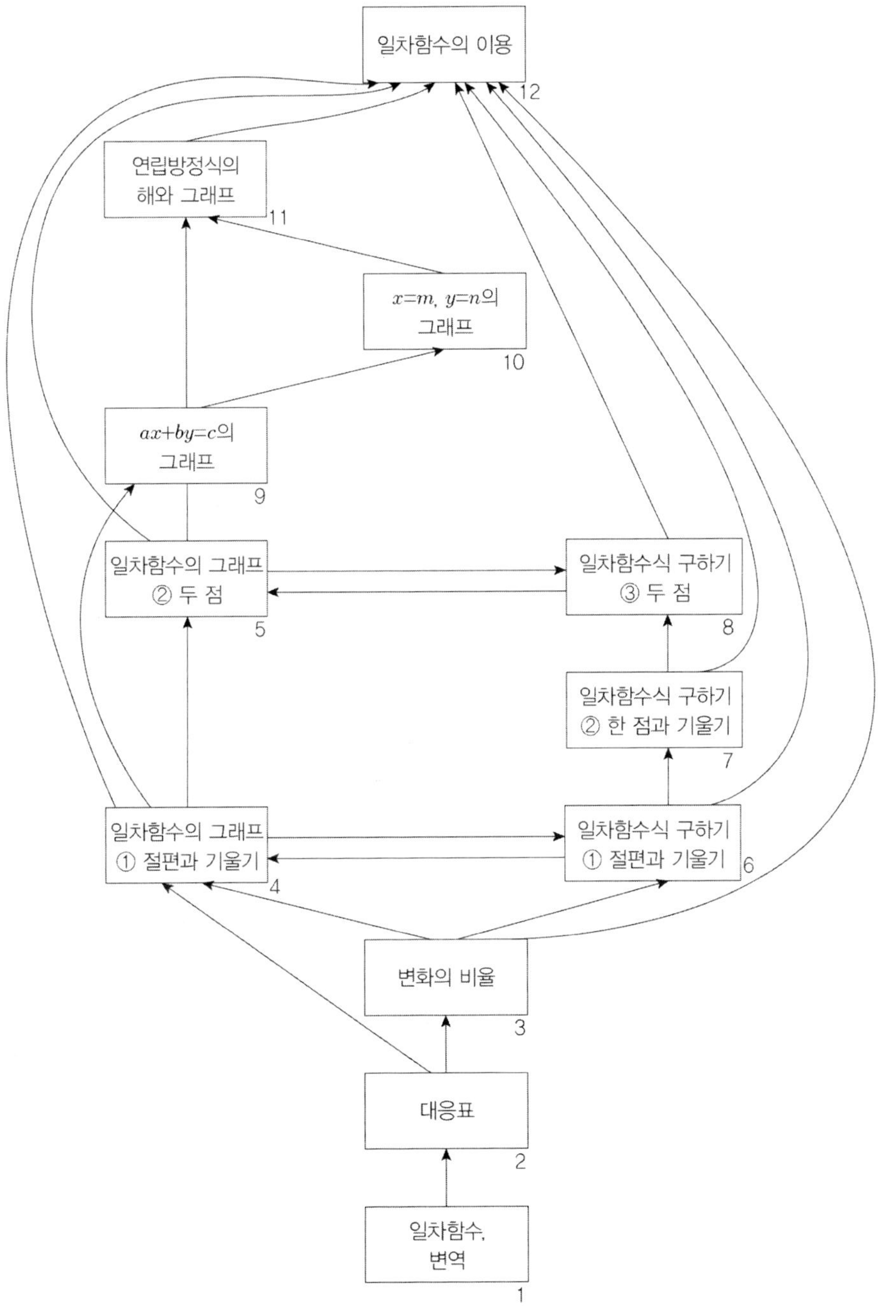

## 중학교 수학 2학년 [ 도형의 연구 방법 ]

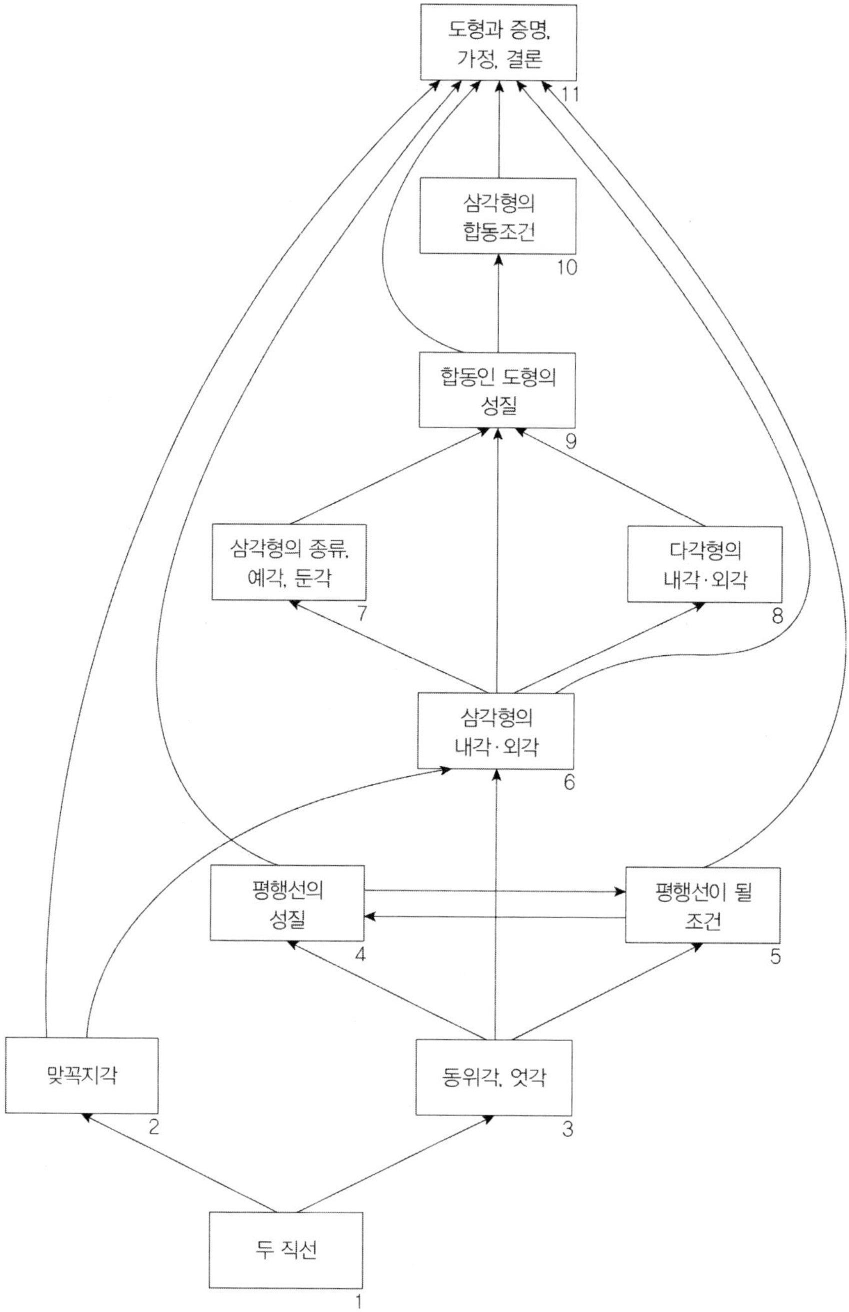

## 중학교 수학 2학년 [ 도형과 합동 ]

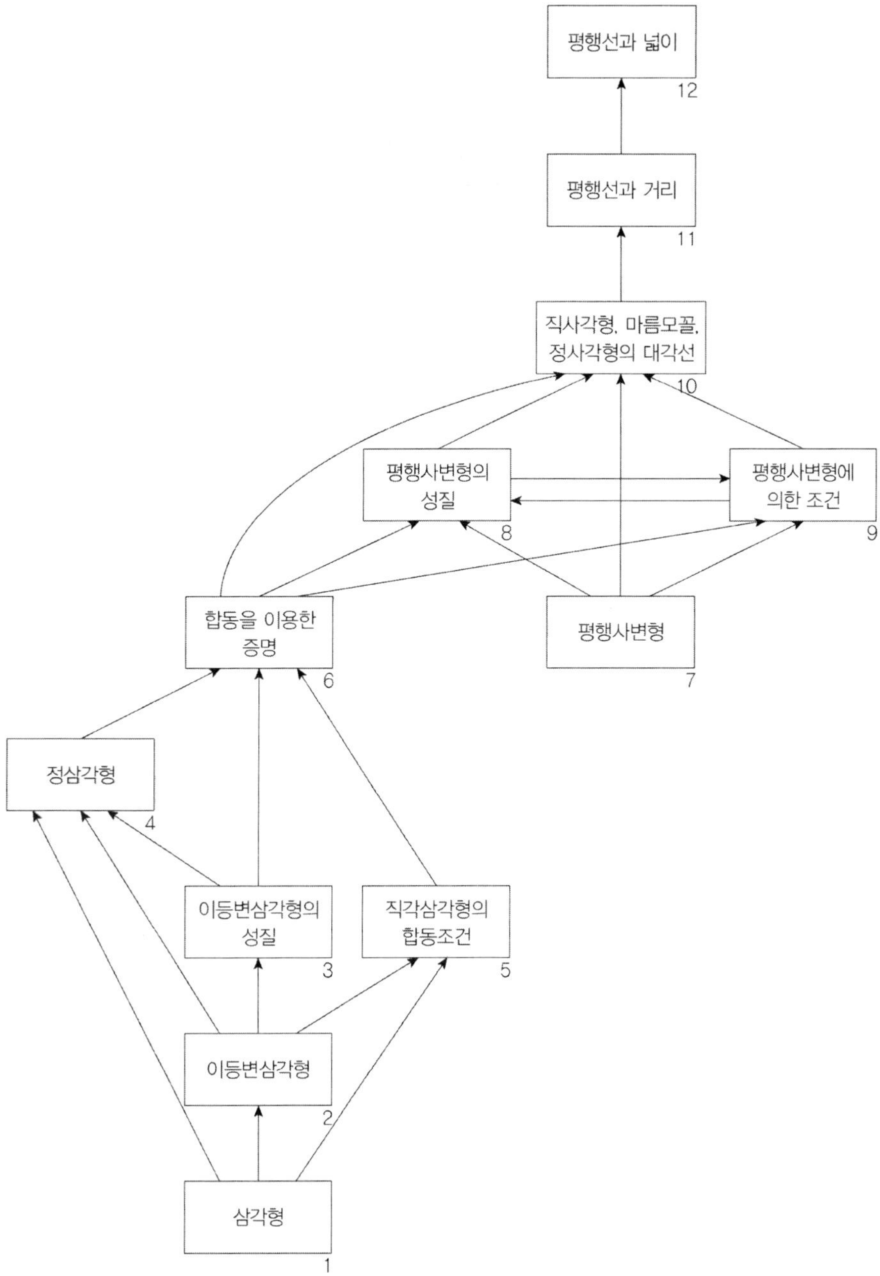

중학교 수학 2학년 [ 확률 ]

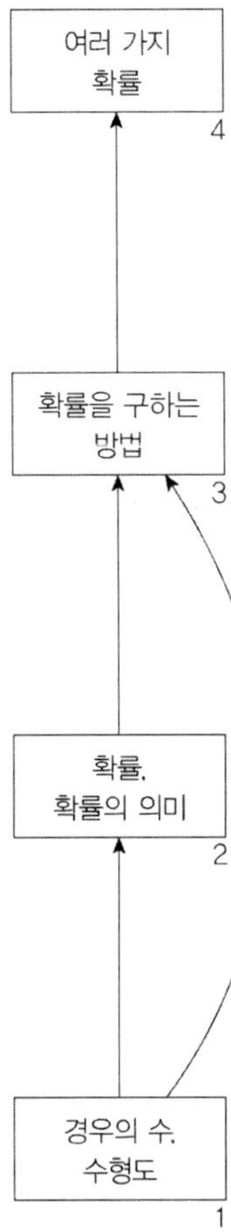

중학교 수학 3학년 [ 식의 계산 ]

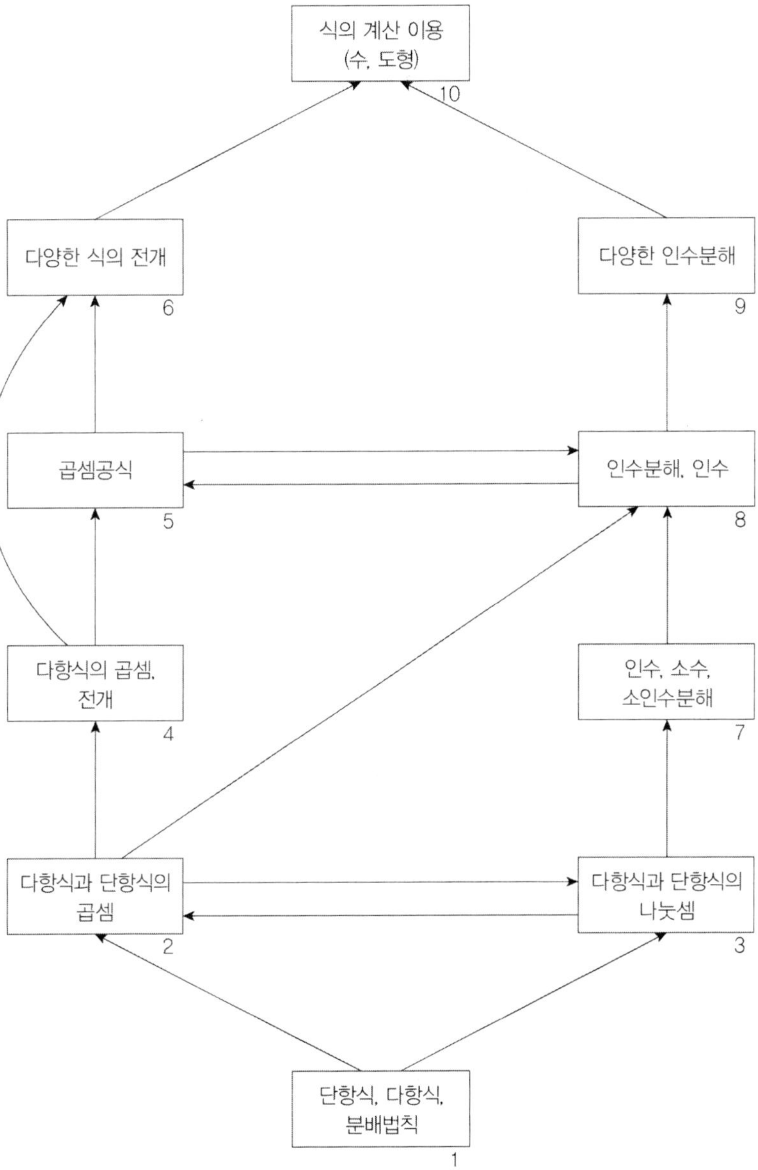

## 중학교 수학 3학년 [ 제곱근 ]

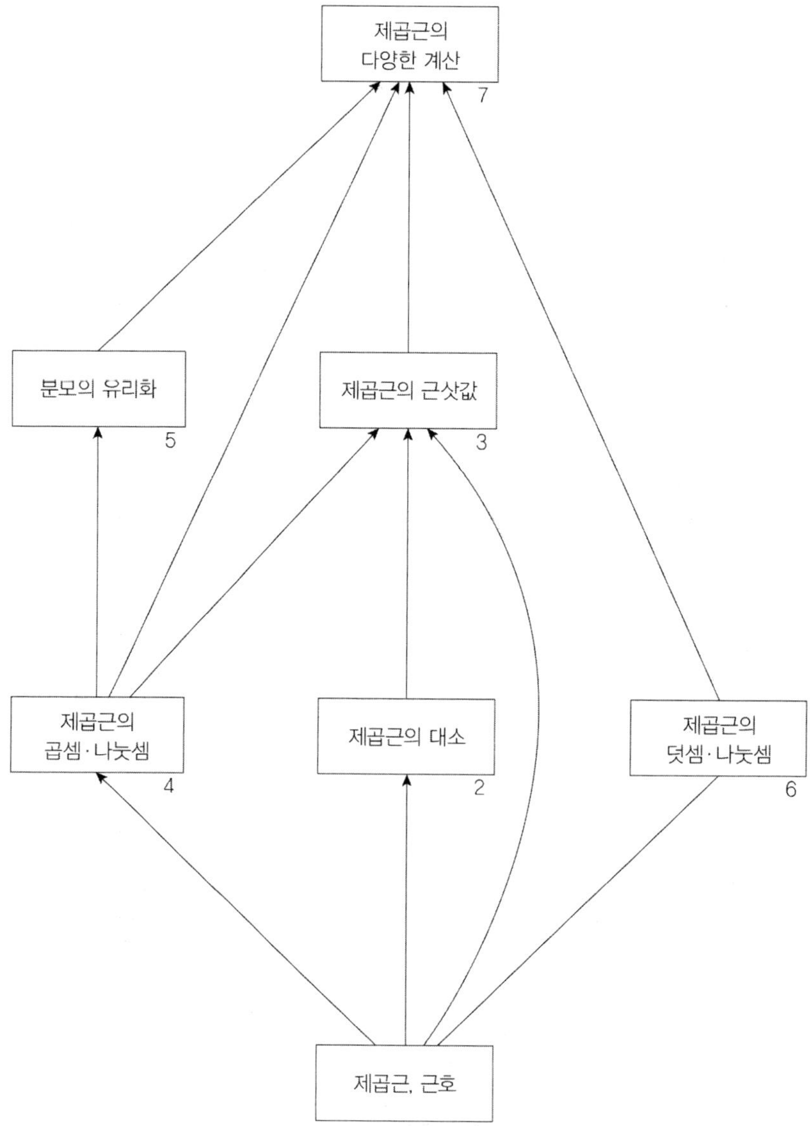

## 중학교 수학 3학년 [ 이차방정식 ]

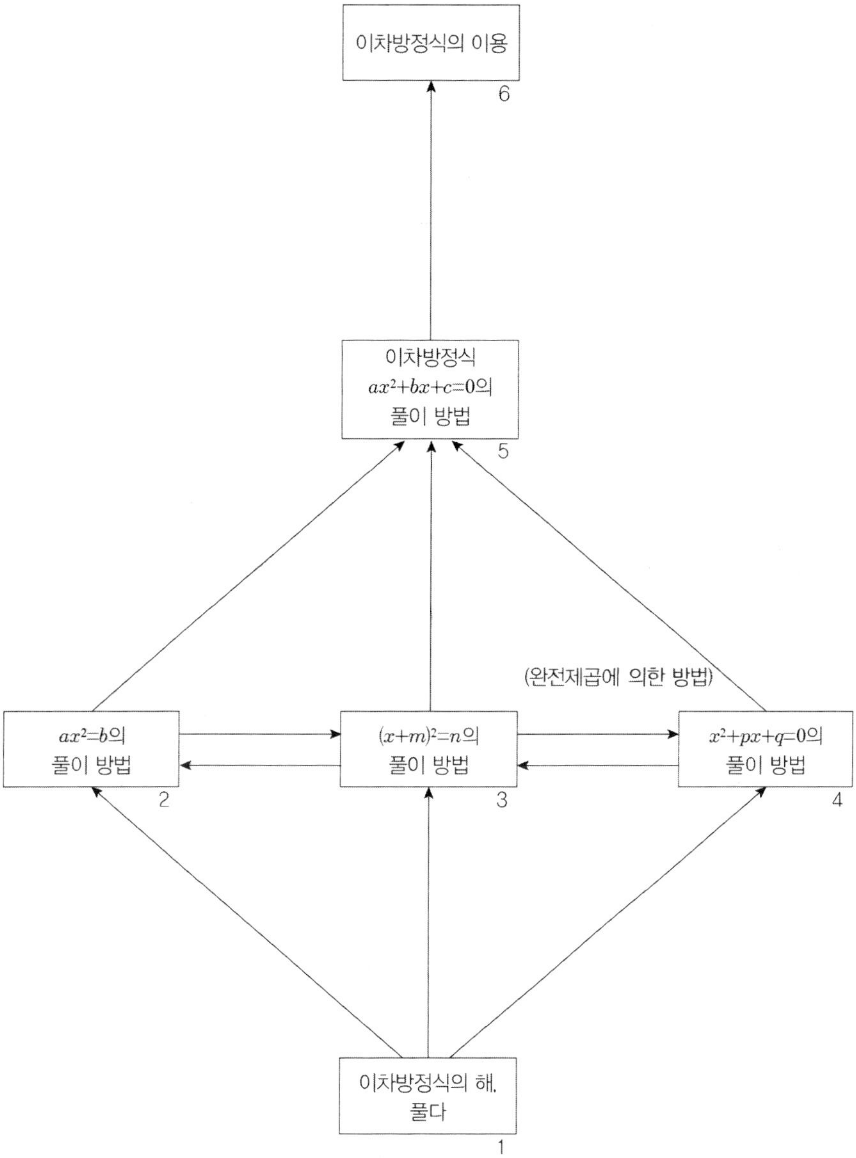

중학교 수학 3학년 [ 함수 ]

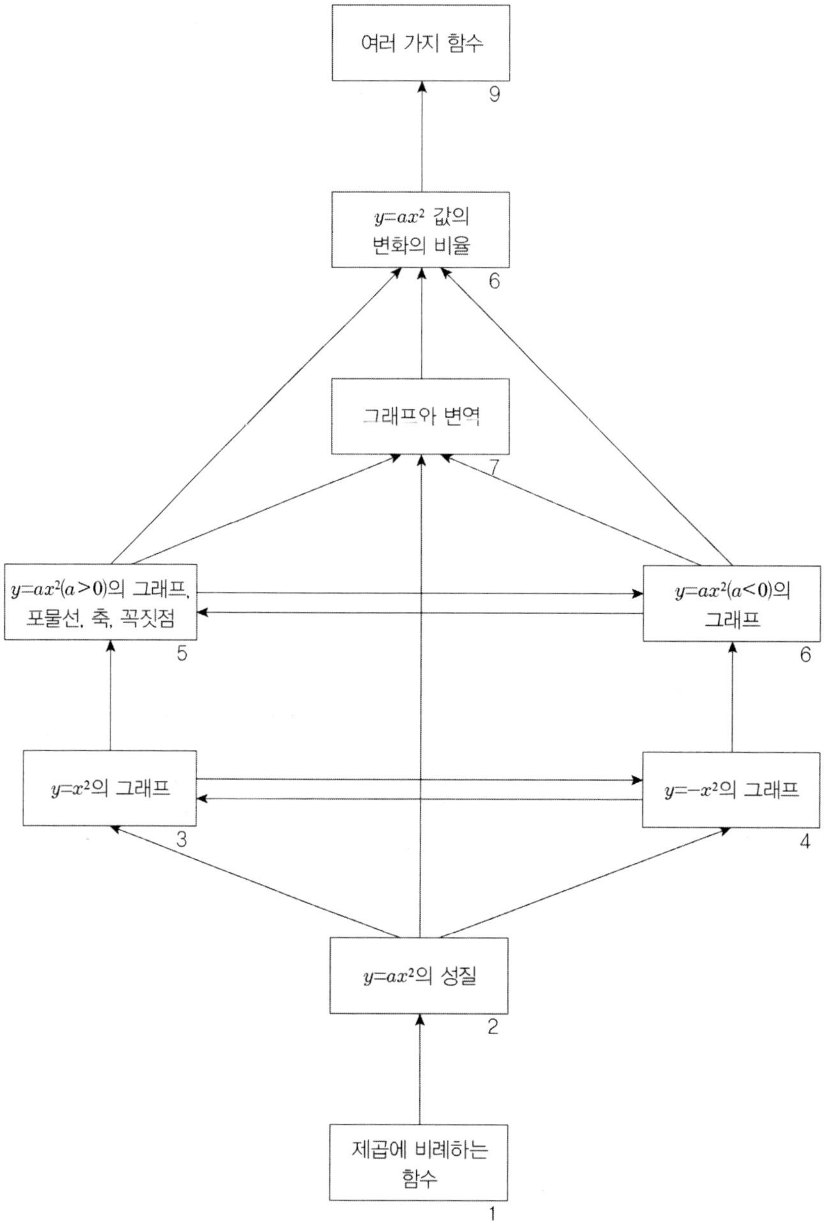
여러 가지 함수
9
$y=ax^2$ 값의 변화의 비율
6
그래프와 변역
7
$y=ax^2(a>0)$의 그래프, 포물선, 축, 꼭짓점
5
$y=ax^2(a<0)$의 그래프
6
$y=x^2$의 그래프
3
$y=-x^2$의 그래프
4
$y=ax^2$의 성질
2
제곱에 비례하는 함수
1

중학교 수학 3학년 [ 도형과 닮음 ]

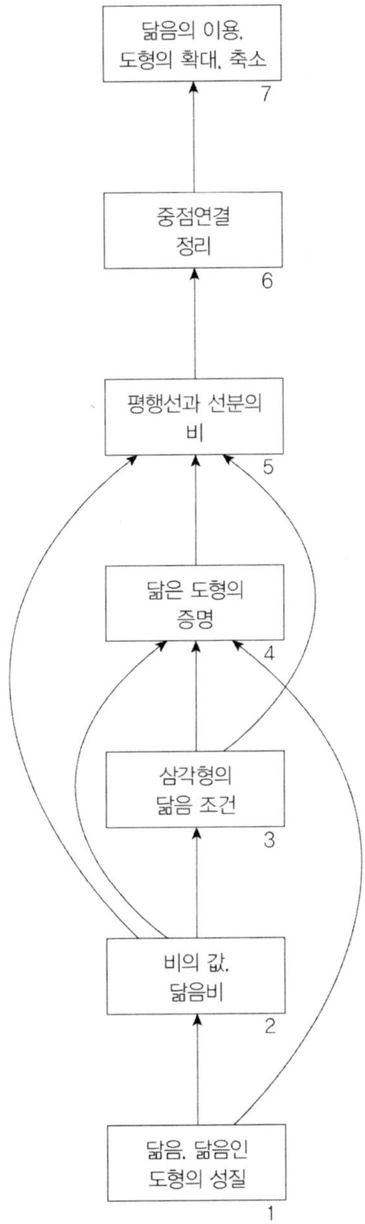

중학교 수학 3학년 [ 피타고라스 정리 ]

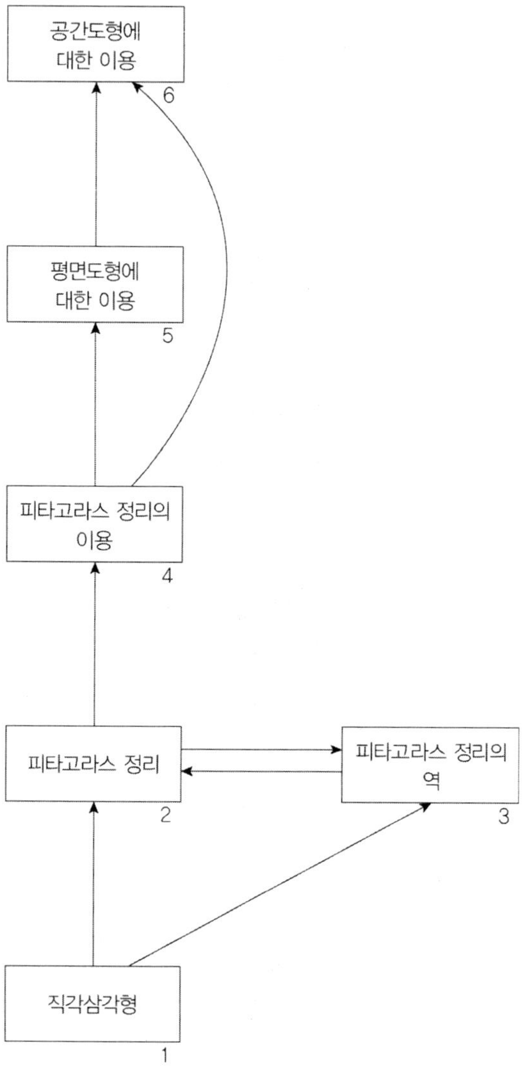

## 중학교 수학 1·2·3학년 [ 전체 ]

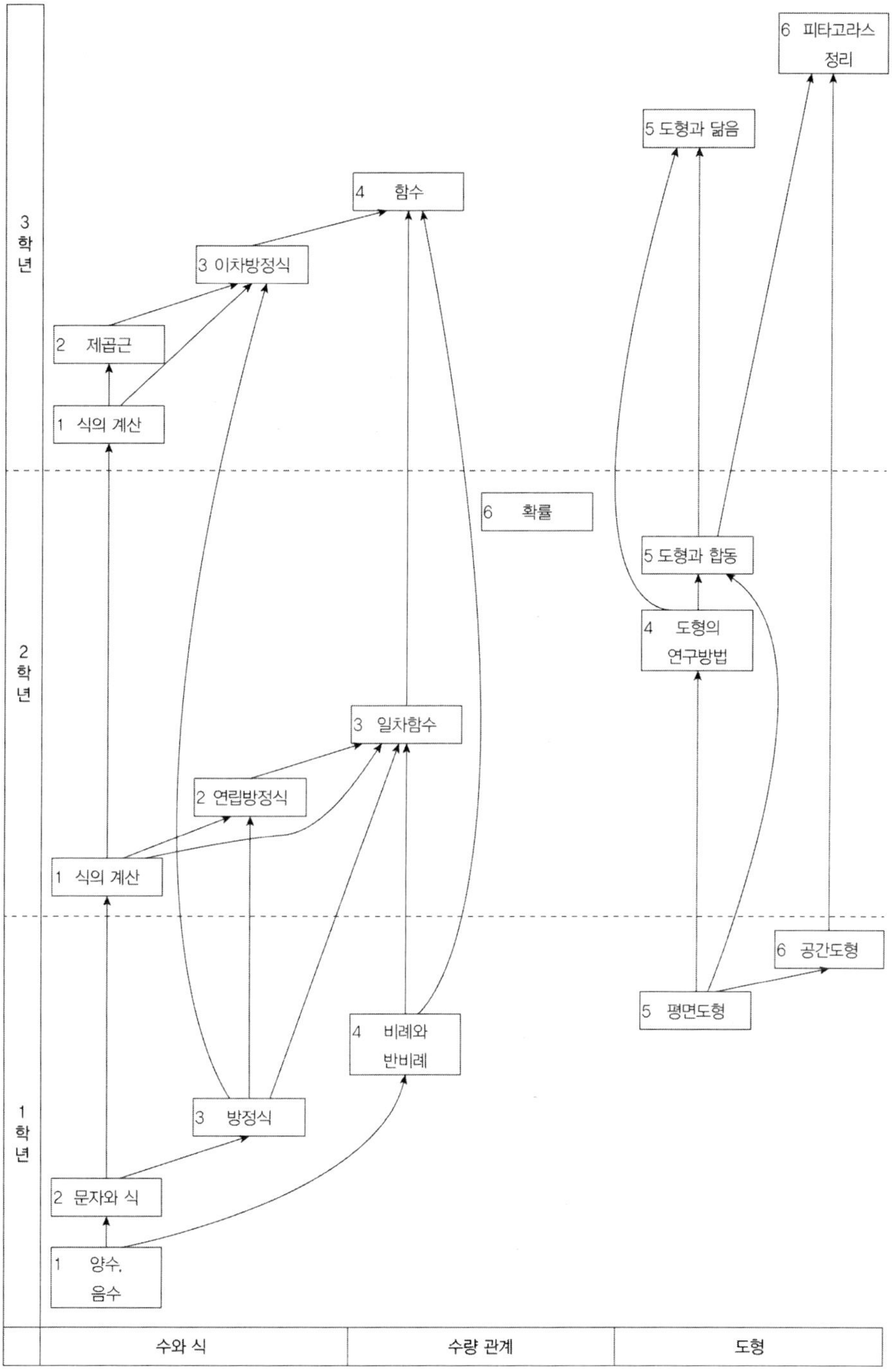

## 고등학교 수학 I [ 이차함수 ]

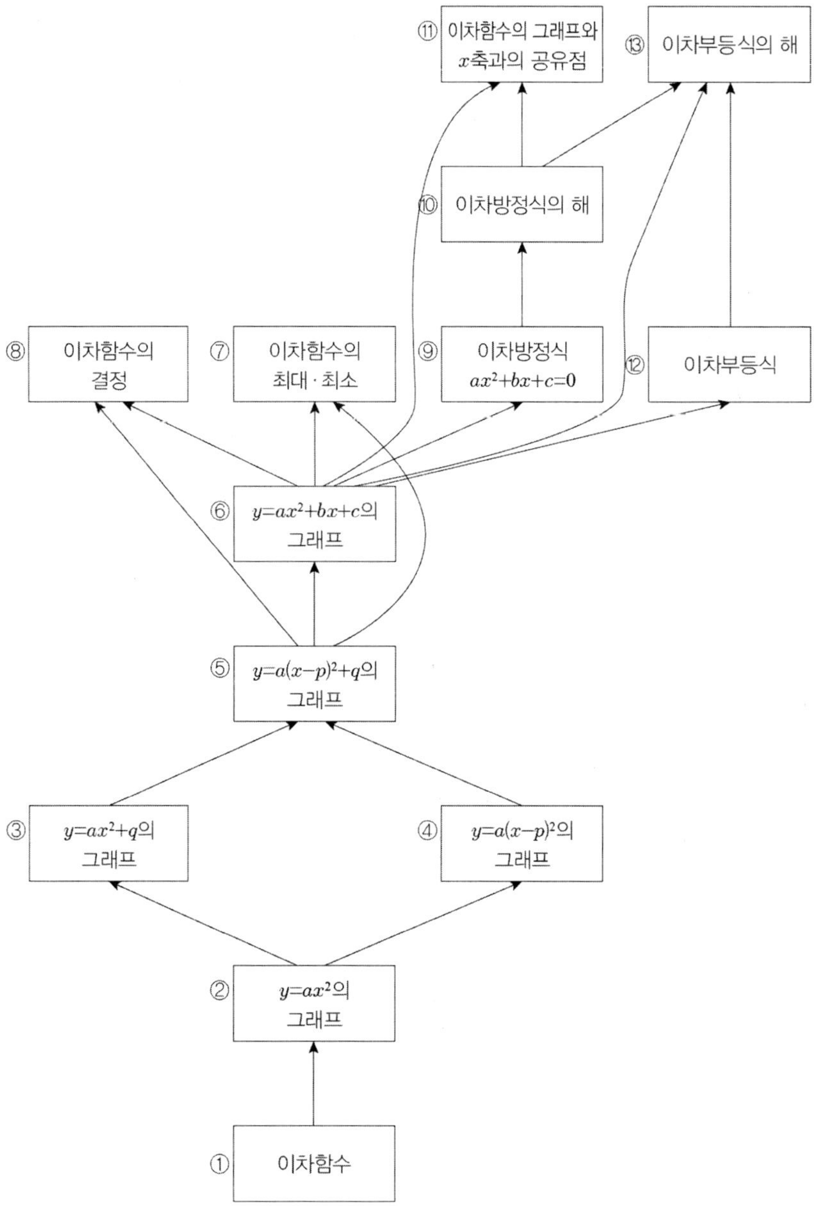

## 수학Ⅲ [ 미분 ]

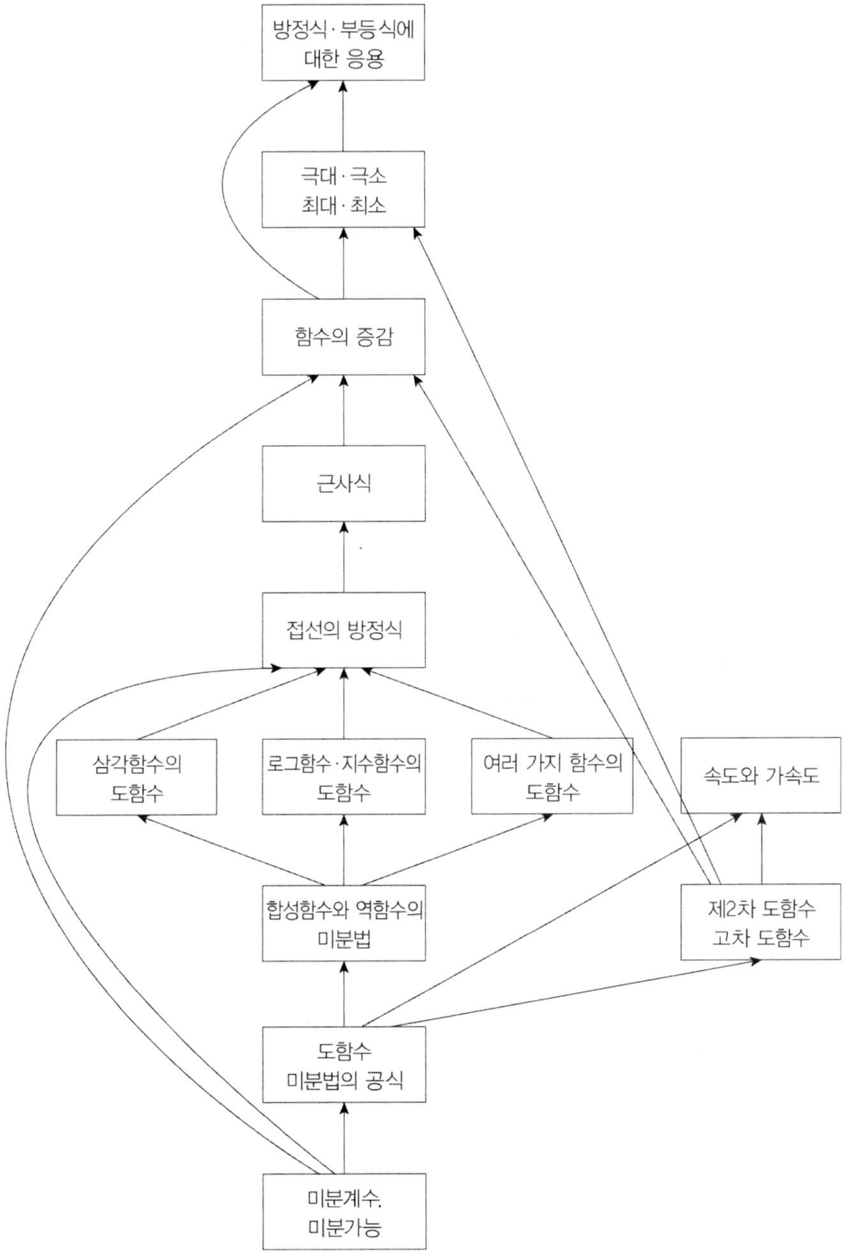
방정식·부등식에 대한 응용
극대·극소
최대·최소
함수의 증감
근사식
접선의 방정식
삼각함수의 도함수
로그함수·지수함수의 도함수
여러 가지 함수의 도함수
속도와 가속도
합성함수와 역함수의 미분법
제2차 도함수
고차 도함수
도함수
미분법의 공식
미분계수,
미분가능

## 수학Ⅲ [ 적분 ]

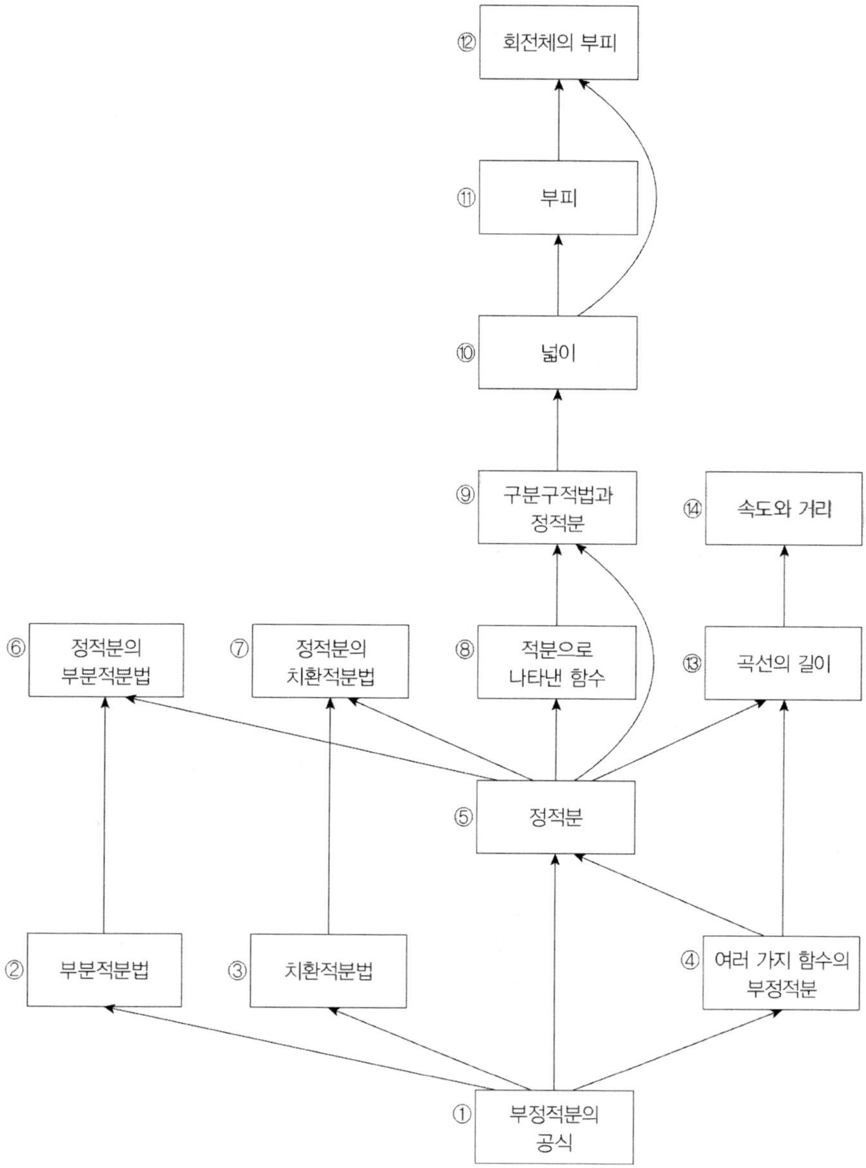

⑫ 회전체의 부피
⑪ 부피
⑩ 넓이
⑨ 구분구적법과 정적분
⑭ 속도와 거리
⑥ 정적분의 부분적분법
⑦ 정적분의 치환적분법
⑧ 적분으로 나타낸 함수
⑬ 곡선의 길이
⑤ 정적분
② 부분적분법
③ 치환적분법
④ 여러 가지 함수의 부정적분
① 부정적분의 공식

## 수학 B [ 평면벡터 ]

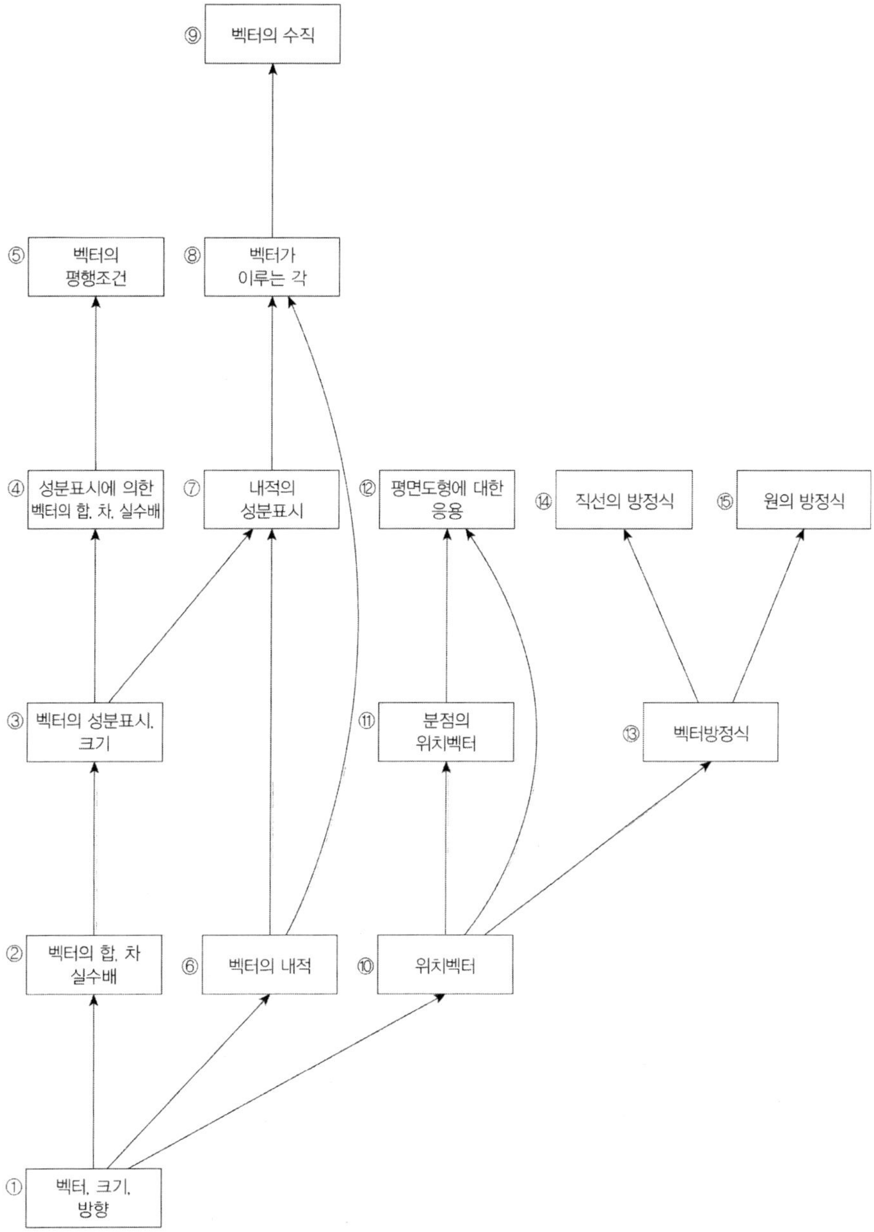
⑨ 벡터의 수직
⑤ 벡터의 평행조건
⑧ 벡터가 이루는 각
④ 성분표시에 의한 벡터의 합. 차. 실수배
⑦ 내적의 성분표시
⑫ 평면도형에 대한 응용
⑭ 직선의 방정식
⑮ 원의 방정식
③ 벡터의 성분표시. 크기
⑪ 분점의 위치벡터
⑬ 벡터방정식
② 벡터의 합. 차 실수배
⑥ 벡터의 내적
⑩ 위치벡터
① 벡터. 크기. 방향

## 수학 C [ 이차곡선 ]

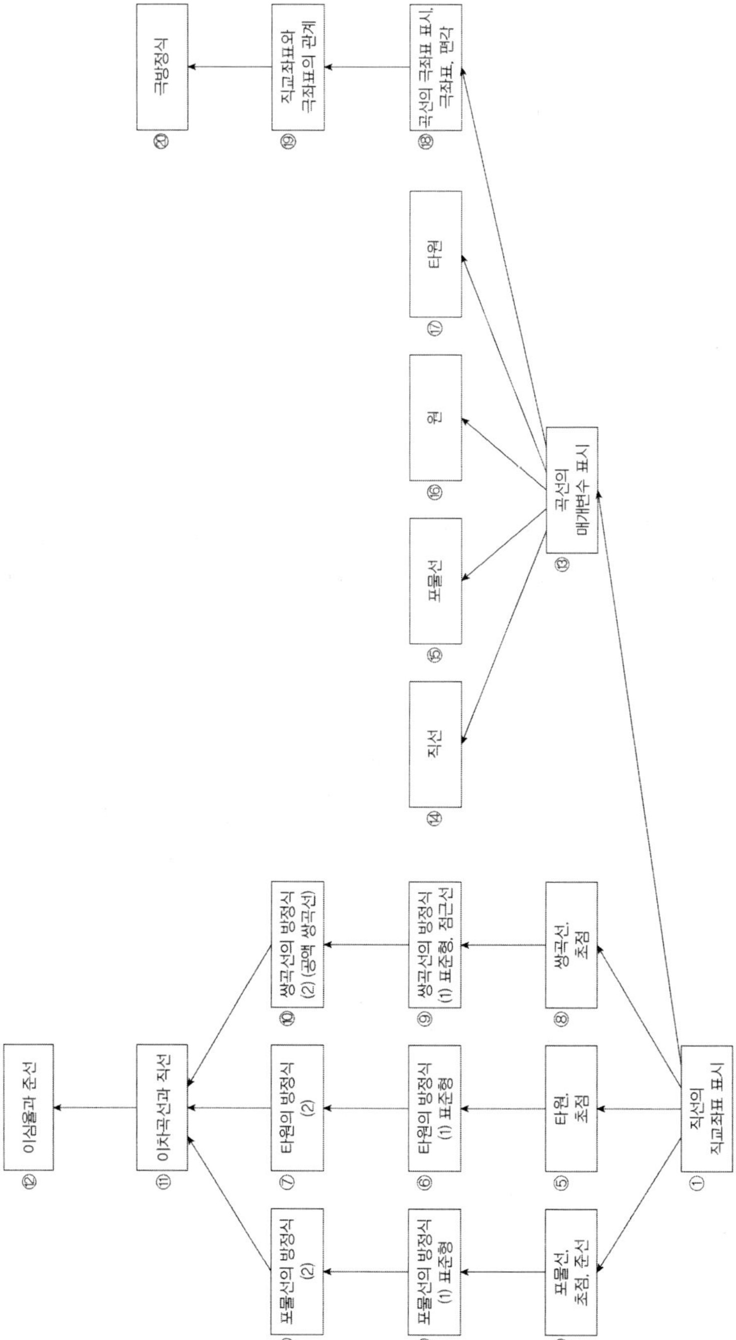
① 직선의 직교좌표 표시
② 포물선, 초점, 준선
③ 포물선의 방정식 (1) 표준형
④ 포물선의 방정식 (2)
⑤ 타원, 초점
⑥ 타원의 방정식 (1) 표준형
⑦ 타원의 방정식 (2)
⑧ 쌍곡선, 초점
⑨ 쌍곡선의 방정식 (1) 표준형, 점근선
⑩ 쌍곡선의 방정식 (2) (공액 쌍곡선)
⑪ 이차곡선과 직선
⑫ 이심율과 준선
⑬ 곡선의 매개변수 표시
⑭ 직선
⑮ 포물선
⑯ 원
⑰ 타원
⑱ 곡선의 극좌표 표시, 극좌표, 편각
⑲ 직교좌표와 극좌표의 관계
⑳ 극방정식

# 부록 2 한국 초·중·고 학생이 작성한 학습구조차트

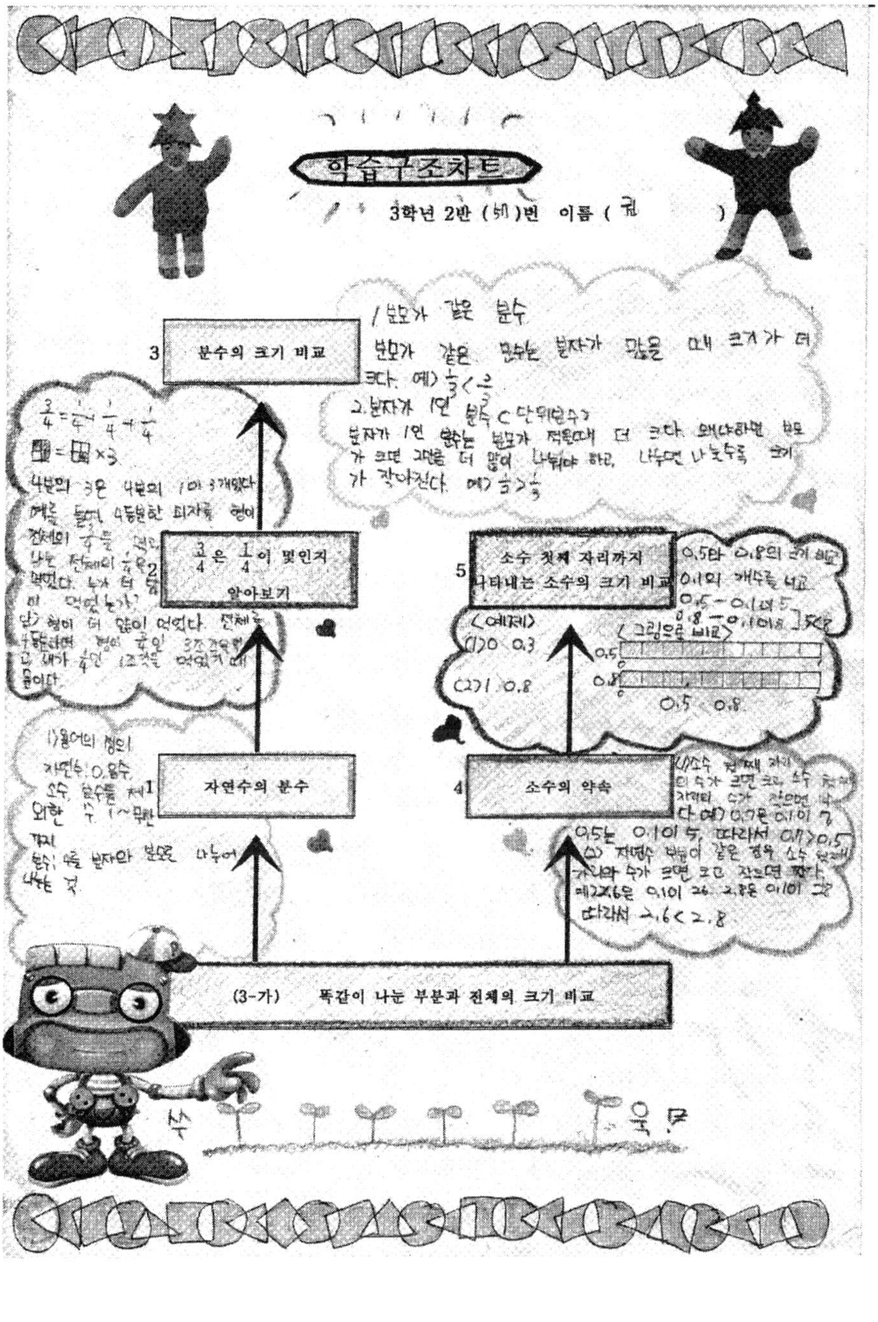

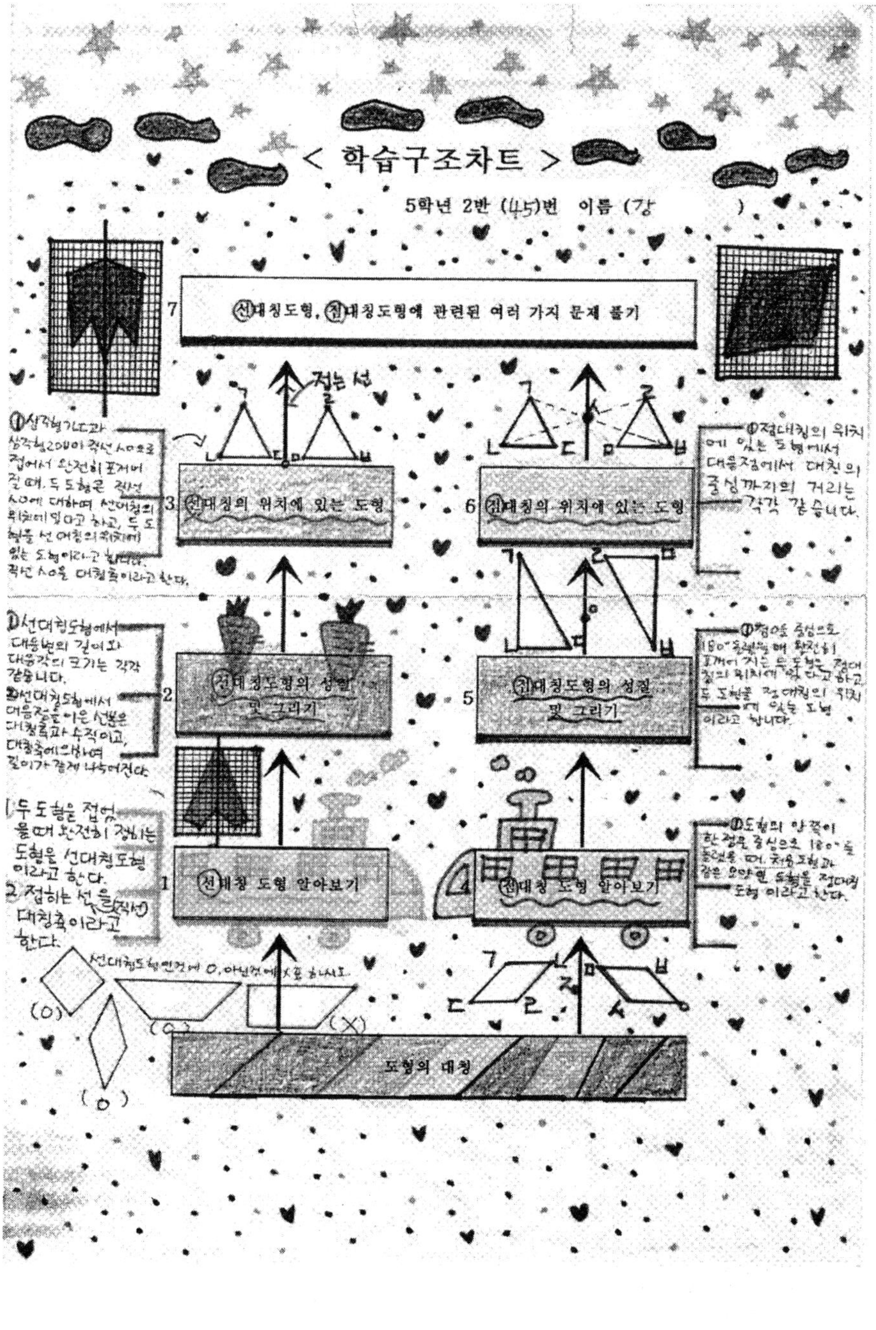

< 학습구조차트 >
5학년 2반 (45)번 이름 (강 )
7 선대칭도형, 점대칭도형에 관련된 여러 가지 문제 풀기
접는 선
3 선대칭의 위치에 있는 도형
6 점대칭의 위치에 있는 도형
①점대칭의 위치에 있는 도형에서 대응점에서 대칭의 중심까지의 거리는 각각 같습니다.
①선대칭도형에서 대응변의 길이와 대응각의 크기는 각각 같습니다.
②선대칭도형에서 대응점을 이은 선분은 대칭축과 수직이고, 대칭축에 의하여 길이가 같게 나누어진다.
2 선대칭도형의 성질 및 그리기
5 점대칭도형의 성질 및 그리기
1. 두 도형을 접었을 때 완전히 겹치는 도형을 선대칭도형이라고 한다.
2. 접히는 선을(직선) 대칭축이라고 한다.
1 선대칭 도형 알아보기
4 점대칭 도형 알아보기
①도형의 한 쪽이 한 점을 중심으로 180° 돌렸을 때, 처음 도형과 같은 모양인 도형을 점대칭 도형이라고 한다.
선대칭도형인것에 O, 아닌것에 X를 하시오.
(O)
(O)
(X)
(O)
도형의 대칭

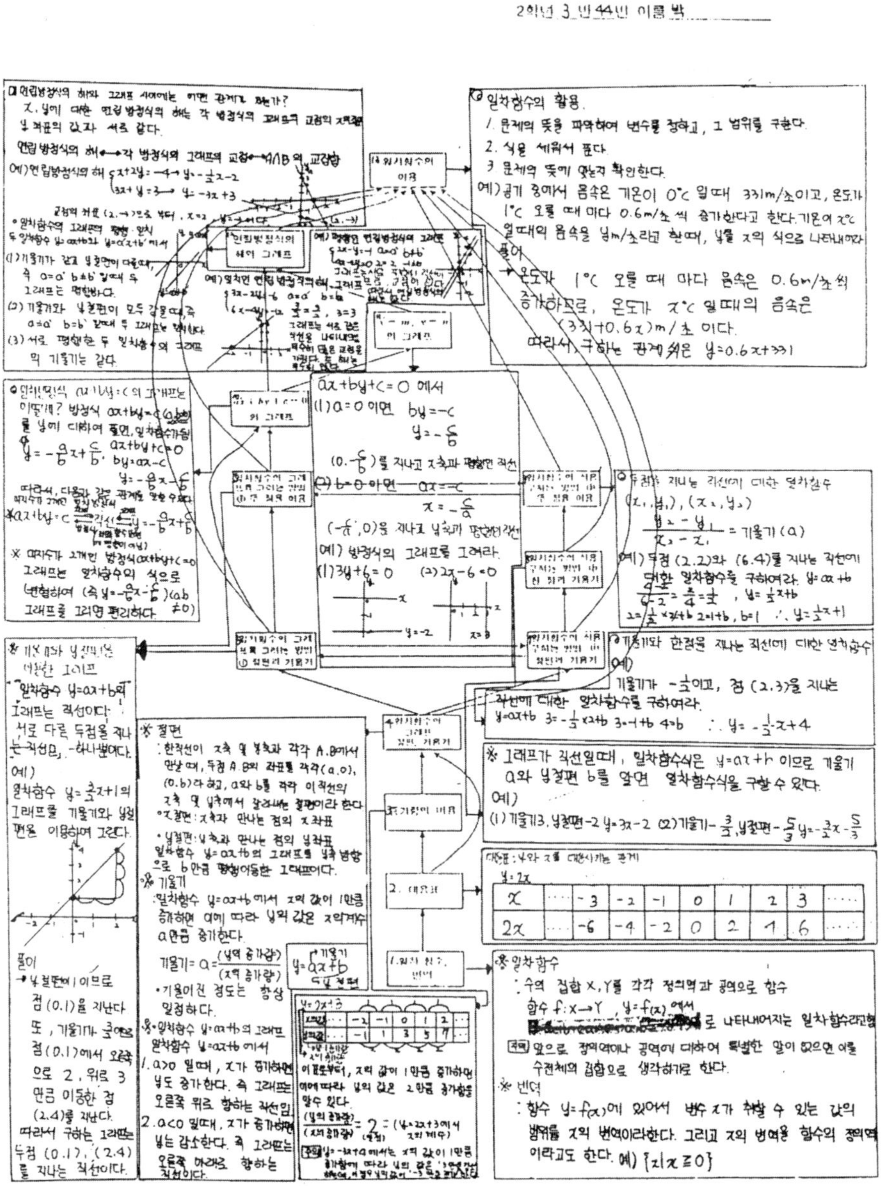
2학년 3 반 44번 이름 박
연립방정식의 해와 그래프 사이에는 어떤 관계가 있는가?
x, y에 대한 연립 방정식의 해는 각 방정식의 그래프의 교점의 x좌표와 y좌표의 값과 서로 같다.
일차함수의 활용
1. 문제의 뜻을 파악하여 변수를 정하고, 그 범위를 구한다.
2. 식을 세워서 푼다.
3. 문제의 뜻에 맞는지 확인한다.
예) 공기 중에서 음속은 기온이 0°C 일 때 331m/초이고, 온도가 1°C 오를 때 마다 0.6m/초 씩 증가한다고 한다. 기온이 x°C 일때의 음속을 ym/초라고 할때, y를 x의 식으로 나타내어라.
풀이
→ 온도가 1°C 오를 때 마다 음속은 0.6m/초 씩 증가하므로, 온도가 x°C 일때의 음속은 (331+0.6x)m/초 이다.
따라서, 구하는 관계식은 y=0.6x+331
ax+by+c=0 에서
(1) a=0 이면 by=-c
(0, -c/b)를 지나고 x축과 평행한 직선
(2) b=0 이면 ax=-c
(-c/a, 0)을 지나고 y축과 평행한 직선
예) 방정식의 그래프를 그려라.
(1) 3y+6=0 (2) 2x-6=0
※ 그래프가 직선일때, 일차함수식은 y=ax+b 이므로 기울기 a와 y절편 b를 알면 일차함수식을 구할 수 있다.
※ 절편
※ 기울기
※ 일차함수
: 수의 집합 X, Y를 각각 정의역과 공역으로 함수
※ 변역
부록 2 229

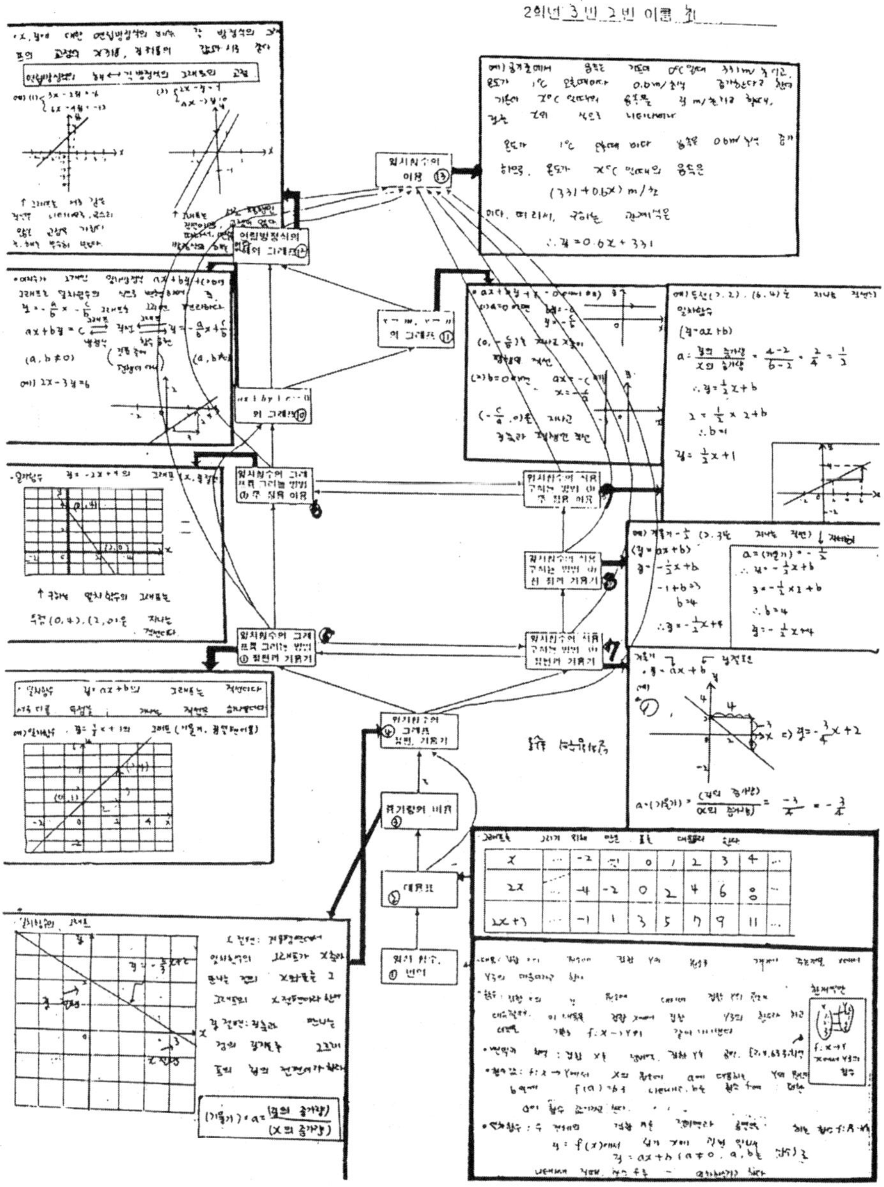
2학년 3반 2번 이름 최

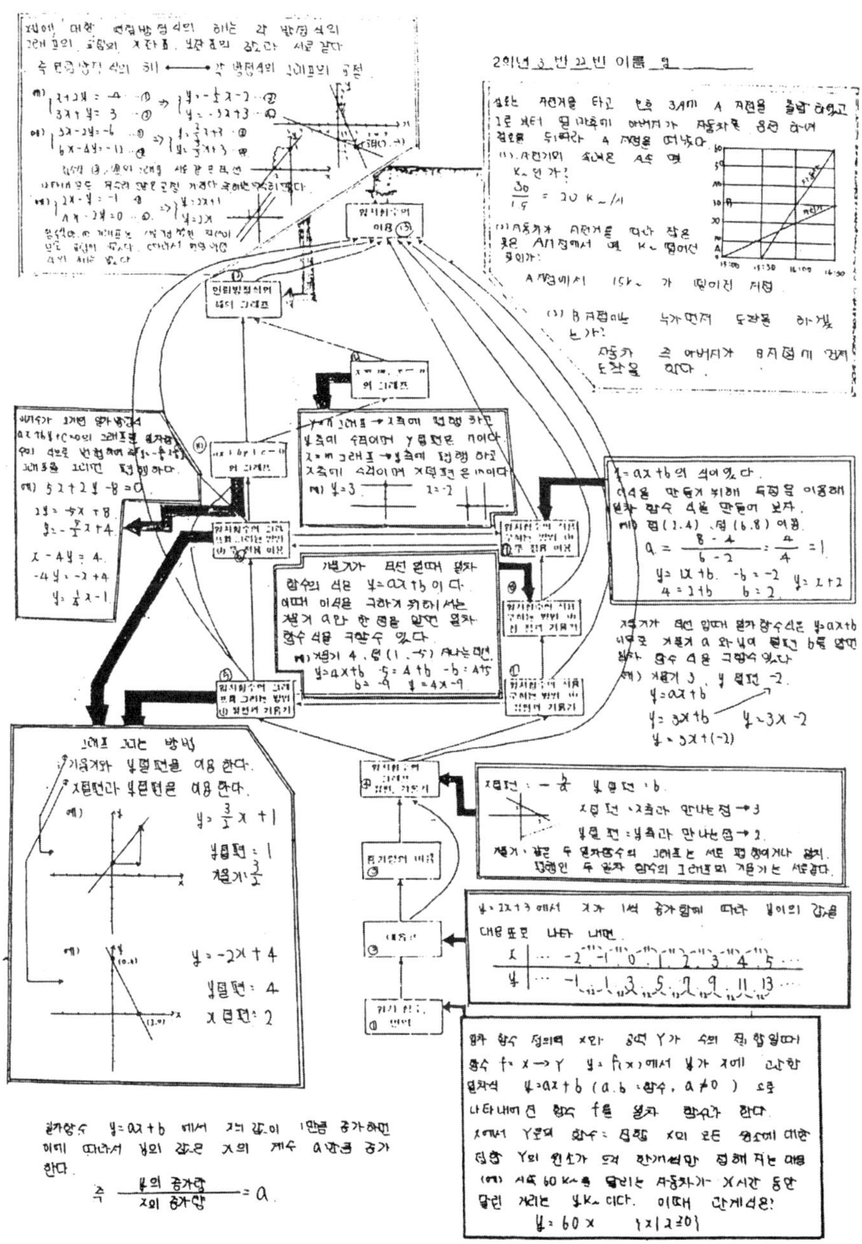

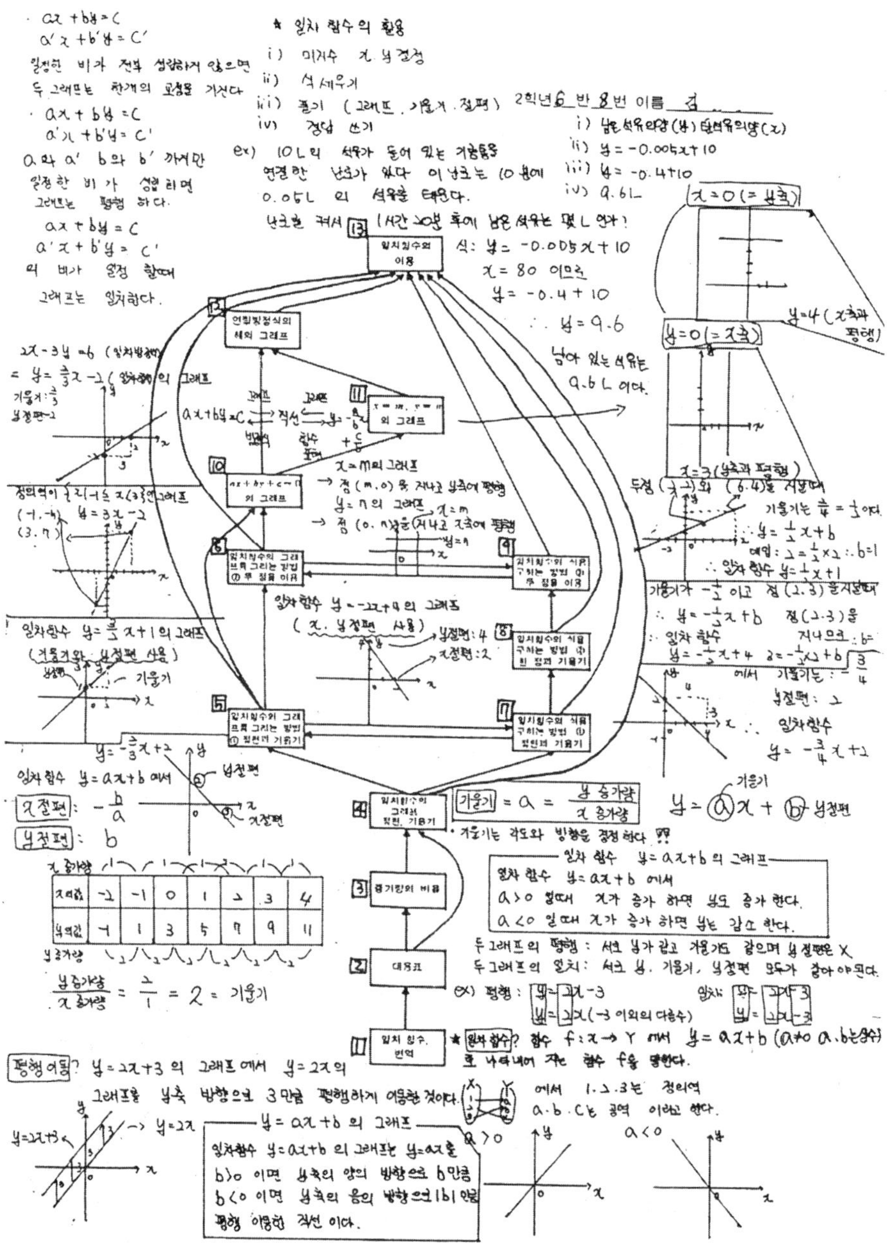

★ 일차 함수의 활용
i) 미지수 x, y 결정
ii) 식 세우기
iii) 풀기 (그래프, 기울기, 절편)
iv) 정답 쓰기
2학년 6 반 8 번 이름
연립방정식의 해와 그래프
일치함수의 이용
$x=m$, $y=n$의 그래프
일차함수의 그래프 그리는 방법 ② 두 점을 이용
일차함수의 식을 구하는 방법 ② 두 점을 이용
일차함수의 그래프 그리는 방법 ① 절편과 기울기
일차함수의 식을 구하는 방법 ① 절편과 기울기
일차함수의 그래프 절편, 기울기
증가량의 비율
대응표
일차 함수, 변역
$y = -0.005x + 10$
$x = 80$ 이므로
$y = -0.4 + 10$
$\therefore y = 9.6$
남아 있는 석유는 9.6L이다.
$x=0$ (= $y$축)
$y=0$ (= $x$축)
$y=4$ ($x$축과 평행)
$x=3$ ($y$축과 평행)
기울기 = $a$ = $\frac{y \text{ 증가량}}{x \text{ 증가량}}$
$y = ax + b$
기울기는 각도와 방향을 결정한다.
일차 함수 $y=ax+b$에서
$x$절편: $-\frac{b}{a}$
$y$절편: $b$
$a>0$ 일때 $x$가 증가하면 $y$도 증가한다.
$a<0$ 일때 $x$가 증가하면 $y$는 감소한다.
두 그래프의 평행: 서로 $y$가 같고 기울기도 같으며 $y$절편은 X
두 그래프의 일치: 서로 $y$, 기울기, $y$절편 모두가 같아야 한다.
평행이동? $y=2x+3$의 그래프에서 $y=2x$의 그래프를 $y$축 방향으로 3만큼 평행하게 이동한 것이다.
$y=ax+b$의 그래프
일차함수 $y=ax+b$의 그래프는 $y=ax$를 $b>0$이면 $y$축의 양의 방향으로 $b$만큼 $b<0$이면 $y$축의 음의 방향으로 $|b|$만큼 평행 이동한 직선이다.

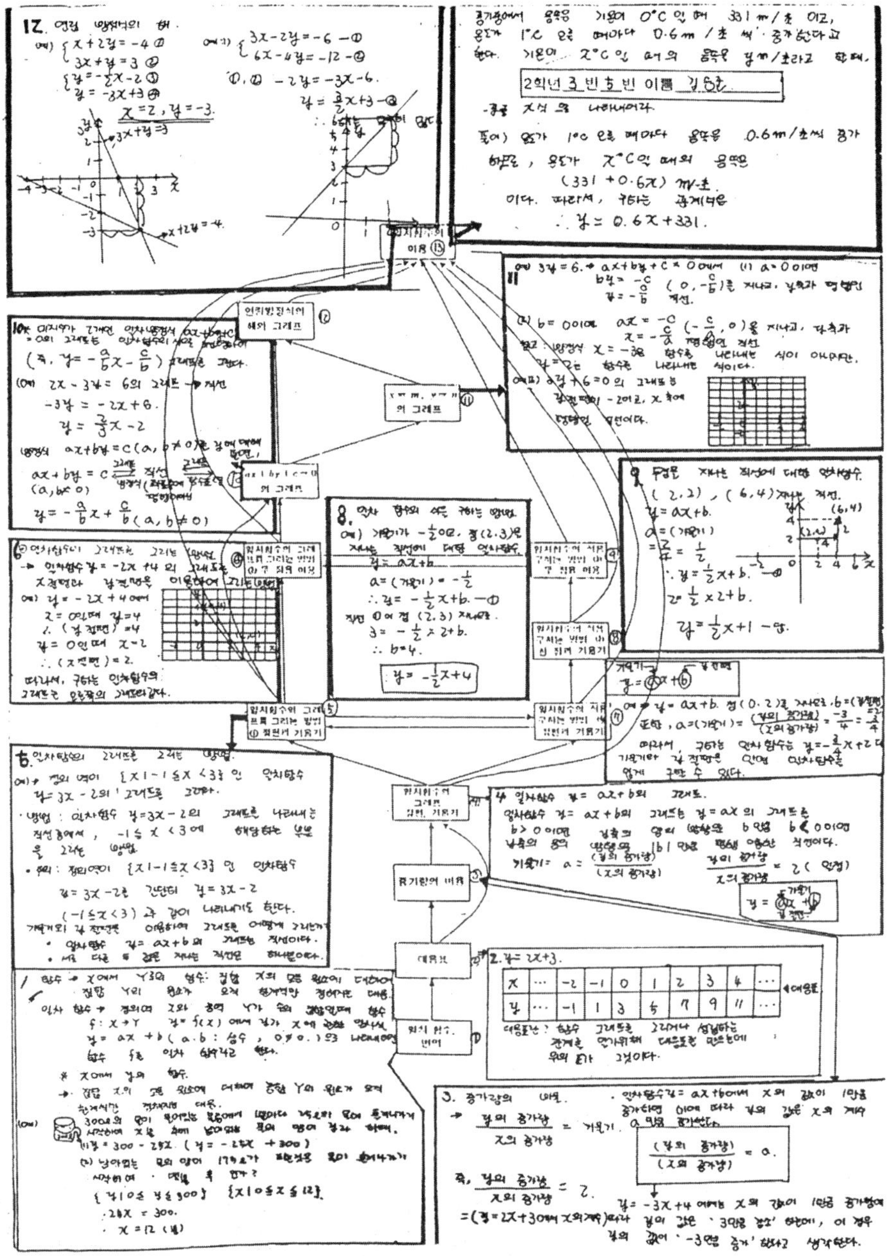

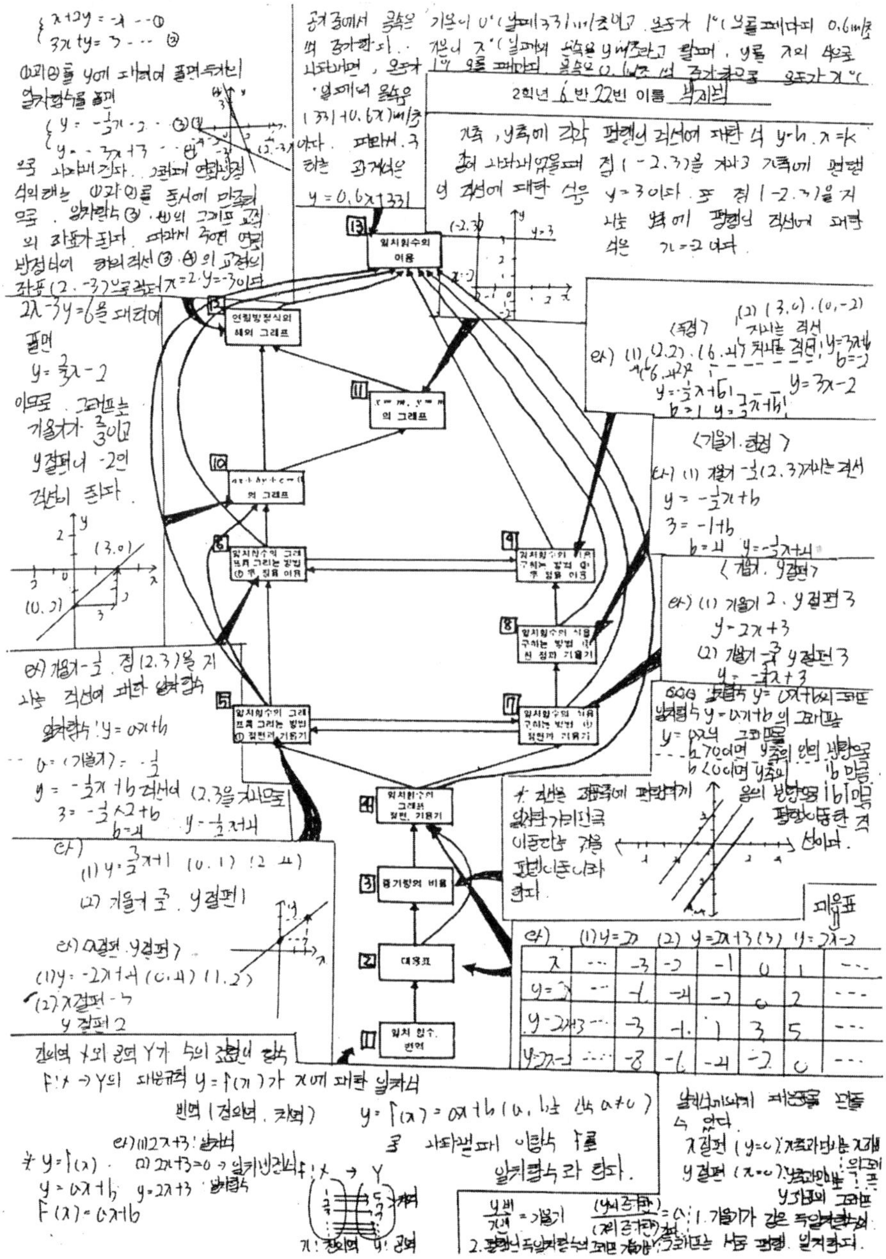
2학년 6 반 22번 이름 박지범
일차함수의 이용
연립방정식의 해와 그래프
x = m, y = n 의 그래프
ax + by + c = 0 의 그래프
일차함수의 그래프 그리는 방법 ② 두 점을 이용
일차함수의 식 구하는 방법 ③ 두 점을 이용
일차함수의 식 구하는 방법 ② 한 점과 기울기
일차함수의 그래프 그리는 방법 ① 절편과 기울기
일차함수의 식 구하는 방법 ① 절편과 기울기
일차함수의 그래프와 절편, 기울기
증가량의 비율
대응표
일차 함수, 변역

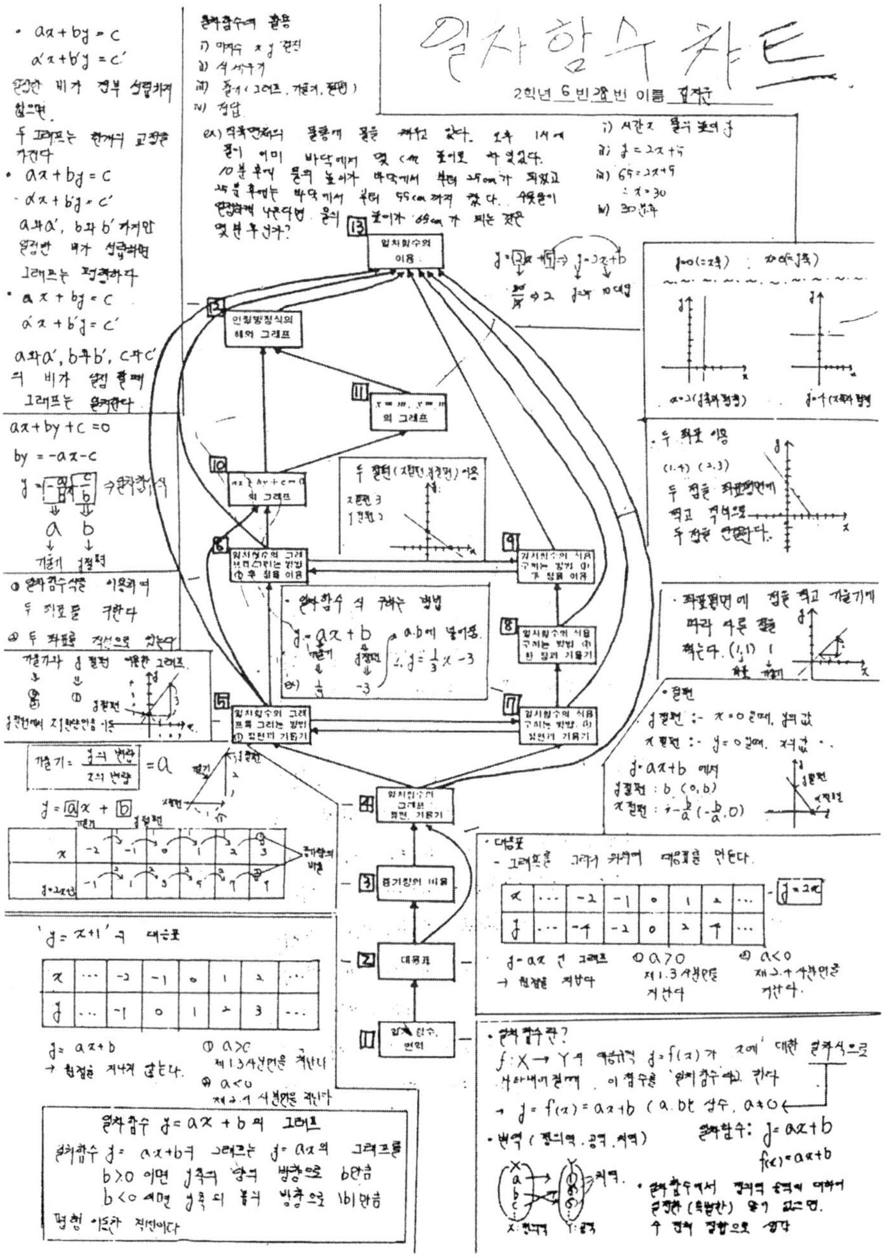
일차함수 차트
일차함수의 이용
연립방정식의 해와 그래프
일차함수 식 구하는 방법
대응표
일차함수 y = ax + b 의 그래프

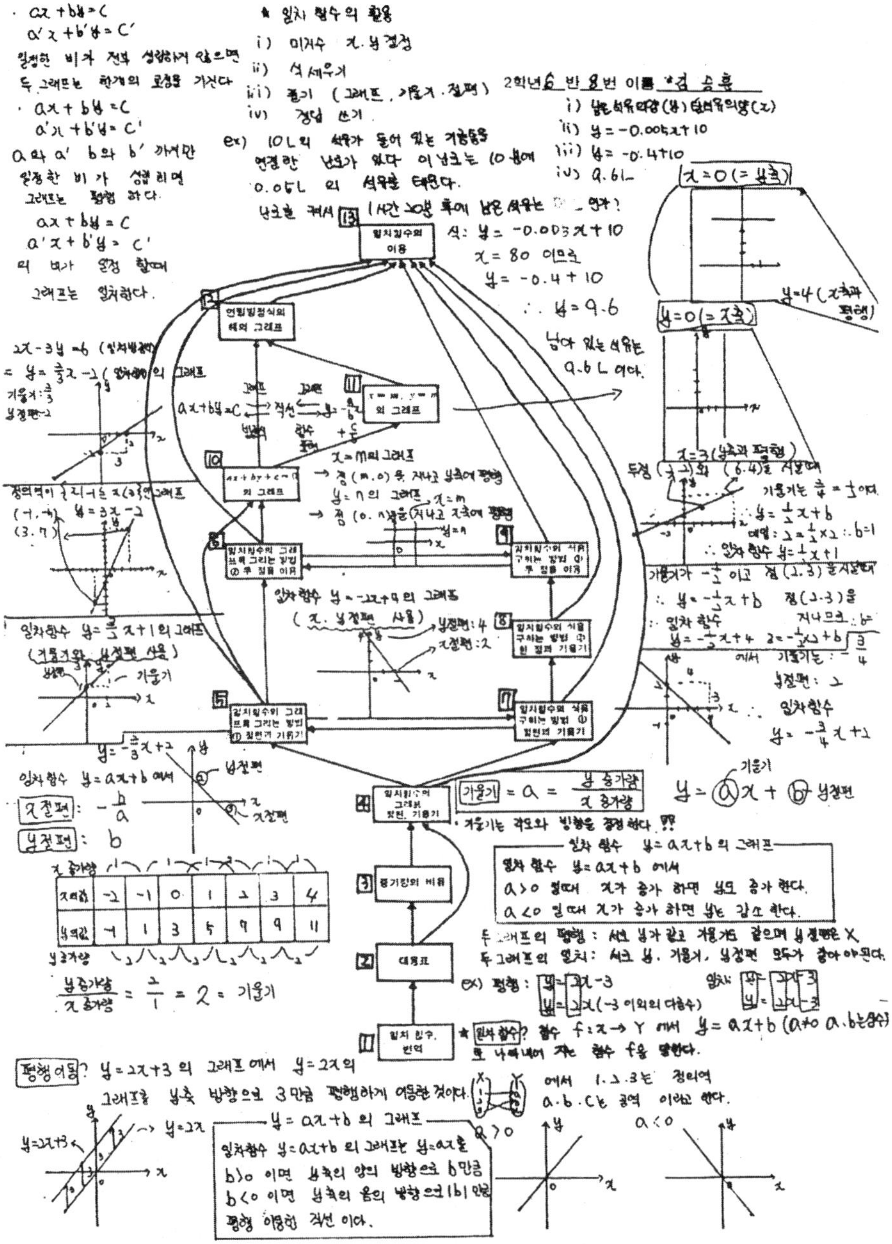
일차 함수의 활용
i) 미지수 x, y 결정
ii) 식 세우기
iii) 풀기 (그래프, 기울기, 절편)
iv) 정답 쓰기
일차함수의 이용
연립방정식의 해와 그래프
일차함수의 그래프 그리는 방법 ② 두 점을 이용
일차함수의 그래프 그리는 방법 ① 절편과 기울기
일차함수의 식을 구하는 방법 ① 절편과 기울기
일차함수의 식을 구하는 방법 ② 한 점과 기울기
일차함수의 식을 구하는 방법 ③ 두 점을 이용
일차함수의 그래프 절편, 기울기
증가량의 비율
대응표
일차 함수, 변역
x절편: $-\frac{b}{a}$
y절편: b
기울기 = a = y 증가량 / x 증가량
일차 함수 y=ax+b 의 그래프
평행 이동
y=ax+b 의 그래프
a>0
a<0

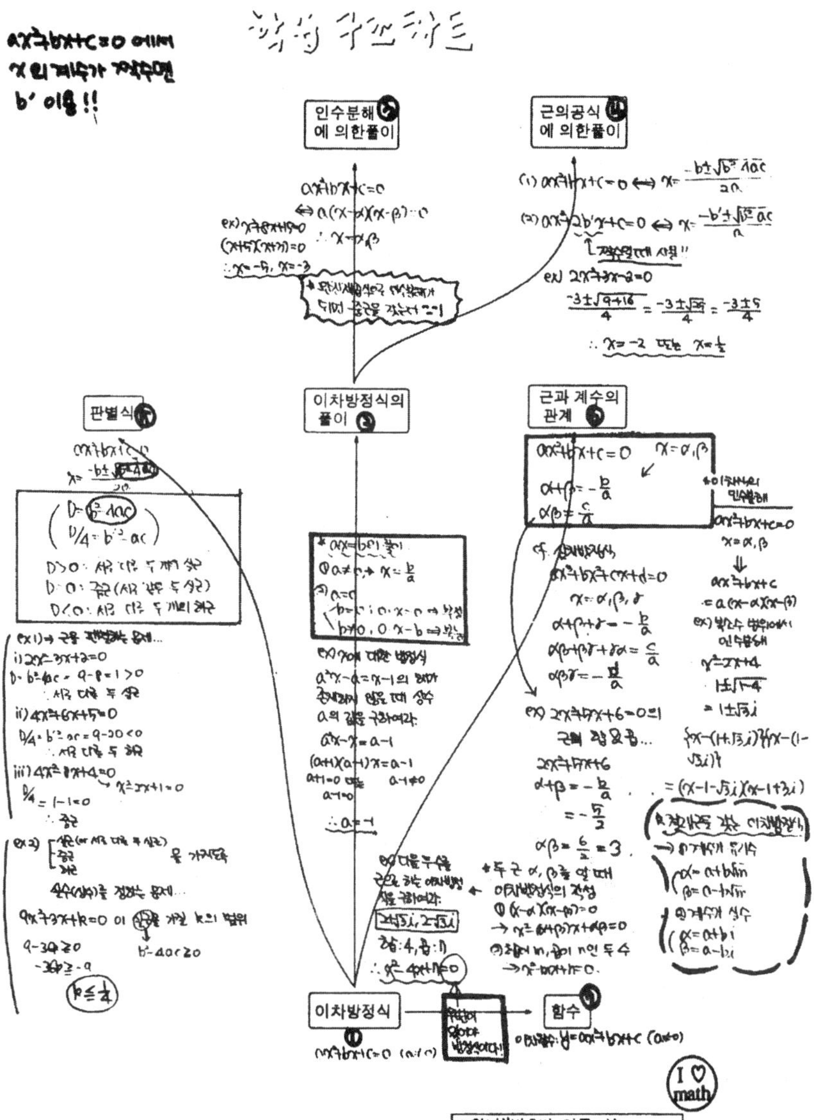
인수분해
에 의한풀이
근의공식
에 의한풀이
판별식
이차방정식의
풀이
근과 계수의
관계
이차방정식
함수
1 학년 반 번 이름 :

# 이차함수 학습구조 차트

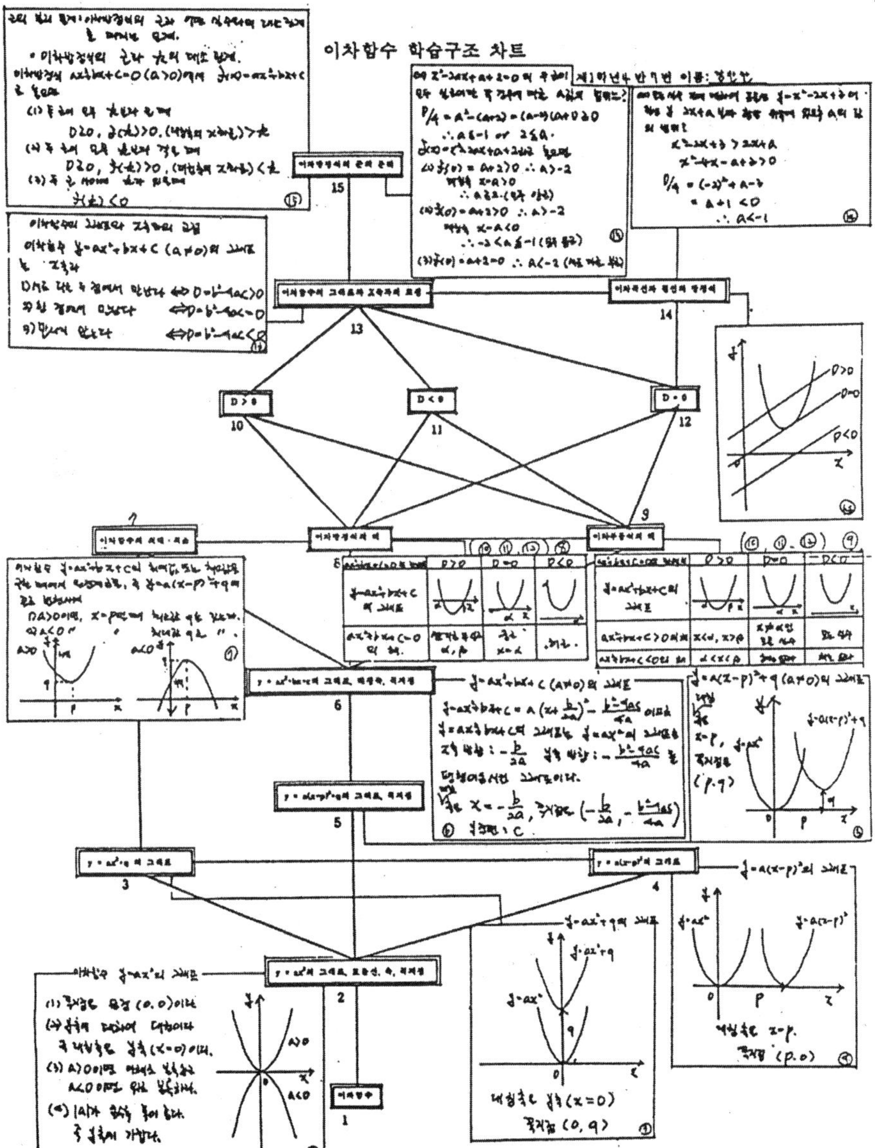

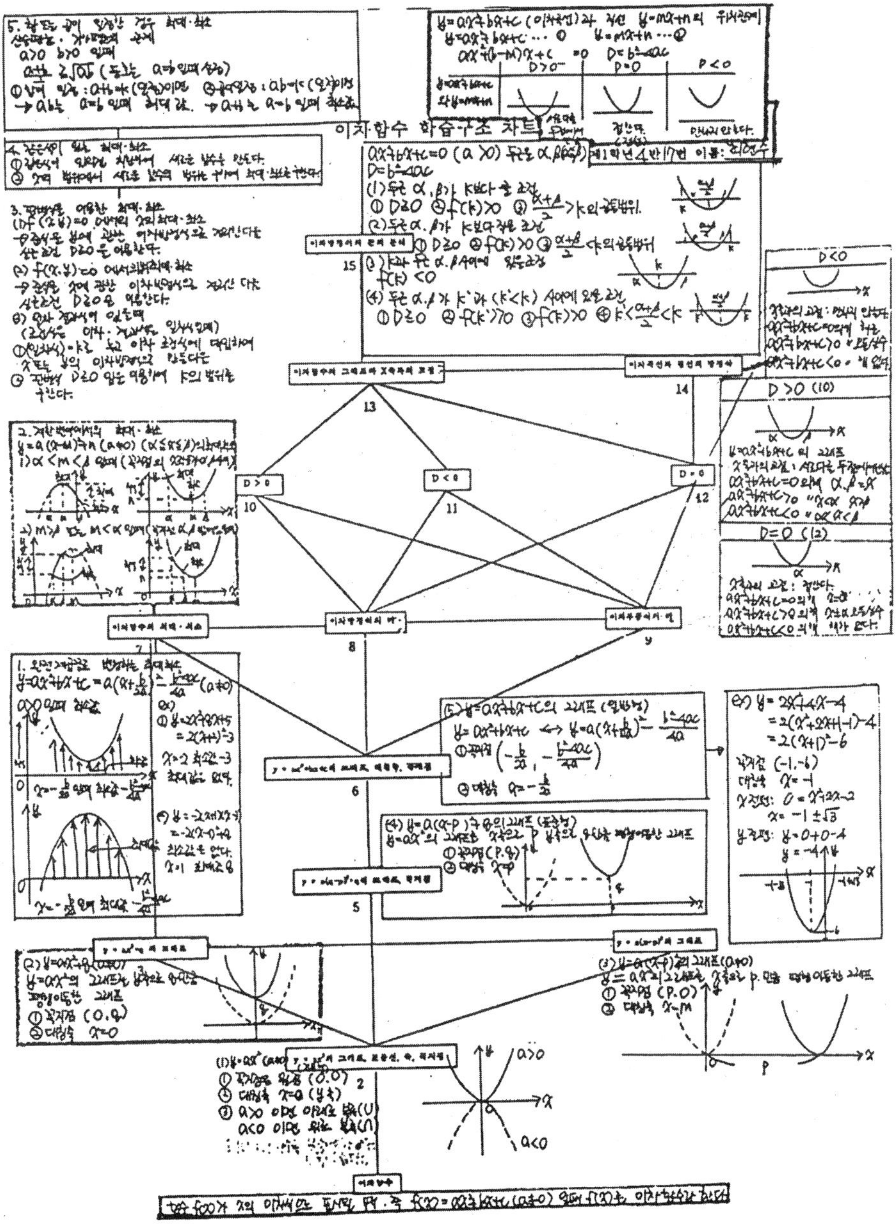

## 이차함수 학습구조 차트

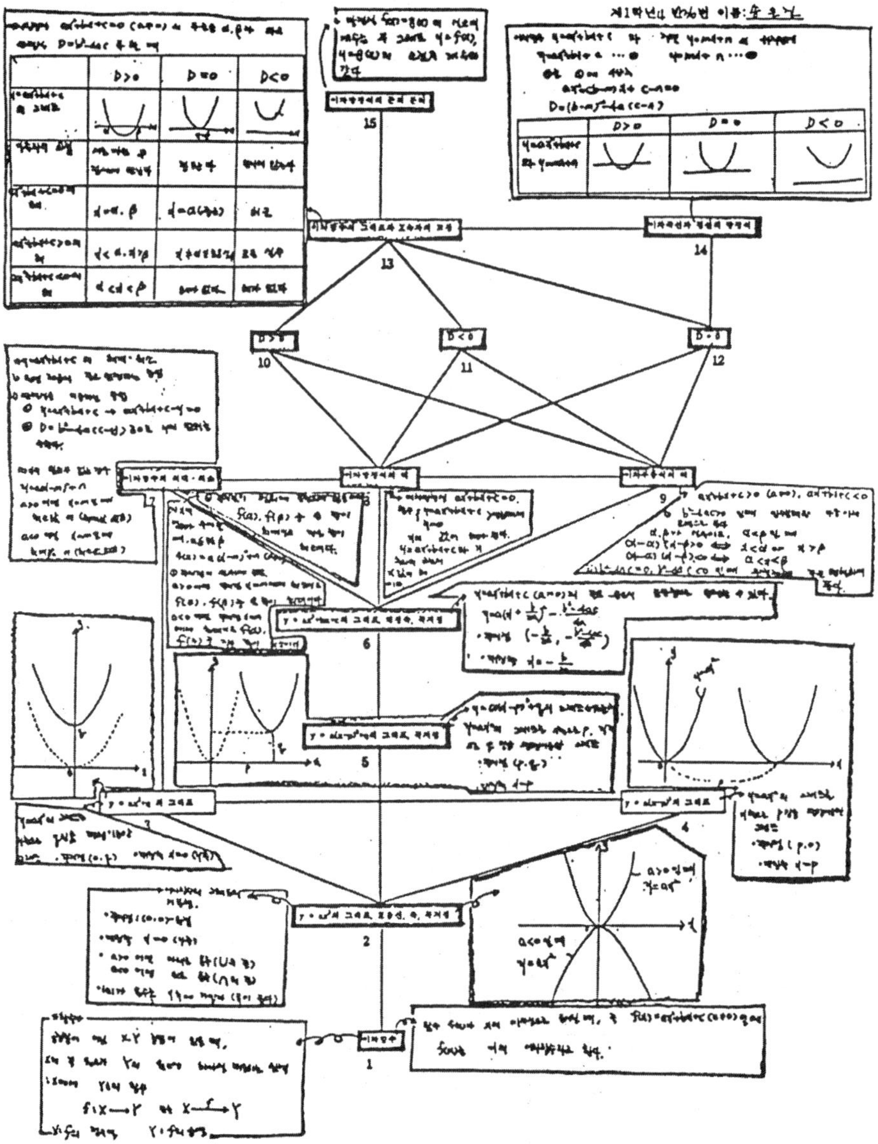

# 참고문헌


[1] 齋藤昇・秋田美代(2000), 「数学における創造性テストと創造性態度との関係—小学6年生・中学2年生を対象として—」, 全国数学教育学会誌, 第6巻, pp. 35-48.

[2] 秋田美代・斎藤昇(2001), 「数学における創造性態度と学業成績の関係—中学校1年「平面図形」を対象として—」, 全国数学教育学会誌, 第7巻, pp. 31-38.

[3] 齋藤昇・秋田美代(2002), 「数学における創造性と学業成績との関係(Ⅱ)—中学校2年「一次関数」を対象として—」, 全国数学教育学会誌, 第8巻, pp. 177-186.

[4] 秋田美代・斎藤昇(2002), 「数学における創造性と学業成績との関係—中学校1年「平面図形」を対象として—」, 全国数学教育学会誌, 第8巻, pp. 167-176.

[5] 藤田彰子・斎藤昇(2003), 「数学における創造性テストと創造的態度との関係—中学3年生を対象として—」, 全国数学教育学会誌, 第9巻, pp. 203-212.

[6] 齋藤昇(1995), 「数学学習における構造的思考の発達に関する研究」, 日本教科教育学会誌, 第18巻, 第2号, pp. 33-39.

[7] 齋藤昇・佐々木孝志(1994), 「学習内容の構造的把握・理解力と問題解決力との関連—コンセプトマッピングによる学習の効果—」, 日本数学教育学会誌, 第76巻, 第1号, pp. 11-18.

[8] 齋藤昇(1996), 「コンセプトマップを分析するための評価尺度の開発」, 全国数学教育学会誌, 第2巻, pp. 49-57.

[9] 佐藤隆博(1987), 「ISM構造学習法」, 明治図書.

[10] 齋藤昇・佐藤隆博(1988), 「数学学習の体系的・構造的思考の活性化—学習構造チャート活用による学習内容の構造的理解の深化—」, 日本数学教育学会誌, 第70巻, 第9号, pp. 6-11.

[11] 齋藤昇(1994), 「スキーマ形成を助長する構造的問題づくり学習の開発」, 日本数学教育学会誌, 第76巻, 第8号, pp. 2-8.

[12] 齋藤昇(1995), 「構造的関連の理解と情意との関係—各学習法における認知と情意の特性—」, 日本数学教育学会 数学教育論文発表会論文集, 第28巻, pp. 95-100.

[13] 斎藤昇(1999), 「創造性の基礎を培うための課題探究型山登り式学習法の開発とその効果」, 日本数学教育学会誌, 第81巻, 第12号, pp. 2-12.

[14] 齋藤昇(1998), 「創造性創出過程のモデルの構築とその実践」, 日本教科教育学会誌,

第21巻, 第2号, pp. 19-27.

[15] 齋藤昇(1996), 「情報創造型学習モデルの構築とその学習効果」, 日本数学教育学会誌, 第78巻, 第8号, pp. 2-11.

[16] 齋藤昇(1999), 「数学教育における創造性に関する評価尺度の開発—小学6年生, 中学1·2·3年生を対象として—」, 全国数学教育学会誌, 第5巻, pp. 35-46.

[17] 秋田美代·斎藤昇(2000), 「構造的思考活性化支援システムの開発とその実践」, 全国数学教育学会誌, 第6巻, pp. 49-57.

[18] 齋藤昇·秋田美代(2001), 「算数教育における児童の創造性の発達に関する研究—小学3·4·5·6年生を対象として—」, 全国数学教育学会誌, 第7巻, pp. 19-30.

[19] 齋藤昇·秋田美代(2003), 「数学の図形領域における創造性の発達に関する研究—図形の証明を対象として—」, 全国数学教育学会誌, 第9巻, pp. 181-191.

[20] 齋藤昇(1981), 「数学Ⅰの希望別によるグループ編成授業」, 日本数学教育学会誌, 第63巻, 第7号, pp. 22-26.

# 한국에서 발간된 자료

다음은 사이토 노보루의 등산학습법을 활용하여 한국에서 연구한 논문 목록으로, [등산학습법] 또는 [학습구조차트]를 키워드로 해서 검색한 것이다.


[1] 곽해포 (2000), 「구조적 사고를 활성화시키는 등산학습법」, 제2회 Math Festival 프로시딩, 제2집 제2권, 286-305.

[2] 곽해포·김두용 (2001), 「멀티미디어를 활용한 등산학습법」, 제3회 Math Festival 프로시딩, 제3집 제2권, 179-200.

[3] 구경근 (1998), 「수학 학습 능력 신장을 위한 방안 : 등산학습법을 통한 함수·삼각함수 지도」, 경남대학교 교육대학원 석사학위논문.

[4] 권성중 (2011), 「수학 학습구조차트를 활용한 등산학습법이 학업성취도와 문제해결력에 미치는 영향」, 공주대학교 교육대학원 석사학위논문.

[5] 권혜영 (2008), 「수학 학습구조차트의 구성방법이 학업성취도에 미치는 영향」, 국민대학교 교육대학원 석사학위논문.

[6] 김광미 (2001), 「학습구조를 알게 하는 등산학습법이 학업성취도에 미치는 영향」, 아주대학교 교육대학원 석사학위논문.

[7] 김부윤·齋藤昇 (1998), 「등산식 학습법을 이용한 한국과 일본의 수학학력 비교에 관한 연구」, 부산대학교 사대논문집, 제35집, 151-159.

[8] 김성영 (2006), 「학습구조차트를 활용한 등산학습법에 대한 고찰」, 울산대학교 교육대학원 석사학위논문.

[9] 김주연 (2007), 「학습구조차트를 이용한 학습이 수학교육에 미치는 효과에 대한 연구」, 울산대학교 교육대학원 석사학위논문.

[10] 김청라 (1998), 「구조의 이해에 바탕을 둔 일차함수 지도의 효율성에 관한 연구」, 부산대학교 교육대학원 석사학위논문.

[11] 류유리 (2010), 「학습구조차트와 과제탐구차트 학습법이 학습태도에 미치는 영향」, 순천대학교 교육대학원 석사학위논문.

[12] 朴奎緖 (1998), 「學習構造차트를 活用한 構造的 思考力 伸張 方案 硏究」, 경북대학교 교육대학원 석사학위논문.

[13] 백민호 (2006), 「등산학습법이 초등 수학 학습에 미치는 영향」, 부산교육대학교 교

육대학원 석사학위논문.

[14] 백은정 (2003), 「학습구조차트 구성을 통한 수학 수업이 고등학생들의 학업에 미치는 영향」, 영남대학교 교육대학원 석사학위논문.

[15] 서경옥 (1997), 「수학교육에 있어서 구조적 이해에 관한 연구」, 부산대학교 교육대학원 석사학위논문.

[16] 안광준 (2005), 「학습구조차트를 이용한 효율적인 수업 모형 탐색에 관한 연구」, 울산대학교 교육대학원 석사학위논문.

[17] 安文子 (2001), 「學習構造차트를 利用한 學習 活動이 數學 學習에 미치는 效果」, 경북대학교 교육대학원 석사학위논문.

[18] 유영만 (2003), 「수학 학습구조차트를 통한 창의력 향상 방안 연구」, 순천대학교 교육대학원 석사학위논문.

[19] 이동희 (2009), 「등산학습법이 수학 창의성과 수학 창의성 태도에 미치는 효과」, 부산교육대학교 교육대학원 석사학위논문.

[20] 이정근 (2004), 「학습구조차트에서 멀티미디어 활용 모형에 관한 연구」, 동국대학교 교육대학원 석사학위논문.

[21] 이현아 (2006), 「학습구조차트를 활용한 학습법이 학업 성취도와 학습 태도에 미치는 영향 : 중학교 확률 단원을 중심으로」, 국민대학교 교육대학원 석사학위논문.

[22] 鄭敬熙 (2002), 「情報處理理論에 따른 數學科 敎授-學習의 方法論的 硏究」, 경북대학교 교육대학원 석사학위논문.

[23] 주경옥 (2011), 「초등에서 등산학습법이 수학적 의사소통 능력에 미치는 영향 : 6학년 학생들을 중심으로」, 경인교육대학교 교육대학원 석사학위논문.

[24] 한경조 (1999), 「학습 구조 차트를 이용한 자기주도적 학습 능력 신장에 관한 연구」, 한국교원대학교 대학원 석사학위논문.

[25] 한정운 (2005), 「계층적 학습구조차트를 이용한 효율적인 교수-학습 활동 방안」, 울산대학교 교육대학원 석사학위논문.

[26] 한평식 (2002), 「학습구조차트의 활용을 통한 수학 문제해결력 신장 방안 연구」, 강원대학교 교육대학원 석사학위논문.

[27] Boo Yoon, Kim and Noboru Saito(1998), Comparison of Japan-Korean Mathematical Achievement Using the Climbing Method, Proceedings of ICMI-EARCOME, Vol. 3, 345-351.

[28] Noboru Saito and Boo Yoon Kim(1998), Conccept-Mapping Approach to Facilitate Creative Thinking, Proceedings of ICMI-EARCOME, Vol. 2, 559-567.

수학 등산학습법

지은이 사이토 노보루
옮긴이 김부윤 · 정영우
펴낸이 박문규
펴낸곳 경문사
펴낸날 2012년 9월 1일 1판 1쇄
등 록 1979년 11월 9일 제313-1979-23호
주 소 121-818, 서울특별시 마포구 와우산로 174
전 화 (02)332-2004 팩스 (02)336-5193
이메일 kyungmoon@kyungmoon.com

값 13,000원

ISBN 978-89-6105-589-5